高频电子线路

主　编　高瑜翔　张　杰

副主编　谭菲菲　邱红兵　王欣强　史勤刚

电子工业出版社

Publishing House of Electronics Industry

北京・BEIJING

内 容 简 介

本书以高频电子线路涉及的基础知识、基本原理和计算机仿真与工程应用设计为突出重点,基于CDIO工程教育思想,尽力将理论与实际紧密结合,以期培养出理论与工程设计兼备的实际应用型人才。全书主要内容包括绪论、谐振与小信号选频放大电路、高频功率放大电路、正弦波振荡电路、线性频谱搬移电路、角度调制与解调电路、反馈控制电路共7章,全面涵盖了高频电路与系统相关的各个组成部分。

为了巩固读者对基本理论的深入理解和增强学习兴趣及降低自主学习难度,本书在每章都编入了技术实践部分和使用 Multisim 软件进行计算机辅助分析与仿真内容,读者可以方便地改变有关电路与信号参数,通过仿真测试与波形观测,深入理解和分析相应电路的理论工作原理与实际工作现象。

本书既可作为应用型高等院校通信、电子信息、自动化测控与仪表等专业的教材和学习辅导用书,也可供有关工程技术人员参考。

图书在版编目(CIP)数据

高频电子线路 / 高瑜翔,张杰主编. —北京:电子工业出版社,2019.1

ISBN 978-7-121-34362-9

Ⅰ. ①高… Ⅱ. ①高… ②张… Ⅲ. ①高频—电子电路—高等学校—教材 Ⅳ. ①TN710.2

中国版本图书馆 CIP 数据核字(2018)第 122929 号

策划编辑:施玉新
责任编辑:裴   杰
印   刷:三河市华成印务有限公司
装   订:三河市华成印务有限公司
出版发行:电子工业出版社
　　　　　北京市海淀区万寿路 173 信箱　邮编　100036
开   本:787×1 092　1/16　印张:14.5　字数:371.2 千字
版   次:2019 年 1 月第 1 版
印   次:2023 年 1 月第 7 次印刷
定   价:45.00 元

前　　言

　　高频电子线路是通信、电子技术及其相关电类专业的一门十分重要的专业基础课程，涉及了众多的专业基础知识与概念，无论是电子通信类的重点院校，还是一般本科院校都开设有本课程。高频电子电路涉及的内容非常丰富，并具有较强的理论性、工程实践性和复杂多变的实际电路结构，这使得学生在刚开始学习时不仅在基本理论和原理部分就感到困难，更是在分析实际电路与工程设计实践时感到茫然和力不从心。所以长期以来，高频电子线路课程呈现出"既不好学，又不好教"的态势。随着时代和技术进步，单一的、枯燥的理论教学方式将逐渐淘汰，而形式生动、手段多样、引入计算机辅助的教学方式成为主流。因此，本书在保留高频电子线路课程的基本理论和原理部分的同时，为了使学生更加深入理解和掌握高频电路的理论，方便学生主动自主地学习，在每章单独编入与本章理论知识点相对应的计算机辅助分析与仿真内容，学生通过计算机仿真可以在课外反复理解和掌握相关知识，这样可以寓学于乐，避免抽象单调地学习，降低自主学习的难度，从而提高学习的效率和效果。另外，为了配合卓越工程计划和 CDIO 工程实践教育的要求，书中还编写了应用实例、目标测评和技术实践部分。

　　由于本教材希望从教和学两个方面来共同提升教学效果，所以全书具有如下特点：

　　（1）理论内容进一步精简，重点突出，主次分明。

　　（2）避免烦琐的理论推导，内容由浅入深、逻辑性强，并对一些难以理解的原理和易混淆的概念进行了深入的剖析和比较分析。

　　（3）理论讲授的同时重在应用设计，全书除第一章外，其余各章都给出了有关应用实例和技术实践设计环节。

　　（4）为了巩固读者对基本理论的深入理解，增强学习兴趣，降低自主学习难度，本书在每章都使用 Multisim 软件对重点内容进行相关的计算机辅助分析与仿真，读者可以方便地改变有关参数来理解相应电路的工作原理。

　　本书是在前面出版的同名教材基础上经过全面深入修改而成，总体上由高瑜翔、张杰负责，而全书的统稿、修订和整理再版等工作主要由高瑜翔完成，全书基本编写分工如下：第 1 章由成都信息工程大学的高瑜翔老师编写，第 2 章由成都信息工程大学的高瑜翔、西南民族大学的王欣强老师、西华大学的胡宏平老师、西南石油大学的邱红兵老师共同编写，第 3 章由成都信息工程大学的谭菲菲、陈爱萍老师编写，第 4 章由成都信息工程大学的张杰老师编写，第 5 章由成都信息工程大学的高瑜翔、黄飞老师和电子科技大学成都学院微电子系史勤刚老师编写，第 6 章由成都信息工程大学的于红兵老师编写，第 7 章由成都信息工程大学的陈启兴、周杨、西南石油大学的邱红兵老师编写，全书由徐宏主审。

　　本教材适合作为应用型本科院校有关专业如通信工程、电子工程、自动化、测控、电气电子、医疗电子等本科专业的通用教程，也可成为工程技术人员的参考学习用书。

非常感谢为本书提出宝贵意见和帮助的老师和领导，以及付出心血的所有相关工作人员。由于时间十分仓促，虽然已尽力对书中所发现的错误和不当之处进行了改正，但是难以尽善尽美，热烈欢迎各位读者批评指正，我们将继续虚心接受大家的宝贵意见与建议。

高瑜翔

目　录

第1章 绪 论

随着电子、通信技术不断发展和广泛应用，现代电子、通信设备已成为人们生活中不可或缺的一部分。现代电子设备和系统中涉及的电子技术主要包括信号采集技术、传输或通信技术、信号处理技术和软件等，无疑射频技术和微电子技术是它们发展的基础，虽然它们正朝着"软件化"的方向发展，但是任何现代电子设备和系统总可以划分为模拟部分和数字部分。对于无线通信系统，模拟部分主要是指高频或射频前端，完成信号的变换与频谱搬移。高频电子线路就是对模拟前端中的高频调制、解调、功放、小信号放大、滤波、本振和混频等各部分知识进行阐述和讲解。本章主要对高频电路与系统涉及的基本概念和基础知识进行介绍，还简要介绍了高频电路的有关计算机仿真软件和非线性电路基本原理和特性的仿真。

本章目标

知识：

- 理解通信系统的基本功能和作用，掌握通信系统的基本组成及其主要作用。
- 掌握无线通信系统的组成，理解无线通信系统中信号或信息变换的过程。
- 理解信号的频谱含义，掌握电磁波频段的划分。
- 理解高频电路与低频电路的主要区别，了解高频下导线、电阻、电容、电感的基本电路模型图。
- 理解非线性电路的基本概念和特征，掌握非线性电路的基本分析方法。

能力：

- 能够将高频电路的理念运用于无线通信系统相应的组成部分。
- 能够掌握频段名称、频段划分基本边界和高频的频段范围。
- 能够掌握理想与实际高频电路元件的基本模型、特性方程。
- 能够使用仿真软件，并对非线性电路基本功能与特性进行仿真。

应用实例 军用无线电台

早期无线电台主要是军用，战场上一部无线电台是用众多战士的生命和鲜血来守护的，因为如果没有无线电台架起的信息桥梁，战争双方无论是谁都会陷入被动和孤立，难以赢得胜利。无线电台通过高频无线电波传送电报编码和声音等信息。发射时，原始信息首先经过电声器件转换成低频电信号，并由低频放大器放大，然后通过调制器使得高频振荡器产生的高频等幅振荡信号被低频信号所调制，从而产生高频调制信号；已调制的高频振荡信号经高频功率放大器放大后送入发射天线，转换成无线电波辐射出去。接收时，无线电台通过天线和小信号放大、滤波后接收到相应的高频无线信号，再通过解调获取通信对方的相关信息。

军用无线电台（源自 Internet 网络）

1.1　通信系统概述

1.1.1　通信系统及其基本组成

众所周知，通信的含义是信息的传递，其基本目的就是由信源通过电或光等方式向信宿传递消息。最基本的传输或通信系统的简化模型如图 1.1 所示。它主要包括发送设备、信道、接收设备三个部分，另外还包括信源和信宿，以及噪声和干扰部分。

图 1.1　基本通信系统的简化模型

信源是信息的提供者，其表现形式有多种，如语音、图像、音乐、图片、文字、电码等。信源产生的信号随着时间而变化，一般称为基带信号，通常不适宜直接在信道中传输，需要发送设备对其进行某种变换与处理，将它转换成既载有信源信息，又便于在信道中有效传输的频带信号，这种变换称为调制。发送设备的主要作用就是实现调制和放大，其输出的频带信号称为已调信号。

信道是信号的传输介质，对于电信号来说，它可以分为有线和无线两种，有线包括普通的金属导线、双绞线、同轴电缆和微带线等；无线包括大气、水、地表和宇宙空间。不同的信道其频率特性是不同的，适合不同的应用场合。

接收设备与发送设备相对应，其作用是将信道中的频带信号接收后进行反变换，将频带信号转变成基带信号，即解调，随后将发送端发送的基带信号送给信宿，由信宿将电信号转变成人们可以理解的信息或消息。信宿通常包括扩音器、显示器等。

信号在传输过程中，无论是在发送设备还是在接收设备抑或是在信道中，都会受到噪声和干扰的污染与影响，使得接收端的信号与发送端相比存在失真，如何减小信号在传输过程中产生的失真始终是通信系统设计的主要任务。图中将噪声和干扰集中表现在信道中，是大多数通信系统模型的一种表示方法，有利于简化系统的分析。

1.1.2　无线通信系统

通信系统总可以分为无线和有线通信两类，而无线通信的世界更为精彩，它是当今通信技术发展水平集中而典型的代表。图 1.2 是一个无线通信系统的典型构成框图。

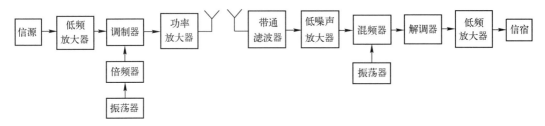

图 1.2　无线通信系统典型构成框图

　　无线或移动通信系统主要是通过大气和宇宙空间等以无线的方式实现信息的传输和通信，手机就是典型的移动通信系统终端。无线通信系统的特点就是必须将原始信息载荷到高频或射频频率上，通过天线以电磁波传送到接收端，并在接收端卸载原始信息，从而完成通信。整个系统主要包括产生载荷信息的高频载波的振荡器、实现信息装载的调制器、提供传输能量的高频功率放大器、有效选择或调谐载波并抑制噪声的带通滤波器、放大高频小信号的低噪声放大器、改变高频载波频率的倍频器和混频器以及卸载原始信息的解调器等。上述所有这些都属于高频电子线路或射频电路设计的主要内容，所以高频电子线路是设计无线和移动通信系统的基础。

目标 1　测评

　　无线通信系统的构成中为何需要振荡器？它有何作用？

1.2　信号与频谱、电磁波及其频段划分

1.2.1　典型信号及其频谱

　　在通信系统中实际传递的是各种形式的电信号，而这些电信号是通过某种转换设备把对应的信息转换成相应的随时间变化的电流或电压。通常这些实际的电信号在时域都具有较为复杂的波形，它们都包含许多频率成分，在频域内占有一定的频率范围，存在一定的频谱结构，频谱图可以方便地表示信号中含有的频率成分以及它们所占的比例。通常，信号的频谱可以通过傅里叶变换得到。下面给出几种典型信号的有关波形和频谱的表达式及其相应的曲线（图 1.3）。

　　（1）余弦信号，即

$$f(t) = \cos\omega_0 t \qquad F(\omega) = \pi\delta(\omega - \omega_0) + \pi\delta(\omega + \omega_0)$$

　　（2）矩形脉冲信号，即

$$f(t) = \mathrm{rect}\left(\frac{t}{\tau}\right) \qquad F(\omega) = \tau\mathrm{Sa}\left(\frac{\omega\tau}{2}\right)$$

　　（3）周期脉冲信号。周期为 T_0，宽度为 τ，高度为 A 的矩形脉冲的频谱为

$$F(\omega) = 2\pi\frac{A\tau}{T_0}\sum_{n=-\infty}^{\infty}\mathrm{Sa}\left(\frac{n\omega_0\tau}{2}\right)\delta(\omega - n\omega_0)$$

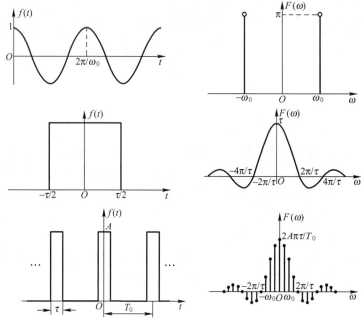

图 1.3　几种典型信号的波形和频谱

1.2.2　电磁波及其频段的划分

在无线和移动通信系统中，电磁波充当了运送信息的载体。电磁波本质上是天线中流动的高频电流在其周围空间激起的随时间变化的交变电磁场，它是一种由近及远地以波的形式传播的电磁能。

电磁波在真空中的传播速度恒为光速，即 $c=3\times10^{8}\,\text{m/s}$，在大气中的速度也接近于光速。

任何无线电波都有两个基本参数，即频率（f）和波长（λ），频率表示电磁波在每秒钟交变的次数，其单位为赫兹（Hz）；波长表示电磁波在一个振荡周期内传播的距离，其单位为米（m）。

频率和波长满足

$$c=f\lambda$$

可见电磁波的频率和波长一一对应，当其传播速度恒定时，频率和波长成反比，即频率越高波长越短，或波长越长频率越低。

电磁波包括的范围十分广泛，可见光、红外线、紫外线和 X 射线等属于频率比较高的一类电磁波，常见的广播电视和移动通信中使用的电磁波频率相对较低，通常称为无线电波。

根据频率或波长的大小，无线电波可以划分为不同的波段或频段，表 1.1 给出了无线电波各波段的名称、波长和频率的参考范围。

表 1.1　无线电波各波段的名称、波长和频率的参考范围

波 段 名 称	频 率 范 围	波 长 范 围
超长波	3～30 kHz（甚低频，VLF）	100～10 km
长波	30～300 kHz（低频，LF）	100～1 km
中波	300～3000 kHz（中频，MF）	1000～100 m

续表

波 段 名 称	频 率 范 围	波 长 范 围
短波	3～30 MHz（高频，HF）	100～10 m
超短波	30～300 MHz（甚高频，VHF）	10～1 m
分米波	300～3000 MHz（超高频，UHF）	100～10 cm
厘米波	3～30 GHz（特高频，SHF）	10～1 cm
毫米波	30～300 GHz（极高频，EHF）	10～1 mm

需要指出的是，表 1.1 中给出的波长和频率范围仅是一个参考划分值，电磁波的特性在各波段之间的衔接处并无明显差别。

目前，国内的中波广播频段为 525～1605 kHz；短波广播频段为 2～24 MHz；调频广播的频段为 88～108 MHz；广播电视使用的频段范围是 470～958 MHz；移动通信使用 900 MHz 和 1800 MHz 频段。

另外，本书中高频的频率范围非常宽，而非表 1.1 中的狭义划分值。通常认为只要电路尺寸比工作波长小得多，仍可以采用集总参数来描述和实现，都属于高频范畴。一般认为高频与射频的频率范围是 3 MHz～3 GHz。

1.2.3　高频与射频设计的必要性

在无线通信系统典型的构成框图中，已经知道高频与射频电路是整个系统的模拟前端，同时由于信道复用和天线尺寸的要求，使它成为任何无线系统中必不可少的组成部分。高频与射频电路的设计在现代无线通信整个系统设计中将花费相当大的工作量和财力投入。

高频与射频部分的性能直接决定和影响了整个通信系统的工作状况和性能，不管基带部分设计得多好，如果没有卓越的高频与射频前端，整个系统便无法正常工作。

高频与射频电路部分是无线通信系统中设计与实现的难点，由于高频与射频部分中器件的非线性、时变性、不稳定性和模型的不准确性，以及受分布与寄生参数的影响，给高性能的高频与射频电路设计与实现造成相当大的困难，所以在实际设计时很大程度上依赖于设计人员长期积累的调测经验。

高频电路和低频电路存在重大区别。在低频信号下，电阻（R）、电容（C）和电感（L）都可以视为单一理想器件；但在高频信号下，集总参数的电阻、电容和电感的频率响应特性与低频时的完全不同，它们都表现为一个复杂的 RLC 网络的频率特性，即使是一根简单的导线也会呈现出复杂的频率响应。图 1.4 所示为导线、电阻、电容、电感在高频信号下的等效电路。

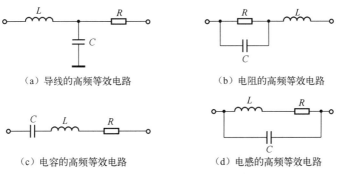

（a）导线的高频等效电路　　　　　　　　（b）电阻的高频等效电路

（c）电容的高频等效电路　　　　　　　　（d）电感的高频等效电路

图 1.4　导线、电阻、电容、电感的高频等效电路

对于有源器件，如二极管和三极管，在高频信号下其等效电路和模型与低频时的差别也很大，在设计时必须准确建立相应的模型并借助 EDA 工具方能实现较为有效的设计。

目标 2　测评

高频电路设计和实现为何较难？如何才能设计出高性能的高频电路？

1.3　非线性电子线路的基本概念

1.3.1　线性与非线性电路

线性电路是指全部由线性或处于线性工作状态的元器件组成的电路，线性电路的输入/输出关系或伏安特性曲线为线性函数；电路中只要含有一个元器件是非线性的或处于非线性工作状态，则称为非线性电路，非线性电路的输入/输出关系或伏安特性曲线为非线性函数。

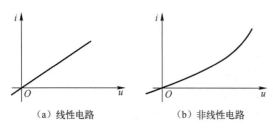

（a）线性电路　　　　（b）非线性电路

图 1.5　线性与非线性电路的伏安特性曲线

图 1.5 所示为一种线性与非线性电路的伏安特性曲线，图 1.5（a）属于线性电路，其伏安特性曲线是一条直线，其特性参数如电导（曲线的斜率）是恒定的，电路的输出电流随外加电压成正比例变化；图 1.5（b）所示为非线性电路，其伏安特性曲线不再是一条直线，电路的输出电流随外加电压不再成正比例变化，电路呈现的电导值（曲线斜率）随外加电压大小变化而变化，特别是在大信号作用下，输出的信号波形必将产生畸变和失真，所以在输出信号中产生了新的频率成分，这是非线性电路的一个普遍现象。在高频或射频电路中，除了谐振电路和高频小信号放大器"如低噪声放大器"外，高频功放、振荡、调制器、解调器、混频器和反馈控制电路等均属于非线性电路。

1.3.2　非线性电路的基本特点

对于图 1.5（b）所示的非线性电路特性曲线，使用二次曲线来模拟，可以方便地研究非线性电路的一些特点。

令非线性电路的伏安特性曲线为

$$i(u) = ku^2 \tag{1.1}$$

式中，k 为常数，它对应的曲线斜率称为交变电导，即

$$g = i'(u) = 2ku \tag{1.2}$$

g 随着外加电压变化而变化，即 g 是时变的，这是非线性电路的一个基本特性。

众所周知，线性电路中叠加定理是恒成立的，即当多个信号同时作用于线性电路时，可以分别计算每个信号各自单独作用时的响应，然后将每个信号的响应相加即得到总的响应，这是线性电路中常用的分析方法。但是对于非线性电路，叠加定理是否还成立呢？下面将进行分析。

设有两个信号 u_1 和 u_2 同时作用于非线性电路，由式（1.1）可得输出为

$$i(u) = k(u_1 + u_2)^2 = ku_1^2 + ku_2^2 + 2ku_1u_2 \qquad (1.3)$$

若根据叠加定理，则输出为

$$i(u) = ku_1^2 + ku_2^2 \qquad (1.4)$$

显然，式（1.3）中比式（1.4）多了 u_1 和 u_2 的乘积项，所以叠加定理在非线性电路中不再适用，这是非线性电路的另一个基本特点。

若令 $u_1 = U_1 \cos \omega_1 t$，$\quad u_2 = U_2 \cos \omega_2 t$，将它们代入式（1.3）中，可得

$$
\begin{aligned}
i(u) &= k(u_1 + u_2)^2 \\
&= kU_1^2 \cos^2 \omega_1 t + kU_2^2 \cos^2 \omega_2 t + 2kU_1U_2 \cos \omega_1 t \cos \omega_1 t \\
&= \frac{1}{2}k(U_1^2 + U_2^2) + kU_1U_2 \left[\cos(\omega_1 + \omega_2)t + \cos(\omega_1 - \omega_2)t \right] + \\
&\quad \frac{1}{2}kU_1^2 \cos 2\omega_1 t + \frac{1}{2}kU_2^2 \cos 2\omega_2 t
\end{aligned} \qquad (1.5)
$$

由式（1.5）可知，输出信号中包含有直流成分、频率 ω_1 与 ω_2 的和差分量及其二次谐波 $2\omega_1$ 与 $2\omega_2$，这与线性电路不会产生新的频率成分完全不同，所以产生新的频率成分是非线性电路的又一个特点。

1.3.3　非线性电路的主要分析方法

在分析非线性电路时可以采用图解法和解析法。图解法比较直观明了，但是精确性较差，在实际的电路分析中，通常采用工程近似解析法。工程近似解析法就是根据实际工程的情况，对器件和电路进行一定程度的、合理的近似，以获得相对准确和有效的结果。常用的近似分析方法有折线法、幂级数法和开关函数法等，将在以后各章分别予以讨论。

在小信号作用下，当工作点选取适当，为了简化分析，也可以按照线性电路的分析方法来分析非线性电路。

目标 3　测评

高频电路中非线性电路有何作用？

1.4　计算机辅助分析仿真软件简介及非线性仿真

1.4.1　计算机辅助分析仿真软件简介

EDA（Electronic Design Automation）技术在电子产品的设计、加工、调试等方面得到十分广泛的应用，其中电子电路的计算机辅助分析与仿真软件有很多，如 SystemView、LabView、Proteus 等，本书采用加拿大图像交互技术公司（Interactive Image Technologies，IIT）推出的电路仿真软件 Multisim，它延续了同一家公司的优秀仿真软件 EWB（Electronics Work Bench）的发展进程。IIT 公司从 EWB 6.0 版本开始，将专用于电路级仿真与设计的模块命名为 Multisim，意指其仿真功能强大，能完成原理图的设计输入、器件建模、电路仿真分析和电路测试等功能。

Multisim 继承了 EWB 以往版本中可对电路图直接操作的直观特点，同时又加强了软件的仿真测试和分析功能，还大大扩充了元件库中仿真元件的数量，特别是增加了若干个与实际元件相对应的建模精确的真实仿真元件模型，使得仿真设计的结果更精确、更可靠；不仅如此，新增的元件编辑器还可以用来自行创建并修改用户所需的元件模型。

Multisim 以其广泛的适用性和良好的可靠性受到电路工程师的欢迎，它适用于各种应用方式的常见电路形式的仿真，模拟或数字电路均可。它继承了 EWB 5.0 操作的逼真性，使得用户宛如置身一个实验室中，它的元器件库和虚拟仪器面板与实际器件和仪器一样形象、逼真，但又比实验室中操作起来更加灵活，可以随时调换元件、改变参数、调试仪器。用户无须在不同的界面上进行复杂的切换，在仿真电路这个主界面上，只需用鼠标单击不同的部位即可开出相应的小窗口，以此实现元件参数的调整或仪器的调试，而仪器的显示也可在窗口中实现。另外，绘制电路图需要的元器件、电路仿真需要的测试仪器均可直接从屏幕上选取。

简而言之，Multisim 实现了双重意义上的仿真，它既能够对电路工作原理进行仿真，又能够最大限度地模仿电路实验的操作过程。因此，它也就成了广受欢迎的有效而方便的电路仿真软件。

Multisim 目前的常用版本有 8.0～11.0。为方便读者在不同版本下的使用，本书中的电路仿真文件是在 Multisim 8.0（教育版）下仿真通过的。更高的版本由于向下兼容，实现这些电路的仿真实验不存在障碍。

1.4.2 非线性仿真

为了说明非线性特点，在此通过非线性器件二极管来验证非线性电路中叠加定理不再成立的结论，相应的仿真电路如图 1.6 所示。图中使用了两个电压源，其频率分别为 9 MHz 和 10 MHz，幅度为 1 V，分为 3 个电路，其中两个电路是用于两个电压源各自单独作用时的信号波形仿真，输出的波形如图 1.7 所示，图 1.8 所示为图 1.7 中两个波形

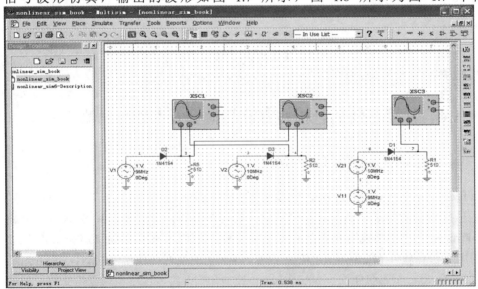

图 1.6 非线性特性中叠加定理验证电路仿真图

的叠加结果；第三个电路是上述两个信号源叠加后再作用于二极管的输出波形仿真，输出
波形如图 1.9 所示，可以看出输出的波形并不等于单独作用时的两个波形的叠加，从而验
证了非线性电路中叠加定理并不成立的特性。

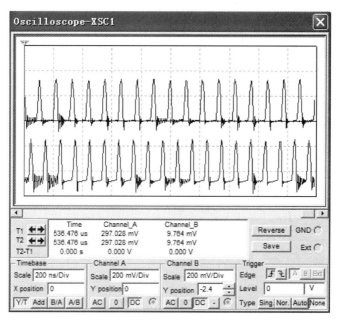

图 1.7　非线性电路输出波形

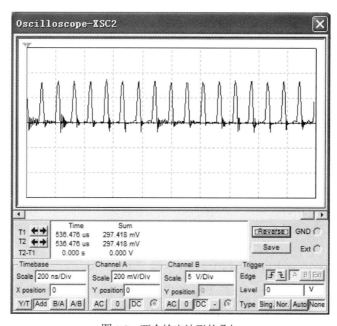

图 1.8　两个输出波形的叠加

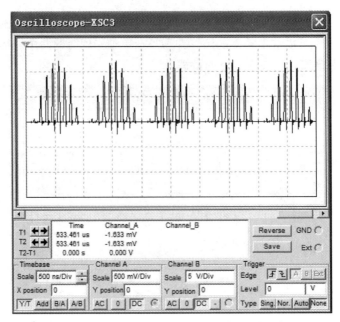

图 1.9　两个信号源叠加后作用于二极管的输出波形

本 章 小 结

通信系统基本组成包括信源、发送设备、信道、接收设备和信宿。其中发送设备的主要作用就是实现调制和放大，其输出的频带信号称为已调信号；接收设备与发送设备相对应，其作用是将信道中的频带信号接收后进行反变换，将频带信号转变成基带信号，即解调。无线通信系统主要包括产生载荷信息的高频载波的振荡器、实现信息装载的调制器、提供传输能量的高频功率放大器、有效选择或调谐载波并抑制噪声的带通滤波器、放大高频小信号的低噪声放大器、改变高频载波频率的倍频器和混频器以及卸载原始信息的解调器等，所有这些部分都属于高频电子线路或射频电路设计的主要内容。

任何时域信号都包含许多频率成分，并存在一定的频谱结构，频谱图可以方便地表示信号中含有的频率成分以及它们所占的比例。通常，信号的频谱可以通过傅里叶变换得到。

电磁波本质上是天线中流动的高频电流在其周围空间激起的随时间变化的交变电磁场。电磁波在真空中的传播速度恒为光速，电磁波其实包括的范围十分广泛，可见光、红外线、紫外线和 X 射线等属于频率比较高的一类电磁波，常见的广播电视和移动通信中使用的电磁波频率相对较低，通常称之为无线电波。一般认为高频与射频的频率范围是 3 MHz～3 GHz。

高频电路和低频电路存在重大区别。在低频信号下，电阻、电容和电感都可以视为单一理想器件；但在高频信号下，集总参数的电阻、电容和电感的频率响应特性与低频时的完全不同，它们都表现为一个复杂的 RLC 网络的频率特性，即使是一根简单的导线也会呈现出复杂的频率响应。对于有源器件，如二极管和三极管，在高频信号下其等效电路和模型与低频时的差别也很大，在设计时必须准确建立相应的模型并借助 EDA 工具方能实现较为有效的设计。

非线性电路的基本特点包括：①交变电导是时变的，这是非线性电路的一个基本特性；

②叠加定理不再适用；③产生新的频率成分。非线性电路的分析方法有图解法和解析法；在小信号作用下，当工作点选取适当，也可以按照线性电路的分析方法来简化非线性电路的分析。

　　EDA 技术是现代电子产品设计的必要工具，本书采用 Multisim 仿真软件对所有相关电路进行仿真。本章对该软件进行了简单介绍，并通过其对非线性特性进行了仿真验证。

习　题　1

　1.1　基本通信系统的三大主要构成部分是什么？

　1.2　通信系统的发送设备的主要功能是什么？

　1.3　通信系统的接收设备的主要功能是什么？

　1.4　什么是频谱？分析信号频谱有何意义？如何得到信号的频谱？

　1.5　什么是电磁波？频率和波长的关系是什么？高频的频率范围一般是多少？

　1.6　高频电路和低频电路的主要区别是什么？

　1.7　什么是线性电路和非线性电路？二者的主要区别是什么？

　1.8　非线性电路的基本特点是什么？其主要的分析方法有哪些？

　1.9　什么是 EDA 技术？目前电路仿真的常用软件有哪些？

第2章 谐振与小信号选频放大电路

在高频电路中，谐振选频电路和阻抗变换部分是最基本的功能电路，广泛应用于小信号放大、功放、振荡、调制及解调电路中。在振荡回路中，石英谐振器及集中选频滤波器等都具有选频和阻抗变换功能，因此对谐振选频电路和阻抗变换电路进行分析和计算是本章的重点内容。而对于高频小信号选频放大电路，是谐振选频和阻抗变换电路的典型应用，它位于接收机的前端，可以对天线接收到的微弱信号进行放大，故高频小信号选频放大电路的基本工作原理、主要性能参数的分析和计算过程以及噪声与稳定性指标和集成宽带放大器等也是需要介绍和讨论的内容。技术实践和计算机辅助分析部分围绕谐振电路和高频小信号放大电路知识内容展开，对设计实践、计算分析和仿真进行了深入分析和阐述。

本章目标

知识：

- 理解谐振选频电路的功能、作用及其基本构成方式；掌握选频电路的分析过程和方法以及相应的参数指标。
- 理解阻抗变换的作用和意义；掌握阻抗变换电路的几种形式和分析方法。
- 理解小信号选频放大电路的作用、构成和工作原理；掌握小信号选频放大电路的简单分析过程、方法和相应指标。

能力：

- 能够理论分析或根据需要设计基本的选频电路。
- 能够理论分析或根据需要设计基本的阻抗变换电路。
- 能够结合选频电路、阻抗变换电路与放大电路对简单的小信号选频放大电路进行理论分析和设计计算。
- 能够使用仿真软件对谐振选频电路、阻抗变换电路和小信号选频放大电路进行仿真。

应用实例　电视机高频头

高频头，俗称调谐器，是电视机用来接收高频信号的装置，对高频小信号进行调谐和放大。调谐或选频放大器主要包括两个部分，即具有放大能力的三极管电路和作为负载并具有选频能力的谐振回路。由于以电感、电容组成的谐振回路作为负载，故这种放大器所能够放大的信号，其频率范围仅限于谐振回路中心频率附近的一个小范围，而对此范围以外的信号基本不起或只起较小的放大作用，故称其为选频放大器或调谐放大器。与纯电阻负载的各种放大器相比，选频放大器放大的频率范围很窄，信号传输方便且能够实现多路传输，放大增益可以很大，因此被广泛应用于电视机、手机、雷达、卫星接收机等无线通信设备中。

高频头

2.1 选频电路概述

谐振选频回路的作用是从众多频率成分中选出有用信号的频率成分，抑制不需要的频率成分，具有滤波和阻抗变换的功能。常用的选频回路有 LC 谐振回路、晶体谐振器、声表面波谐振器等。典型选频网络的幅频特性如图 2.1 所示。

选频回路的主要指标如下。

（1）中心频率 f_0：在该频率上传输系数最大。

（2）通频带 BW_{3dB}（$BW_{0.7}$）：当传输系数下降到最大值的 $1/\sqrt{2}$（即 -3 dB）时，所对应的上下限频率的差。

（3）矩形系数 $K_{0.1}$：当传输系数下降到最大值的 0.1 倍时对应的频带宽度和通频带之比。矩形系数越小说明选择性越好，理想情况下 $K_{0.1}=1$，说明可以把通频带以外的信号全部滤掉。矩形系数 $K_{0.1}$ 的定义为

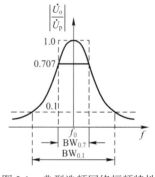

图 2.1 典型选频网络幅频特性

$$K_{0.1} = \frac{BW_{0.1}}{BW_{0.7}}$$

2.2 LC 谐振回路选频特性分析

高频谐振回路是高频电路中应用最广泛的无源网络，它除了能实现选频滤波外，还能实现阻抗变换、移相和相频转换功能，并可以直接作为负载使用。在微波段，振荡回路还可以用传输线实现，从电路的角度看，它总是由电感和电容以串联或并联的形式构成回路。

在某一特定频率上谐振回路阻抗的虚部为零，即呈现为纯电阻，此时回路阻抗具有最大值或最小值的特性，称为谐振特性，这个特定频率称为谐振频率。利用其谐振特性可以实现频率选择，因此在高频电路中得到广泛应用。下面分别讨论并联谐振回路、串联谐振回路及抽头并联回路的性能。

2.2.1 并联谐振回路

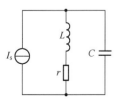

图 2.2 并联谐振回路

简单并联谐振回路如图 2.2 所示，L 为电感线圈，r 是其损耗电阻，C 为电容。其中 r 很小，一般可以忽略。当信号角频率为 ω 时，

回路的并联阻抗为

$$Z = \frac{(r + j\omega L)\dfrac{1}{j\omega C}}{r + j\omega L + \dfrac{1}{j\omega C}}$$ (2.1)

当电路参数 L、C、r 一定时，上述阻抗随着信号角频率变化而变化，当感抗与容抗变化到数值相等时，并联回路总阻抗为纯电阻，它处于谐振状态，式（2.1）的虚部为零，此时对应的频率称为并联谐振频率 ω_0，故可得

$$\omega_0 = \frac{1}{\sqrt{LC}}\sqrt{1 - \frac{Cr^2}{L}}$$

在实际的谐振电路中，因 r 较小而将其忽略，故上式表示的谐振频率可写为

$$\omega_0 \approx \frac{1}{\sqrt{LC}}$$ (2.2)

在并联谐振频率上，谐振回路的总阻抗为纯电阻且为最大，用 R_{p} 表示，将并联谐振频率代入式（2.1），可得 R_{p} 为

$$R_{\mathrm{p}} = \frac{L}{rC}$$ (2.3)

由于实际电路中 $r \ll \omega L$，故可以将其忽略，则式（2.1）可写为

$$Z \approx \frac{\dfrac{L}{C}}{r + j(\omega L - \dfrac{1}{\omega C})} == \frac{1}{\dfrac{rC}{L} + j\omega C - \dfrac{j}{\omega L}}$$
$$= \frac{1}{\dfrac{1}{R_{\mathrm{p}}} + \dfrac{1}{\left(\dfrac{1}{j\omega C}\right)} + \dfrac{1}{j\omega L}}$$ (2.4)

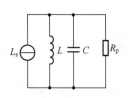

图 2.3　并联谐振回路的等效电路

因此由式（2.4）可以得到图 2.2 中并联谐振回路的等效电路如图 2.3 所示。

在 LC 谐振回路分析中，为了便于描述回路的损耗大小和通频带或选频性能，常常引入品质因数指标，用 Q 表示，它定义为回路谐振时的储能与耗能之比，故根据图 2.3 可得品质因数 Q（固有品质因数）为

$$Q = \frac{R_{\mathrm{p}}}{\omega_0 L} = R_{\mathrm{p}}\omega_0 C$$ (2.5)

也可以根据图 2.2，结合等效电路，将品质因数 Q 表示为

$$Q = \frac{\omega_0 L}{r} = \frac{1}{r\omega_0 C}$$ (2.6)

Q 值是一个无量纲的数值，只有大小；高频电路中 LC 谐振回路的 Q 值一般都较大，在几十到几百的范围内，Q 值越大，回路的损耗越小，通频带越窄，选频性能越好。

谐振时的感抗或容抗称为回路的特性阻抗 ρ，即

$$\rho = \omega_0 L = \frac{1}{\omega_0 C} = \sqrt{\frac{L}{C}} \qquad (2.7)$$

谐振时回路的阻抗最大，为一纯电阻，即

$$R_p = \frac{L}{rC} = Q\omega_0 L = \frac{Q}{\omega_0 C} \qquad (2.8)$$

式（2.4）的阻抗可进一步变换为

$$Z \approx \frac{1}{\dfrac{1}{R_p} + \dfrac{1}{\left(\dfrac{1}{j\omega C}\right)} + \dfrac{1}{j\omega L}} = \frac{R_p}{1 + R_p j\omega C + \dfrac{R_p}{j\omega L}}$$

$$= \frac{R_p}{1 + j(R_p \omega C + R_p / \omega L)} \qquad (2.9)$$

$$= \frac{R_p}{1 + jQ\left(\dfrac{\omega}{\omega_0} - \dfrac{\omega_0}{\omega}\right)}$$

而当信号频率 ω 在回路谐振频率 ω_0 附近，相差不大时，有

$$\frac{\omega}{\omega_0} - \frac{\omega_0}{\omega} = \frac{\omega^2 - \omega_0^2}{\omega \omega_0} = \left(\frac{\omega + \omega_0}{\omega}\right)\left(\frac{\omega - \omega_0}{\omega_0}\right)$$

$$\approx \frac{2\omega}{\omega} \frac{\Delta\omega}{\omega_0} = 2\frac{\Delta\omega}{\omega_0} \qquad (2.10)$$

故，式（2.9）可写为

$$Z \approx \frac{R_p}{1 + jQ\dfrac{2\Delta\omega}{\omega_0}} \qquad (2.11)$$

则阻抗的幅频特性和相频特性表达式分别为

$$|Z| = \frac{R_p}{\sqrt{1 + (Q\dfrac{2\Delta\omega}{\omega_0})^2}} \qquad (2.12)$$

$$\varphi = -\arctan(Q\frac{2\Delta\omega}{\omega_o})$$

相应的幅频特性和相频特性曲线如图 2.4 所示。

从回路的幅频特性可知，当激励信号电流的频率与回路谐振频率相同时，能在回路两端产生最大输出电压。当激励信号频率与谐振频率出现偏差时（失谐），阻抗下降，输出电压也下降，当激励信号频率远远偏离谐振频率时，回路阻抗趋于零，输出电压也趋于零。因此谐振回路具有选频作用。

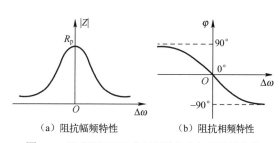

（a）阻抗幅频特性　　　（b）阻抗相频特性

图 2.4　并联谐振回路的幅频特性和相频特性曲线

为了更好地描述回路性能，可计算得到并联谐振回路的参数。

1．通频带（-3dB 带宽）

令式（2.12）中的阻抗幅度特性 $|Z| = R_p / \sqrt{2}$ 可得

$$Q\frac{2\Delta\omega}{\omega_0} = Q\frac{2\Delta f}{f_0} = 1$$

$$\mathrm{BW}_{0.7} = 2\Delta f = \frac{f_0}{Q} \qquad (2.13)$$

通频带与回路的品质因数成反比。Q 值越大幅频曲线越尖锐，带宽越窄；Q 值越小幅频曲线越平坦，带宽越宽。

理想的滤波器的幅频特性应该是一个矩形，通频带内信号被输出，带外信号被滤除。谐振回路的幅频特性接近矩形的程度，用矩形系数描述。

2．矩形系数

令 $|Z| = R_p / 10$ 可得

$$\mathrm{BW}_{0.1} = \sqrt{10^2 - 1}\,\frac{f_0}{Q}$$

则矩形系数为

$$K_{0.1} = \frac{\mathrm{BW}_{0.1}}{\mathrm{BW}_{0.7}} = \sqrt{10^2 - 1} = 9.96 \qquad (2.14)$$

矩形系数远大于 1，故回路的选择性差。回路的矩形系数与品质因数 Q 的大小无关。

3．回路的相频特性

$$\varphi = -\arctan(Q\frac{2\Delta\omega}{\omega_0}) \qquad (2.15)$$

当回路谐振时，$\omega = \omega_0$，$\varphi = 0$，回路呈纯电阻，不对信号产生附加相移。

当回路失谐时，若 $\omega > \omega_0$，$\varphi < 0$，回路呈容性；若 $\omega < \omega_0$，$\varphi > 0$，回路呈感性。

并联谐振回路的相频特性呈现负斜率变化，在谐振频率上斜率为

$$\frac{\mathrm{d}\varphi}{\mathrm{d}\omega}\bigg|_{\omega=\omega_0} = -\frac{2Q}{\omega_0} \qquad (2.16)$$

回路的 Q 值越大，曲线斜率越大，即相位随信号频率变化率增大而增大。在谐振频率附近（$\varphi < \pi/6$），曲线近似为直线，即相移与频率呈线性关系。Q 越小线性范围越大。Q 值对回路性能的影响如图 2.5 所示。

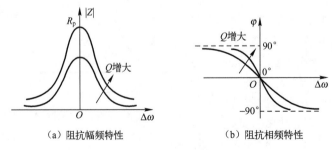

（a）阻抗幅频特性　　　　　　　（b）阻抗相频特性

图 2.5　Q 值对回路性能的影响

2.2.2　串联谐振回路

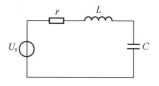

图 2.6　串联谐振回路

串联谐振回路与并联回路是对偶的电路，其电路组成如图 2.6 所示，串联回路与并联回路的电抗特性互为对称。

简单串联谐振回路如图 2.6 所示，L 为电感线圈，r 是其损耗电阻，C 为电容。其中 r 很小，一般可以忽略。当信号角频率为 ω 时，回路的串联阻抗为

$$Z = r + j\omega L + \frac{1}{j\omega C}$$

$$= r + j(\omega L - \frac{1}{\omega C}) \tag{2.17}$$

令虚部为零，回路谐振，此时阻抗最小为 r，谐振频率为

$$\omega_0 = \frac{1}{\sqrt{LC}} \tag{2.18}$$

在谐振频率电压激励下产生的电流为

$$I_0 = \frac{U_s}{r} \tag{2.19}$$

设在任意频率下形成的电流为 I，则

$$I = \frac{U_s}{Z} = \frac{U_s}{r + j\omega L + \dfrac{1}{j\omega C}} = \frac{\dfrac{U_s}{r}}{1 + jQ\left(\dfrac{\omega}{\omega_0} - \dfrac{\omega_0}{\omega}\right)}$$

$$= \frac{I_0}{1 + jQ\left(\dfrac{\omega}{\omega_0} - \dfrac{\omega_0}{\omega}\right)} \tag{2.20}$$

当电流 I 下降到 $I_0/\sqrt{2}$ 时，同理可求出 -3dB 带宽和矩形系数为

$$\mathrm{BW}_{0.7} = \frac{f_0}{Q} \tag{2.21}$$

$$K_{0.1} = 9.96 \tag{2.22}$$

串联谐振回路阻抗的幅频与相频特性如图 2.7 所示。

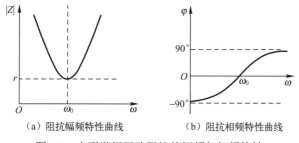

（a）阻抗幅频特性曲线　　　　　（b）阻抗相频特性曲线

图 2.7　串联谐振回路阻抗的幅频与相频特性

2.2.3　串并联谐振回路特点

串联谐振回路适用于电源内阻为低内阻（如恒压源）的情况或低阻抗的电路（如微波

电路）。并联谐振回路适用于电源内阻较高（如恒流源），当频率不很高时，并联谐振回路应用最广泛。

串联与并联回路是对偶电路，其通频带和矩形系数均相同，相频特性变化方向相反。对照图 2.4 和图 2.7 可知两种选频回路比较如表 2.1 所列。

表 2.1　串并联谐振回路比较

回路 指标	并　联　回　路	串　联　回　路
电路结构	L、C 并联	L、C 串联
谐振频率	$\omega_0=\dfrac{1}{\sqrt{LC}}$	$\omega_0=\dfrac{1}{\sqrt{LC}}$
谐振阻抗	$R_{\mathrm{p}}=\dfrac{L}{rC}=Q\omega_0 L$	r
品质因数	$Q=\dfrac{R_{\mathrm{p}}}{\omega_0 L}$	$Q=\dfrac{\omega_0 L}{r}$
通频带	$\mathrm{BW}_{0.7}=\dfrac{f_0}{Q}$	$\mathrm{BW}_{0.7}=\dfrac{f_0}{Q}$
激励信号	电流源	电压源
附加相移	$\omega>\omega_0$ 回路呈容性相移滞后	$\omega>\omega_0$ 回路呈感性相移超前
	$\omega<\omega_0$ 回路呈感性相移超前	$\omega<\omega_0$ 回路呈容性相移滞后

目标 1　测评

并联谐振回路如图 2.2 所示，已知 $L=200\ \mu\mathrm{H}$，$C=20\ \mathrm{pF}$，$r=10\ \Omega$，计算谐振频率和谐振电阻，并求-3dB 带宽处的相移值。

2.3　阻抗变换电路

2.3.1　信源与负载阻抗对选频电路的影响

在实际谐振回路应用中，信源和负载必须接入振荡回路，信源内阻和负载阻抗将会对谐振回路产生以下影响：

（1）降低了回路品质因数。

（2）使得回路的选择性变差，通频带变宽。

（3）使得回路的谐振频率发生偏移。

所以必须采用阻抗变换电路来消除这些不利影响，同时通过阻抗变换实现阻抗匹配，还可以高效传输功率到负载，发挥电路最佳性能；也可以改善天线、混频器等电路的噪声系数。

阻抗变换网络首先应是无损耗的，阻抗变换有多种方法，可以采用集总参数电抗元件构成，也可采用分布参数的微带构成，采用集总参数的电感和电容或变压器构成的匹配网络可以是窄带网络，也可以是宽带网络。对于窄带网络不仅要完成阻抗变换，还要完成滤波功能。

2.3.2　基本阻抗变换电路

1. 变压器阻抗变换

变压器是靠磁通链或是靠互感进行耦合的。高频变压器有以下特点：

（1）为了减少损耗，高频变压器常用磁导率 μ 高、高频损耗小的软磁材料作磁芯。

（2）高频变压器一般用于小信号场合，尺寸小，线圈的匝数较少。

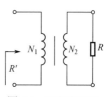

图 2.8　理想变压器

设理想变压器初级匝数为 N_1 与次级匝数为 N_2（图 2.8），则变比为

$$n = \frac{N_1}{N_2}$$

则当次级所接负载为 R 时，初级端所得的等效阻抗可以根据功率相等得到

$$R' = n^2 R \tag{2.23}$$

此外，还可以用传输线变压器实现阻抗变换。

2. 部分接入进行阻抗变换

采用抽头回路的阻抗变换电路包括电感分压与电容分压两种，如图 2.9 所示，通过改变抽头系数，使信源与负载的阻抗实现匹配。定义接入系数为

$$p = \frac{U}{U_\text{T}} \tag{2.24}$$

式中，U 为信源端（或负载端）电压；U_T 为回路端电压。

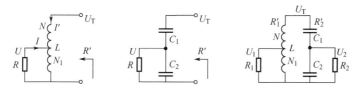

图 2.9　部分接入的阻抗变换电路

考虑窄带高 Q 值的情况，对图 2.9 中的各电路，当回路谐振或失谐量不大时，由于 R 和其等效阻抗 R' 上的功率相等，即

$$\frac{U_\text{T}^2}{2R'} = \frac{U^2}{2R}$$

得

$$R' = \left(\frac{U_\text{T}}{U}\right)^2 R = R / p^2 \tag{2.25}$$

对于电感分压，设总匝数为 N，抽头处匝数为 N_1，则接入系数为

$$p = \frac{N_1}{N} \tag{2.26}$$

对于电容分压，其系数为

$$p = \frac{C_1}{C_1 + C_2}$$

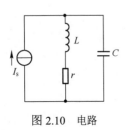

图 2.10 电路

例 2.1 如图 2.10 所示，已知一个 LC 并联回路的参数，$L = 36\ \mu H$，$C = 7\ pF$，$r = 10\ \Omega$。

求：（1）回路谐振频率 f_0，品质因数 Q 和谐振时回路等效阻抗 R_p。

（2）当信号频率偏离谐振频率 $\Delta f = \pm 10\ kHz$ 时对应的阻抗和相移。

解 （1）谐振频率为

$$f_0 = \frac{1}{2\pi\sqrt{LC}} = \frac{1}{2\pi\sqrt{36\times10^{-6}\times7\times10^{-12}}} \approx 10\mathrm{MHz}$$

品质因数为

$$Q = \frac{\rho}{r} = \frac{\sqrt{\dfrac{L}{C}}}{r} \approx 226$$

谐振电阻为

$$R_p = \frac{L}{rC} \approx 514.3\mathrm{k\Omega}$$

（2）当频率偏移 $\Delta f = \pm 10\ kHz$ 时，偏移较小，对应的阻抗和相移通过下式计算，即

$$|Z| = \frac{R_p}{\sqrt{1+\left(Q\dfrac{2\Delta f}{f_0}\right)^2}} \approx 468.6\mathrm{k\Omega}$$

$$\varphi = -\arctan\left(Q\frac{2\Delta f}{f_0}\right) = \mp24.3^\circ$$

例 2.2 试计算例 2.1 中回路的通频带 $\mathrm{BW}_{0.7}$，如果要求通频带 $\mathrm{BW}_{0.7} = 0.2\ MHz$，要求在回路两端并联多大电阻。

解 回路通频带

$$\mathrm{BW}_{0.7} = \frac{f_0}{Q} = \frac{10^7}{226} = 44.25\mathrm{kHz}$$

为了使通频带展宽，需要并联负载电阻 R_L 使回路品质因数（称为有载品质因数）Q_L 为

$$Q_L = \frac{f_0}{\mathrm{BW}_{0.7}} = \frac{10^7}{0.2\times10^6} = 50$$

此时对应回路阻抗为

$$R = Q_L\omega_0 L \approx 113.1\mathrm{k\Omega}$$

而 $R = \dfrac{R_p R_L}{R_p + R_L}$，故

$$R_L = \frac{RR_p}{R_p - R} = 145\mathrm{k\Omega}$$

即需要在回路两端并联 145 kΩ 电阻，可使通频带变宽为 $\mathrm{BW}_{0.7} = 0.2\ MHz$。

目标 2　测评

如图 2.11 所示，要求把负载 R_1 变成信源端阻抗 R_s。已知中心频率 f_0 以及要求带宽为 $\text{BW}_{0.7}$，通过计算求出理想 L、C 的值。

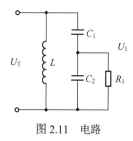

图 2.11　电路

2.4　高频小信号选频放大电路及性能参数

2.4.1　概述

1. 高频小信号放大器的功能

高频小信号放大器是各类通信设备中常用的功能电路，在通信系统中，由于信号受到信道的衰减，到达接收端的高频信号电平多在微伏数量级，因此，必须先将微弱信号进行放大后再解调。而接收的信号通常占有特定的频带宽度，所以又称为高频小信号选频放大器。它集放大和选频功能于一体，中心频率一般在数百千赫兹至数百兆赫兹，频带宽度在几千赫兹到几十兆赫兹。而作为放大器件，可以是晶体管、场效应管或集成电路，而高频小信号放大器分为窄带放大器和宽带放大器两类。

高频小信号放大器通常以各种选频电路作为负载（并联、耦合谐振回路等），所以还具有选频或滤波作用。由于信号较小，选频放大器工作在线性范围内，即甲类放大状态，它属于线性放大器，通常采用线性模型的等效电路分析法。

2. 高频小信号放大器的分类

高频小信号放大器的分类方法较多，按频带宽度可分为窄带放大器和宽带放大器；按负载性质可分为调谐放大器和非调谐放大器（包括集总选频滤波器）。

本节以单级调谐放大器为例，分析讨论其基本工作原理、等效电路模型、性能指标等。

3. 高频小信号放大器的主要性能指标

1）增益

增益表示放大电路对有用信号的放大能力。通常用在中心频率上的电压增益和功率增益两种方法表示。

电压增益，即

$$A_{u0} = \frac{U_o}{U_i}$$

用分贝表示为

$$A_{u0} = 20\log \frac{U_o}{U_i} \tag{2.28}$$

功率增益，即

$$A_{p0} = \frac{P_o}{P_i}$$

用分贝表示为

$$A_{p0}=10\log\frac{P_o}{P_i} \tag{2.29}$$

式中，U_o、U_i 分别为放大电路中心频率上的输出、输入电压有效值；P_o、P_i 分别为放大电路中心频率的输出、输入功率，常用分贝表示。

2）通频带

为使信号无失真地通过放大电路，要求放大器的增益频率响应特性必须有与信号带宽相适应的平坦宽度，让通频带内的有用信号频谱分量通过放大器。通常定义放大器的电压增益下降到最大值的 0.707 倍时所对应的频率宽度作为放大器的通频带，常用 $BW_{0.7}=2\Delta f_{0.7}$ 表示，也称为-3 dB 带宽，如图 2.12 所示。

放大器的通频带取决于回路的结构形式和回路的等效品质因数 Q_L，此外，放大器总的通频带随着放大器的级数变化而不同。

3）选择性

对通频带之外的不关心的或干扰信号的衰减与抑制越大，则放大器的选择性越好。常用矩形系数和抑制比来表示。

（1）矩形系数。矩形系数是表征放大器选择性好坏的一个参量，表明了对邻近波道干扰的抑制能力，它描述了实际曲线接近理想曲线（矩形）的程度而引入"矩形系数"，如图 2.13 所示，其定义与选频网络的矩形系数相同为，即

$$K_{r0.1} = \frac{2\Delta f_{0.1}}{2\Delta f_{0.7}} \tag{2.30}$$

式中，$2\Delta f_{0.7}$ 为放大器的通频带；$2\Delta f_{0.1}$ 为放大器的电压增益下降至最大值的 0.1 倍时所对应的频带宽度。K 越接近 1 越好。

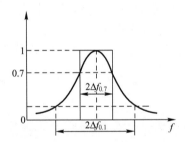

图 2.12　小信号放大器的通频带

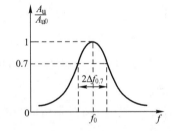

图 2.13　小信号放大器的频率特性与矩形系数

（2）抑制比。表示对带外某一特定干扰信号 f_N 的抑制或衰减能力，其定义为

$$\alpha = \frac{A_p(f_0)}{A_p(f_N)} \tag{2.31}$$

式中，$A_p(f_0)$ 为中心频率上的功率增益；$A_p(f_N)$ 为某一特定频率 f_N 上的功率增益，也可用分贝表示为

$$\alpha(dB) = 10\log\frac{A(f_0)}{A(f_N)} \tag{2.32}$$

抑制比也可用电压增益表示为

$$\alpha = \frac{A_u(f_0)}{A_u(f_N)} \quad 或 \quad \alpha(dB) = 20\log\frac{A_u(f_0)}{A_u(f_N)} \tag{2.33}$$

4）噪声系数

噪声系数是用来表征放大器本身产生噪声电平大小的一个参数，噪声电平的大小对所传输的信号，特别是对微弱信号的影响是极其不利的。放大器的噪声性能可用噪声系数表示为

$$N_F = \dfrac{\dfrac{P_{si}}{P_{ni}}}{\dfrac{P_{so}}{P_{no}}} \qquad (2.34)$$

N_F 越接近 1 越好。在多级放大器中，前面一、二级的噪声对整个电路的噪声影响起决定作用。

2.4.2　晶体管高频小信号等效电路与参数

晶体管在高频线性应用时，可用等效电路来说明它的特性并进行分析讨论。等效电路有两种表示方法，即形式等效电路（Y 参数等效电路）和物理模拟等效电路（混合 π 型等效电路）。本书仅讨论 Y 参数等效电路。

晶体管无论是共基极、共发射极还是共集电极电路，都可视为二端口网络，如图 2.14 所示。

由电路理论知，任一线性二端口网络，必须有 4 个变量。根据选择的自变量和因变量的不同，可以有不同的参数系，常用的有 4 种，即 H 参数（混合参数）、Z 参数（阻抗参数）、Y 参数（导纳参数）、A 参数（传输参数）。对高频小信号放大电路的分析，常采用 Y 参数等效电路，图 2.15 所示为晶体管的 Y 参数等效电路。

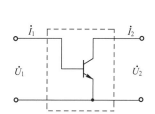

图 2.14　小信号放大器的端口等效电路

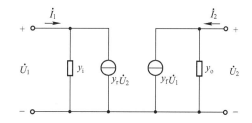

图 2.15　小信号放大器的 Y 参数等效电路

设输入电压 $\dot U_1$ 和输出电压 $\dot U_2$ 为自变量，输入电流 $\dot I_1$ 和输出电流 $\dot I_2$ 为因变量，其网络方程为

$$\begin{cases} \dot I_1 = y_i \dot U_1 + y_r \dot U_2 \\ \dot I_2 = y_f \dot U_1 + y_o \dot U_2 \end{cases} \qquad (2.35)$$

即

$$\begin{bmatrix} \dot I_1 \\ \dot I_2 \end{bmatrix} = \begin{bmatrix} y_i & y_r \\ y_f & y_o \end{bmatrix} \begin{bmatrix} \dot U_1 \\ \dot U_2 \end{bmatrix} \qquad (2.36)$$

式中，$\dot U_1$、$\dot I_1$ 为输入端电压、电流；$\dot U_2$、$\dot I_2$ 为输出端电压、电流；y_r、y_i、y_f、y_o 为晶体管的"内参数"，y_r 为输入端短路时的反向传输导纳；y_i 为输出端短路时的输入导纳；

y_f 为输出端短路时的正向传输导纳； y_o 为输入端短路时的输出导纳。

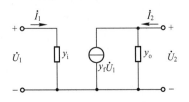

图 2.16 小信号放大器的 Y 参数简化等效电路

图 2.15 中， $y_f \dot{U}_1$ 表示由晶体管的放大作用而在输出端引起的电流源； $y_r \dot{U}_2$ 代表了晶体管的内部反馈作用在输入端引起的电流源，内部反馈 y_r 的存在会影响晶体管工作的稳定性，实际应用时要尽可能减小它的影响，故实际电路分析中认为 y_r 近似为 0，所以实际的简化等效电路如图 2.16 所示。

2.4.3 晶体管谐振放大器

晶体管谐振放大器由晶体管和调谐回路组成，常常分为单级谐振放大器和多级谐振放大器两种类型。

1. 单调谐回路谐振放大器

单级单调谐高频放大器电路是由晶体管和并联谐振回路组成的，如图 2.17 所示。

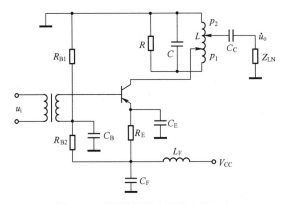

图 2.17 单级单调谐高频放大器电路

直流偏置由 R_{B1}、R_{B2}、R_E 来实现，决定工作点；C_E 为高频旁路电容；R 用来加宽回路通频带；C、L 组成谐振回路；L_F、C_F 组成滤波电路。

2. 放大器的特性分析

忽略直流偏置电路、电源滤波电路和耦合、旁路电容，可得单级单调谐高频谐振放大电路的交流通路，如图 2.18 所示。

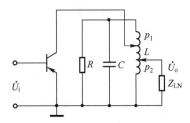

图 2.18 单级单调谐高频谐振放大电路的交流通路

单级单调谐回路谐振放大器的高频 Y 参数等效电路如图 2.19 所示。

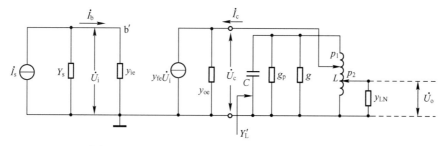

图 2.19　单级单调谐回路放大器的高频 Y 参数等效电路

1）电压增益 $\dot{A}_u$

由图 2.19 可知

$$\begin{cases} \dot{I}_{\mathrm{b}} = y_{\mathrm{ie}} \dot{U}_{\mathrm{i}} \\ \dot{I}_{\mathrm{c}} = y_{\mathrm{fe}} \dot{U}_{\mathrm{i}} + y_{\mathrm{oe}} \dot{U}_{\mathrm{c}} \\ \dot{I}_{\mathrm{c}} = -Y_{\mathrm{L}}' \dot{U}_{\mathrm{c}} \end{cases} \qquad (2.37)$$

式中，Y_{L}' 为由集电极向右看的回路导纳（对外电路而言，若取 $\dot{U}_{\mathrm{c}}$ 是上负下正，故 $\dot{I}_{\mathrm{c}}$ 有一负号），因此，式（2.37）简化为

$$\dot{U}_{\mathrm{c}} = \frac{-y_{\mathrm{fe}}}{y_{\mathrm{oe}} + Y_{\mathrm{L}}'} \dot{U}_{\mathrm{i}} \qquad (2.38)$$

$$Y_{\mathrm{L}}' = \frac{1}{p_1^2} \left(g + g_{\mathrm{p}} + \mathrm{j}\omega C + \frac{1}{\mathrm{j}\omega L} + p_2^2 y_{\mathrm{LN}} \right) \qquad (2.39)$$

式中，g_{p} 为回路的谐振导纳；$y_{\mathrm{LN}} = 1/Z_{\mathrm{LN}}$ 为负载导纳或下一级放大器的输入导纳；$p_2^2 y_{\mathrm{LN}}$ 为 y_{LN} 的等效变换；$\dfrac{1}{p_1^2} \left(g + g_{\mathrm{p}} + \mathrm{j}\omega C + \dfrac{1}{\mathrm{j}\omega L} + p_2^2 y_{\mathrm{LN}} \right)$ 为 $\left(g + g_{\mathrm{p}} + \mathrm{j}\omega C + \dfrac{1}{\mathrm{j}\omega L} + p_2^2 y_{\mathrm{LN}} \right)$ 的等效变换。

而

$$\frac{\dot{U}_{\mathrm{c}}}{\dot{U}_{\mathrm{o}}} = \frac{p_1}{p_2} \qquad (2.40)$$

所以

$$\dot{A}_u = \frac{\dot{U}_{\mathrm{o}}}{\dot{U}_{\mathrm{i}}} = \frac{p_2}{p_1} \frac{\dot{U}_{\mathrm{c}}}{\dot{U}_{\mathrm{i}}} \qquad (2.41)$$

将式（2.38）代入式（2.41）得

$$\dot{A}_u = -\frac{p_2 y_{\mathrm{fe}}}{p_1 (y_{\mathrm{oe}} + Y_{\mathrm{L}}')} \qquad (2.42)$$

根据

$$Y_{L}^{'} = \frac{Y_{L}}{p_{1}^{2}} \tag{2.43}$$

故

$$\dot{A}_{u} = -\frac{p_{2}y_{fe}}{p_{1}(y_{oe} + Y_{L}^{'})} = -\frac{p_{2}y_{fe}}{p_{1}\left(y_{oe} + \frac{Y_{L}}{p_{1}^{2}}\right)} = -\frac{p_{1}p_{2}y_{fe}}{p_{1}^{2}y_{oe} + Y_{L}} \tag{2.44}$$

式中，$Y_{L} = p_{1}^{2}Y_{L}^{'}$ 为谐振回路两端的导纳，它包括回路本身的元件 L、C、g 和负载导纳或下一级放大器的输入导纳 y_{LN}，即

$$Y_{L} = (g + g_{p} + j\omega c + \frac{1}{j\omega L} + p_{2}^{2}y_{LN}) \tag{2.45}$$

令 $y_{oe} = g_{oe} + j\omega C_{oe}$，$y_{LN} = g_{LN} + j\omega C_{LN}$，进一步把 Y_{L} 和 y_{oe} 代入 $\dot{A}_{u}$，可得

$$\dot{A}_{u} = -\frac{p_{1}p_{2}y_{fe}}{(p_{1}^{2}g_{oe} + p_{2}^{2}g_{LN} + g + g_{p}) + j\omega(C + p_{1}^{2}C_{oe} + p_{2}^{2}C_{LN}) + \frac{1}{j\omega L}} \tag{2.46}$$

式中，g_{oe} 和 C_{oe} 分别为放大器的输出导纳和输出电容；g_{LN} 和 C_{LN} 分别为负载导纳（或下一级放大器的输入导纳）和负载电容（或下一级放大器的输入电容）。

式（2.46）更清楚地表明了放大器电路各元件和放大倍数的关系。

令 $g_{\Sigma} = p_{1}^{2}g_{oe} + p_{2}^{2}g_{LN} + g + g_{p}$，$C_{\Sigma} = C + p_{1}^{2}C_{oe} + p_{2}^{2}C_{LN}$，则

$$\dot{A}_{u} = \frac{-p_{1}p_{2}y_{fe}}{g_{\Sigma} + j\omega C_{\Sigma} + \frac{1}{j\omega L}} \approx \frac{-p_{1}p_{2}y_{fe}}{g_{\Sigma}\left(1 + j2Q_{L}\Delta\dfrac{f}{f_{0}}\right)} \tag{2.47}$$

式中，f_{0} 为放大器调谐回路的谐振频率；Δf 为工作频率 f 对谐振频率 f_{0} 的偏移；Q_{L} 为回路的有载品质因数，即

$$f_{0} = \frac{1}{2\pi\sqrt{LC_{\Sigma}}} \tag{2.48}$$

$$\Delta f = f - f_{0} \tag{2.49}$$

$$Q_{L} = \frac{\omega_{0}C_{\Sigma}}{g_{\Sigma}} = \frac{1}{\omega_{0}Lg_{\Sigma}} \tag{2.50}$$

从式（2.47）到式（2.50）说明谐振放大器的电压增益 $\dot{A}_{u}$ 是工作频率 f 的函数。在实际应用中，最关心的是谐振时（$\Delta f = 0$）的情况，其值用 $\dot{A}_{u_{0}}$ 表示，则

$$\dot{A}_{u_{0}} = \frac{-p_{1}p_{2}y_{fe}}{g_{\Sigma}} = \frac{-p_{1}p_{2}y_{fe}}{g + g_{p} + p_{1}^{2}g_{oe} + p_{2}^{2}g_{LN}} \tag{2.51}$$

"-" 表明输入和输出有 $180°$ 的相位差，此外，y_{fe} 是一个复数，它也有一个相角 φ_{fe}，因此，输入和输出之间的相差不是 $180°$，而是 $180° + \varphi_{fe}$。当频率较低时，$\varphi_{fe} = 0$，$\dot{U}_{i}$ 和 $\dot{U}_{o}$ 之间的相位差才是 $180°$。

2）功率增益 $\dot{A}_{p}$

功率增益对于小信号谐振放大器本身并无主要意义，但是通过功率放大倍数的推导，

可以获得晶体管最高振荡频率和最大电压放大倍数的概念。下面只讨论谐振时的功率增益。

P_i：放大器的输入功率；P_o：输出端负载 g_{LN} 上获得的功率，有

$$P_i = u_i^2 g_{ie}, \quad P_o = \left(\frac{p_1 |y_{fe} u_i|}{g_\Sigma}\right)^2 p_2^2 g_{LN} \tag{2.52}$$

所以

$$A_{p0} = \frac{P_o}{P_i} = \frac{p_1^2 p_2^2 g_{LN} |y_{fe}|^2}{g_{ie} g_\Sigma^2} = (A_{v0})^2 \frac{g_{LN}}{g_{ie}} \tag{2.53}$$

式中，g_{ie} 和 g_{LN} 分别是本级和下一级负载或晶体管的输入电导，用 **dB** 表示时

$$A_{p0} = 10\lg A_{p0} \tag{2.54}$$

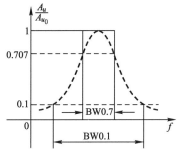

图 2.20　单级单调谐放大器的通频带

3）放大器的通频带

放大器的增益随频率 f 而变化，它与并联谐振回路阻抗曲线相似，某一频点的增益与谐振频点的增益之比，叫做放大器的谐振曲线，如图 2.20 所示。任意频点 f 的增益相对于谐振频率 f_0 的增益之比，即衰减值为

$$\frac{A_u}{A_{u_0}} = \frac{1}{\sqrt{1 + \left(\frac{2Q_L \Delta f}{f_0}\right)^2}} \tag{2.55}$$

因为

$$\dot{A}_u = \frac{-p_2 p_2 y_{fe}}{g_\Sigma \left[1 + \frac{1}{g_\Sigma}\left(j\omega C_\Sigma + \frac{1}{j\omega L}\right)\right]} = \frac{\dot{A}_{u_0}}{1 + j\frac{1}{\omega_0 L g_\Sigma}\left(\omega C_\Sigma L - \frac{\omega_0 L}{\omega L}\right)}$$

$$= \frac{\dot{A}_{u0}}{1 + jQ_L\left(\frac{\omega}{\omega_0} - \frac{\omega_0}{\omega}\right)} \tag{2.56}$$

则

$$\frac{A_u}{A_{u_0}} = \frac{1}{\sqrt{1 + \left(2Q_L \frac{\Delta f}{f_0}\right)^2}} \tag{2.57}$$

所以

$$BW_{0.7} = 2\Delta f_{0.7} = \frac{f_0}{Q_L} \tag{2.58}$$

因为 $Q_L = 1/\omega_0 L g_\Sigma$，则

$$g_\Sigma = \frac{\omega_0 C_\Sigma}{Q_L} = \frac{2\pi f_0 C_\Sigma}{\dfrac{f_0}{BW_{0.7}}} = 2\pi BW_{0.7} C_\Sigma \tag{2.59}$$

所以

$$A_{u0} = \frac{-p_1 p_2 y_{fe}}{g_\Sigma} = \frac{-p_1 p_2 y_{fe}}{2\pi BW_{0.7} C_\Sigma} \tag{2.60}$$

如果抽头 $p_1 = p_2 = 1$，则

$$A_{u_0} = \frac{-y_{fe}}{2\pi BW_{0.7} C_\Sigma} \tag{2.61}$$

4）放大器的选择性

单调谐放大器的选择性用矩形系数来描述，矩形系数 K 的定义：放大器电压增益下降至谐振时增益的0.1倍（或0.01倍）时，相应的通频带放大器通频带之比，即

$$K_{r0.1} = \frac{BW_{0.1}}{BW_{0.7}} \quad 或 \quad K_{r0.01} = \frac{BW_{0.01}}{BW_{0.7}} \tag{2.62}$$

令 $\frac{A_u}{A_{u_0}} = 0.1$，代入 $\frac{A_u}{A_{u0}} = \frac{1}{\sqrt{1 + (2Q_L \Delta f_{0.1}/f_0)^2}}$，则

$$BW_{0.1} = \sqrt{10^2 - 1} \frac{f_0}{Q_L} \tag{2.63}$$

所以

$$K_{r0.1} = \frac{BW_{0.1}}{BW_{0.7}} = \sqrt{10^2 - 1} \approx 9.96 \tag{2.64}$$

K 越接近于1，选频特性越好！

3．单调谐放大器的级联

为了提高放大器的增益，可采用多级级联放大器，但放大器级联之后，其增益、通频带、和选择性都将发生变化。

1）级联放大器的电压增益

例如，设级联放大器有 n 级，若每一级的电压增益分别为 A_{u_1}，A_{u_2}，$\cdots A_{u_n}$，则总增益为

$$A_u = A_{u_1} \cdot A_{u_2} \cdot A_{u_3} \cdot \cdots \cdot A_{u_n} \tag{2.65}$$

若级联放大器每级的增益均为 A_{u_1}，则总增益为 $A_u = A_{u_1}{}^n$。

n 级相同的放大器级联时，它的谐振曲线可表示为

$$\frac{A_n}{A_{n0}} = \frac{1}{\left[1 + \left(\frac{2Q_L \Delta f_{0.7}}{f_0}\right)^2\right]^{\frac{n}{2}}} \tag{2.66}$$

2）选择性和通频带

设

$$S = \left|\frac{A_{u_\Sigma}}{A_{u_{0\Sigma}}}\right| = \frac{A_u}{A_{u_0}} = \frac{1}{\left[1 + \left(\frac{2Q_L \Delta f_{0.7}}{f_0}\right)^2\right]^{\frac{n}{2}}} \tag{2.67}$$

根据通频带的定义，令

$$S = \frac{1}{\sqrt{2}} \tag{2.68}$$

所以

$$(\text{BW}_{0.7})_n = \text{BW}_{0.7(单级)}\sqrt{2^{\frac{1}{n}}-1} = \sqrt{2^{\frac{1}{n}}-1}\frac{f_0}{Q_L} \tag{2.69}$$

式中，$\sqrt{2^{\frac{1}{n}}-1}$ 称为带宽缩减因子，它表示级数增加后，总通频带变窄的程度。

由此可知，多级放大器的谐振曲线等于各单级谐振曲线的乘积。级数越多，谐振曲线越尖锐，通频带越窄。

3）矩形系数

根据矩形系数的定义，若令 $S = 0.1$，则得

$$\left(\text{BW}_{0.1}\right)_n = \text{BW}_{0.7(单级)}\sqrt{100^{\frac{1}{n}}-1} \tag{2.70}$$

所以 n 级单调谐回路放大器的矩形系数为

$$K_{\Sigma 0.1} = \frac{\left(\text{BW}_{0.1}\right)_n}{\left(\text{BW}_{0.7}\right)_n} = \frac{\sqrt{100^{\frac{1}{n}}-1}}{\sqrt{2^{\frac{1}{n}}-1}} \tag{2.71}$$

由表 2.2 中给出的数据可知，级数越多，矩形系数越小，选择性越好；但总的通频带变窄，表现出总增益和通频带之间的矛盾。

表 2.2　数据序列

级数 n	1	2	3	4	5	6	7	8	9	$\cdots$	∞
B_n/B_1	1.0	0.64	0.51	0.43	0.39	0.35	0.32	0.30	0.28	$\cdots$	
$K_{\Sigma 0.1}$	9.95	4.66	3.74	3.42	3.15	3.07	3.01	2.94	2.92	$\cdots$	2.57

例 2.3　调谐中心频率为 $f_0 = 10.7\text{MHz}$ 的三级相同的单调谐放大器，要求 $\text{BW}_{0.7}{\geqslant}100\text{kHz}$，失谐 ±250kHz 时的衰减大于或等于 20dB。试确定每个谐振回路的有载品质因数 Q_L 值。

解　由级联带宽公式得

$$Q_L \leqslant \sqrt{2^{\frac{1}{3}}-1}\frac{f_0}{\text{BW}_{0.7}} \approx 0.51 \times \frac{10.7}{0.1} = 54.57$$

由选择性指标公式得

$$d\Big|_{\Delta f = 250\text{kHz}} = 20\lg\left[1 + \left(Q_L\frac{2\Delta f}{f_0}\right)^2\right]^{\frac{3}{2}} {\geqslant} 20\text{dB}$$

即 $Q_L {\geqslant} \sqrt{10^{\frac{2}{3}}-1}\dfrac{f_0}{2\Delta f} \approx 40.84$

故 $40.84 {\leqslant} Q_L {\leqslant} 54.57$，取 $Q_L = 50$。

单调谐回路放大器的电路简单，调试容易，但选择性差（矩形系数离理想矩形系

$K_{r0.1}=1$ 较远），增益和通频带的矛盾突出。

4．参差调谐放大器

将若干个单级谐振放大器级联，但每个谐振放大器的调谐频率不同，称为参差调谐放大器。

两个调谐放大器的回路谐振频率对应于频带中心频率 f_0 作小量的偏移，使总增益稍微降低，可以解决放大器的总增益和总通频带之间的矛盾。

参差调谐放大器既可以增加带宽，同时又得到边沿较陡峭的频率特性。因此，它用于宽带和高选择性的场合。

5．双调谐放大器（通频带宽，选择性好）

双调谐回路谐振放大器的负载采用双调谐耦合回路，和单调谐回路放大器相比较，双调谐回路放大器的矩形系数较小，其谐振曲线更接近于矩形，电路较复杂，调试较困难，本书不再讨论，请读者参阅相关文献。

2.4.4 高频谐振放大器的稳定性及其提高方法

稳定性作为放大器的重要质量指标之一，这里将进一步分析讨论导致谐振放大器工作不稳定的原因和提高放大器稳定性的基本措施。

谐振放大器的输入导纳 Y_i 及稳定性分析如下：

前面对小信号谐振放大器的分析中把三极管当成单向化器件对待，但是实际上三极管的高频小信号模型是双向传输的。由于反向传输导纳 y_{re} 的影响，将在小信号谐振放大器中产生两个问题：

（1）影响小信号谐振放大器的谐振频率，特别是当输入端也接有谐振回路时，y_{re} 中的电容成分会引起放大器的频率特性发生明显的畸变，使得多级调谐放大器调整变得很困难。

（2）y_{re} 中的电导成分会引起放大器自激，使放大器不稳定。

由于 y_{re} 的反馈作用，晶体管是一个双向器件。消除晶体管的反馈作用的过程称为单向化，目的是提高放大器的稳定性。单向化的方法有中和法和失配法。

（1）中和法：消除 y_{re} 大反馈；

（2）失配法：使 $\dot{i}_1$ 或 $\dot{i}_2$ 的数值增大，因而使输入和输出回路不与晶体管匹配。

1．中和法

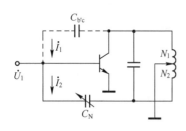

图 2.21　加中和电容的放大器电路

在晶体管外部接一个中和电容 C_N 来抵消内部反馈有害的影响。如图 2.21 所示，在放大器的输出与输入之间引入一个外部反馈电路，以抵消晶体管内部 y_{re} 的反馈作用。如果中和电路使 $\dot{i}_1$ 和 $\dot{i}_2$ 相等，此时，正反馈的影响被抵消，起到使放大器稳定工作的作用。

应该注意的是，完全中和很难达到，因晶体管的 y_{re} 是随频率变化的。

2．失配法

失配是指信号源内阻不与晶体管的输入阻抗匹配，晶体管输出端的负载不与本级晶体管的输出阻抗匹配。

这是一种通过适当降低放大器的增益，提高放大器的稳定性的方法。可以选用合适的接入系 p_1、 p_2 或在谐振回路两端并联阻尼电阻来降低电压增益。

在实际运用中，较多采用共射-共基级联放大器，其等效电路如图 2.22 所示。

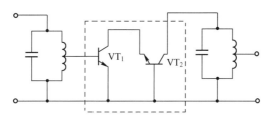

图 2.22　共射-共基级联放大器等效电路

从图 2.22 中可以看出，输入回路与晶体管采用部分接入，而输出回路与晶体管直接接入，这是由于共基晶体管输出电阻很大。

VT_2 的 C_{bc} 不构成正反馈，而 VT_1 由于负载阻抗很小，导致该级增益很低，VT_1 和 VT_2 之间处于严重失配状态，也不会构成自激振荡。

2.4.5　电噪声与噪声系数

干扰（或噪声）是除了有用信号之外的一切不需要的信号及各种电磁扰动的总称。人们收听广播时，常常会听到的"沙沙"声就是噪声存在的结果。一般把外部来的有确定来源、有规律的称为干扰，外部干扰又分为自然干扰和人为干扰，自然干扰是大气中的各种扰动，如打雷闪电形成的干扰，人为干扰是电网或各种用电设备产生的干扰，如50 Hz的电源干扰、工业干扰等；而接收机内部器件产生的称为噪声，具有随机性。噪声对有用信号的接收产生了影响，特别是当有用信号较弱时，噪声的影响就更为突出，严重时会使有用信号淹没在噪声之中而无法接收。本书只介绍内部噪声，包括电阻热噪声、晶体管噪声和场效应管噪声三种。

1．电阻热噪声

电阻热噪声是由于电阻内部自由电子的热运动而产生的。在运动中自由电子经常相互碰撞，其运动速度的大小和方向都是不规则的，温度越高，运动越剧烈，只有当温度为绝对零度时，运动才会停止。自由电子的这种热运动在导体内会形成很微弱的电流，这种电流呈杂乱起伏的状态，称为起伏噪声电流。起伏噪声电流流过电阻本身就会在其两端产生起伏噪声电压。

由于起伏噪声电压的变化是不规则的，其瞬时振幅和瞬时相位具有随机性，因此无法计算其瞬时值。起伏噪声电压的平均值为零，噪声电压正是不规则地偏离此平均值而起伏变化的。图 2.23 是电阻起伏噪声电压波形的示意图。

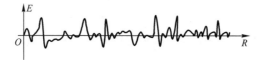

图 2.23　电阻起伏噪声电压波形

但是，起伏噪声的均方值是确定的，可以用功率计测量出来。实验发现，在整个无线电频段内，当温度一定时，单位电阻上所消耗的平均功率在单位频带内几乎是一个常数，即其功率频谱密度是一个常数。对照白光内包含了所有可见光波长这一现象，人们把这种在整个无线电频段内具有均匀频谱的起伏噪声称为白噪声。

当温度为 T 时，阻值为 R 的电阻产生的噪声电流功率频谱密度和噪声电压功率频谱密度分别为

$$S_1(f) = \frac{4kT}{R} \tag{2.72}$$

$$S_U(f) = 4kTR \tag{2.73}$$

式中，$k = 1.38 \times 10^{-23}\,\mathrm{J/K}$ 为波尔兹曼常数，电阻温度 T 以绝对温度计量。

在频带宽度为 BW 内产生的热噪声电流均方值和电压均方值分别为

$$I_n^2 = S_1(f)\mathrm{BW} \tag{2.74}$$

$$U_n^2 = S_U(f)\mathrm{BW} \tag{2.75}$$

所以，一个有噪声的实际电阻可以分别用噪声电流源模型和噪声电压源模型来表示，如图2.24所示。

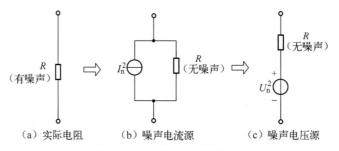

（a）实际电阻　　　　　（b）噪声电流源　　　　　（c）噪声电压源

图 2.24　电阻热噪声等效电路

理想电抗元件是不会产生噪声的，但实际电抗元件是有损耗电阻的，这些损耗电阻会产生噪声。对于实际电感的损耗电阻一般不能忽略，而对于实际电容的损耗电阻一般可以忽略。

例 2.4　试计算 470 kΩ 电阻的噪声电压均方值和电流均方值。设 $T=290\,\mathrm{K}$，$\mathrm{BW}=100\,\mathrm{kHz}$。

解

$$U_n^2 = 4kTR\mathrm{BW} = 4 \times 1.38 \times 10^{-23} \times 290 \times 470 \times 10^3 \times 10^5$$

$$\approx 7.52 \times 10^{-10}\,\mathrm{V}^2$$

$$I_n^2 = 4kT\frac{\mathrm{BW}}{R} = 4 \times 1.38 \times 10^{-23} \times 290 \times \frac{10^5}{470 \times 10^3}$$

$$\approx 3.41 \times 10^{-21}\,\mathrm{A}^2$$

实际电路包含多个电阻时，其中每一个电阻都将引入一个噪声源。由于每个电阻的噪

声都是由自由电子的热运动所产生的，任何两个电阻的热噪声必然是独立的，所以对于线性网络的噪声，适用均方值叠加法则（功率相加）。多个元件串联时，一般采用等效噪声电压源模型；多个元件并联时，一般采用等效噪声电流源模型。多个电阻串联时，总噪声电压均方值为各个电阻产生的噪声电压的均方值之和。多个电阻并联时，总噪声电流均方值为各个电阻产生的噪声电流的均方值之和。也就是说。总的噪声输出功率是每个噪声源单独作用在输出端所产生的噪声功率之和。

2．晶体管噪声

晶体管噪声主要包括以下四部分。

1）热噪声

构成晶体管的发射区、基区、集电区的体电阻和引线电阻均会产生热噪声，其中以基区体电阻的影响为主。发射极和集电极电阻的热噪声一般很小，可以忽略。

2）散弹噪声

散弹噪声又称散粒噪声（Shot Noise），是晶体管的主要噪声源。它是由单位时间内通过 PN 结载流子数目的随机起伏而造成的。每个载流子是随机通过 PN 结的（或随机注入，或随机复合），因此发射极电流和集电极电流会表现出起伏现象，也就是实际的结电流是围绕着一个平均电流值 I_0 起伏的，I_0 是大量载流子在单位时间内流过 PN 结的平均值。人们将这种现象比拟为靶场上大量射击时弹着点对靶中心的偏离，故称为散弹噪声。在本质上它与电阻热噪声类似，属于均匀频谱的白噪声，其电流功率频谱密度为

$$S_i(f) = 2qI_0 \tag{2.76}$$

式中，I_0 是通过 PN 结的平均电流值；q 是每个载流子的电荷量，$q=1.59\times10^{-19}$C（库仑）。

一般来说，散弹噪声大于电阻热噪声。要注意的是，在 $I_0=0$ 时，散弹噪声为零，但是只要不是绝对零度，热噪声总是存在的，这是二者的区别。

晶体管的发射结一般工作于正偏状态，结电流大，集电结工作于反偏状态，除了基极来的电流外，只有反向饱和电流（也产生散弹噪声），因此发射结的散弹噪声起主要作用，而集电结的噪声可以忽略。

3）分配噪声

在晶体管中，通过发射结的非平衡少数载流子大部分到达集电结，形成集电极电流，而小部分在基区内被基极注入的多数载流子复合，形成基极电流。这两部分电流的分配比例是随机的，从而造成集电极电流。基极电流在静态值上下起伏变化，产生噪声，这就是晶体管的分配噪声（Distribution Noise）。

分配噪声实际上也是一种散弹噪声，但它的功率频谱密度是随频率变化的，频率越高，噪声越大，其功率频谱密度也可近似按式（2.76）计算。

4）闪烁噪声

闪烁噪声（Flicker Noise）是由于晶体管在制造过程中表面清洁处理不好、表面损伤或有晶格缺陷造成的，其特点是频谱集中在约几千赫兹以下的低频范围，且功率频谱密度随频率降低而增大，所以也称为 $1/f$ 噪声，在高频工作时，可以忽略闪烁噪声。

分配噪声和闪烁噪声为有色噪声，也称为粉红噪声，其噪声功率谱为非均匀分布。

随着晶体管工作频率升高，其呈现的噪声类型依次为闪烁噪声、白噪声、分配噪声。

3. 场效应管噪声

场效应管是依靠多子在沟道中的漂移运动而工作的，沟道中多子的不规则热运动会在场效应管的漏极电流中产生类似电阻的热噪声，称为沟道热噪声，这是场效应管的主要噪声源。其次便是栅极漏电流产生的散弹噪声。在高频时同样可以忽略场效应管的闪烁噪声。沟道热噪声和栅极漏电流散弹噪声的电流功率频谱密度分别为

$$S_1(f) = 4kT\left(\frac{2}{3}g_\mathrm{m}\right) \tag{2.77}$$

$$S_1(f) = 2qI_\mathrm{g} \tag{2.78}$$

式中，g_m 是场效应管跨导，I_g 是栅极漏电流。

4. 噪声系数

衡量线性四端网络噪声性能好坏的性能指标是噪声系数。但在分析和计算噪声时，用额定功率和额定功率增益概念可以使问题简化，其物理意义更加明确。

在高频电路中，为了使放大器能够正常工作，除了要满足增益、通频带、选择性等要求之外，还应对放大器的内部噪声加以限制，一般是对放大器的输出端提出满足一定信噪比的要求。

所谓信噪比，是指四端网络某一端口处信号功率与噪声功率之比。信噪比SNR（Signal to Noise Ratio）通常用分贝数表示，即

$$\mathrm{SNR} = 10\lg\frac{P_\mathrm{s}}{P_\mathrm{n}} \tag{2.79}$$

式中，P_s、P_n 分别为信号功率与噪声功率。

线性四端网络的噪声系数（Noise Figure）通常定义为输入信噪比与输出信噪比的比值，即

$$N_\mathrm{F} = \left.\frac{P_\mathrm{si}}{P_\mathrm{ni}}\middle/\frac{P_\mathrm{so}}{P_\mathrm{no}}\right. \tag{2.80}$$

如果用分贝数表示，则写成

$$N_\mathrm{F} = 10\lg\left.\frac{P_\mathrm{si}}{P_\mathrm{ni}}\middle/\frac{P_\mathrm{so}}{P_\mathrm{no}}\right. \tag{2.81}$$

由于线性四端网络内部一般总是存在噪声，因此，$N_\mathrm{F} \geqslant 1$。其值越接近于1，则表示该线性四端网络的内部噪声性能越好。噪声系数表述了信号通过线性四端网络或系统之后，信噪比变坏的程度。

2.5　集成谐振放大器

集成宽带放大器是一种线性放大器，属于模拟集成电路的范畴，与模拟电子线路课程中的运算放大器没有本质的区别。但是，随着现代通信技术的发展，对宽频带放大器频带宽度的要求越来越高，从低频段直流开始，一直延伸到几百兆赫兹甚至吉赫兹，如此宽的频带范围，对集成电路的制造提出了很高的要求，而且在集成芯片的使用上，有时还要增加许多用于展宽频带的电抗补偿电路，如图2.25所示。

1. 低噪声宽带放大器 AD45048

AD45048 内部集成了两个运算放大器，其工作电压范围宽（3.3～24V）；电压噪声低至 4.5nV/Hz，电流噪声低至 1.5pA/Hz；带宽达 65MHz。典型应用电路如图 2.26 所示。

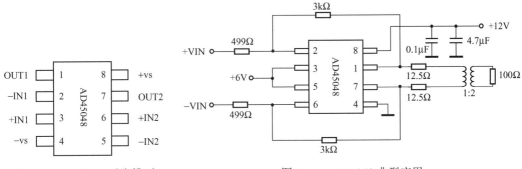

图 2.25 AD45048 引脚排列　　　　　　图 2.26 AD45048 典型应用

2. 由 MC1590 构成的选频放大器

MC1590 有自动增益控制功能，工作频率高且不易自激，内部集成了双输入、双输出的差动放大电路。典型应用电路如图 2.27 所示。

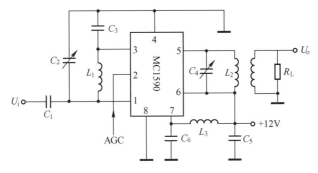

图 2.27 MC1590 典型应用

利用谐振回路作为输入输出网络，L_3、C_6、C_5 组成了去耦滤波电路，减小输出信号通过电源对输入级形成寄生反馈。

2.6 技 术 实 践

无线通信接收设备的接收天线从空中接收的电磁波并感应出高频的电压幅度一般是微伏（μV）到毫伏（mV）级，而接收电路中后续电路的输入电压的幅值要求较高，最好在 0.5～1 V 内。这就需要在接收前端对接收到的高频小信号进行高频放大。为此，就需要设计高频小信号放大器来完成对天线所接收的微弱信号进行选频滤波并放大，即从众多的无线电波信号中，选出需要的频率信号并加以放大，而对其他无用信号、干扰与噪声进行抑制，以提高信号的幅度和质量，应用实例中的电视机高频头就是这样的设备。

在实际的高频小信号调谐放大器设计中，电路实现方案可以是由分立元件三极管实现的放大电路，但是若为了满足更高的增益要求，可以采用多级放大电路实现。只是由于采用较多的分立元件，电路构成复杂且相互间的影响，使得调试工作较难；电路实现方案也可以由集成了多级放大的集成芯片来实现，这样电路的可靠性大大提高，而调试难度大大降低。

在此对单级单调谐高频小信号谐振放大器进行分析、设计与计算。

根据本章所学内容，简单设计和分析计算一个单级单 LC 并联调谐回路的谐振放大器电路，设负载是与该放大器完全相同的下一级放大电路，且为了隔离和阻抗关系，放大器和负载之间通过抽头变压器耦合方式相接，负载与变压器次级相连，变压器初次级匝数比为 5，而放大器的输出通过部分接入方式与变压器初级相连，部分接入系数为 0.8，初级线圈的电感为 $L=1.5\mu H$，品质因数为 $Q_0=100$；谐振电路中外接电容为 $C=12pF$，所选 BJT 放大管共射电路的主要参数为：

$$g_{ie}=1.1\times10^{-3}s，\quad C_{ie}=25pF，\quad g_{oe}=1.1\times10^{-4}s，\quad C_{oe}=6pF，\quad |y_{fe}|=0.08s。$$

要求：

（1）对实际的单级单调谐回路谐振放大电路进行总体分析和说明；

（2）画出单级单调谐回路谐振放大器电路和交流通路；

（3）给出谐振电路中的匝数比和接入系数的表达式；

（4）计算谐振频率 f_0、谐振频率上的电压增益 A_{u0} 和 -3 dB 带宽 $BW_{0.7}$。

设计与分析说明和求解过程如下：

（1）高频小信号谐振放大器与低频小信号放大电路主要不同点：一是在高频小信号谐振放大器中，所放大信号的频率较高；二是高频小信号谐振放大器的频带是窄带，一般只放大某一中心频率附近频带内的信号，即在放大信号的同时还须具有选频滤波的作用。因此，在电路组成上应将低频放大电路中的低频放大管换成具有更高截止频率的高频放大管，将集电极电阻负载换成具有选频特性的 LC 选频网络；同时在电路分析与设计中，应重点考虑电路的高频特性与选频特性。高频小信号谐振放大器的构成是高频小信号放大管和 LC 谐振回路。

低频放大管一般工作在 3 MHz 以下的频率上，而高频放大管可以工作在几十兆赫到几百兆赫，甚至更高的频率上，目前高频小信号放大管的工作频率可达几千兆赫，在选择高频放大管时应该选择特征频率远远高于工作频率的放大管。另外，高频小信号放大管与低频小信号放大管一样，都应工作在甲类状态，起电流放大作用。

LC 谐振回路在接收机的各级高频小信号放大器中，利用 LC 谐振回路的选频作用，对谐振点频率的信号呈纯电阻，而对失谐点频率的信号呈现一定的复数阻抗，从而选择出所需频率的信号，抑制无用频率信号和干扰。LC 谐振电路包括串联谐振和并联谐振；串联谐振在谐振时电抗小，失谐时电抗大，故 LC 串联谐振选频网络中，在电路谐振时其增益会降到最小。而并联谐振在谐振时电抗大，失谐时电抗小，在 LC 并联谐振选频网络中，当电路谐振时其增益达到最大，从而达到谐振选频和放大信号的目的，因此在谐振放大电路中常常以 LC 并联谐振选频网络为负载。

在设计高频小信号谐振放大电路需要重点考虑的指标和性能主要包括谐振频率、谐振电压增益、带宽、输入输出阻抗、稳定性和噪声，这些性能指标都与放大器的结构和电路元件参数紧密相关。

（2）根据要求，单级单调谐回路谐振放大器电路应该包括三极管的直流偏置电路、信号输入电路、作为负载的 LC 并联谐振电路和为了满足阻抗关系的阻抗变换电路，故符合要求的电路结构和原理如图 2.28 所示。

放大电路采用共射接法，R_{B1}、R_{B2}、R_E 为分压式偏置电路，R_E 还起到稳定工作点的作用；C_B、C_E 为旁路电容，Tr1 为输入变压器，Tr2 为输出变压器，Tr2 的初级电感 L 和外部电容 C 组成并联谐振回路作为放大器的集电极负载，采用变压器耦合使前后级直流电路分开，同时也较好地实现了前后级的阻抗匹配。该电路的交流通路如图 2.29 所示。

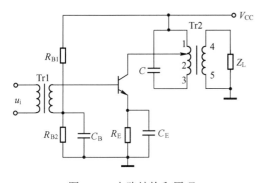
图 2.28　电路结构和原理

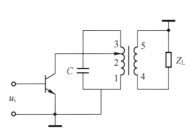
图 2.29　交流通路

（3）变压器 Tr2 的初级线圈上的接入系数为

$$p_1 = \frac{N_{12}}{N_{13}} = 0.8$$

匝数比是指 Tr2 的初次级线圈数之比，即

$$\frac{N_{13}}{N_{45}} = 5$$

相应可写为

$$p_2 = \frac{1}{\left(\dfrac{N_{13}}{N_{45}}\right)} = \frac{1}{5} = 0.2$$

（4）负载是与该放大器完全相同的下一级放大器，所以 $g_L = g_{ie}$，$C_L = C_{ie}$，类似于 2.4.3 小节的分析，将变压器 Tr2 的次级相连的负载阻抗变换到初级的 LC 并联谐振电路中，将变压器 Tr2 的初级相连的放大器输出阻抗也变换到初级的 LC 并联谐振电路中，所以

$$\begin{aligned}
C_\Sigma &= p_1^2 C_{oe} + p_2^2 C_L + C \\
&= 0.8^2 \times 6 + 0.2^2 \times 25 + 12 \\
&\approx 16.84 \text{pF}
\end{aligned}$$

故求得谐振频率为

$$\begin{aligned}
f_0 &= \frac{1}{2\pi\sqrt{L_{13} C_\Sigma}} \\
&= \frac{1}{2\pi\sqrt{1.5 \times 10^{-6} \times 16.84 \times 10^{-12}}} \\
&\approx 31.67 \text{MHz}
\end{aligned}$$

谐振频率上的电压增益 A_{u0} 同样可以由 2.4.3 节中相应的公式得

$$A_{u_0} = \frac{p_1 p_2 |y_{fe}|}{g_\Sigma}$$

由于，回路空载时的电导为

$$g_p = \frac{1}{Q_0 \omega_0 L} = \frac{1}{Q_0 \sqrt{\dfrac{L}{C_\Sigma}}}$$

$$= \frac{1}{100 \sqrt{\dfrac{1.5 \times 10^{-6}}{(16.84 \times 10^{-12})}}}$$

$$\approx 33.5 \mu S$$

故得到回路总电导为

$$g_\Sigma = p_1^2 g_{oe} + p_2^2 g_L + g_p$$
$$= 0.8^2 \times 1.1 \times 10^{-4} + 0.2^2 \times 1.1 \times 10^{-3} + 33.5 \times 10^{-6}$$
$$\approx 1.48 \times 10^{-4} S$$

所以

$$A_{u_0} = \frac{p_1 p_2 |y_{fe}|}{g_\Sigma}$$
$$= \frac{0.8 \times 0.2 \times 0.08}{1.48 \times 10^{-4}}$$
$$= 86$$

又因为

$$BW_{0.7} = \frac{f_0}{Q_L}$$

而 $Q_L = \dfrac{1}{g_\Sigma \omega_0 L}$，又因 $Q_0 = \dfrac{1}{g_p \omega_0 L}$，故

$$Q_L = \frac{g_p}{g_\Sigma} Q_0$$
$$= \frac{33.5 \times 10^{-6}}{148 \times 10^{-6}} \times 100$$
$$\approx 22.6$$

所以，-3 dB 带宽为

$$BW_{0.7} = \frac{f_0}{Q_L}$$
$$= \frac{31.67 \times 10^6}{22.6}$$
$$\approx 1.4 MHz$$

在进行实际的电路设计时，上述过程中的许多器件参数需要倒过来根据指标要求得到，如匝数比、接入系数等与电路指标关系密切，根据指标值和相应的公式，通过倒推就可以得到，这个过程相对复杂些，有兴趣不妨试一试，看看会有什么问题。

2.7　计算机辅助分析与仿真

1. LC 谐振电路的仿真

简单的 LC 并联谐振电路的软件仿真电路如图 2.30 所示（本书软件自动生成的电路图中的元器件符号保留了原样，未标准化），L_1、C_1 是理想的电感和电容，其值分别为 100 μH 和 100 pF，电流源频率为 1.591 MHz，XBP1 为波特图测试仪，用于分析谐振电路的谐振频率和带宽，双击波特图测试仪可以得到谐振电路的谐振频点，如图 2.31 所示，从图中可知，谐振频率约 1.591 MHz，与理论计算值十分接近。

对于 LC 并联谐振电路，在谐振频点上电路的阻抗最大，输出的信号幅值也应最大，为了对比谐振点和非谐振点阻抗的差异，现将谐振点和非谐振点的输出信号波形仿真，电路如图 2.32 所示，谐振点频率为 1.591 MHz，非谐振点频率设为 159.1 MHz。从图 2.33 可知，在谐振频率上信号输出的幅度明显大于非谐振频率的信号输出幅度。

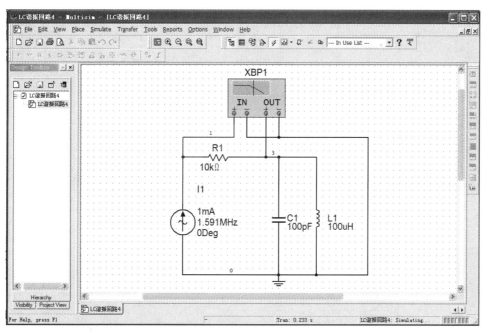

图 2.30　LC 并联谐振电路仿真电路图

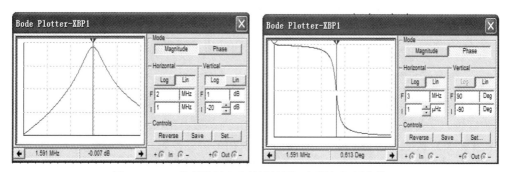

图 2.31　LC 并联谐振电路的波特图（幅频与相频曲线）

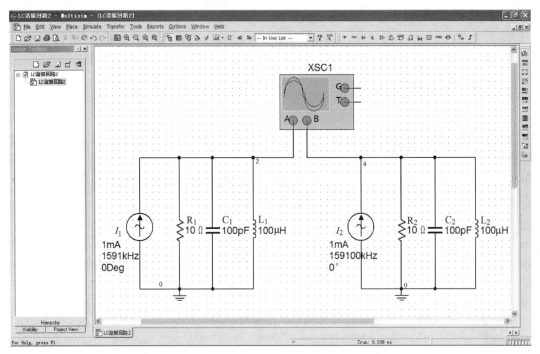

图 2.32　谐振点和非谐振点的输出信号波形仿真电路

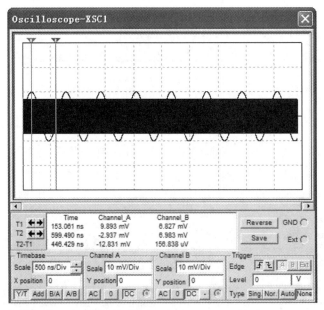

图 2.33　谐振点和非谐振点的输出信号波形幅度对比

2．小信号谐振放大电路的仿真

小信号谐振放大电路及其仿真如图 2.34 所示，信号源是频率为 1.584 MHz、幅度为 1 mV 的正弦信号，放大管为 NPN 模型晶体管，L_1、C_1 为谐振电路，输入输出信号波形通过示波器 XSC1 观察，放大器的频率特性通过波特图 XBP1 可以得到。

小信号谐振放大电路的输入输出信号波形如图 2.35 所示。A 通道为输入信号波形，B 通道为输出信号波形，从标尺上可以分别得到输入信号的幅度值约为 0.964 mV，输出信号的幅度值约为 173.89 mV，可以计算得到放大器在该频率上的放大倍数约为 45 dB。

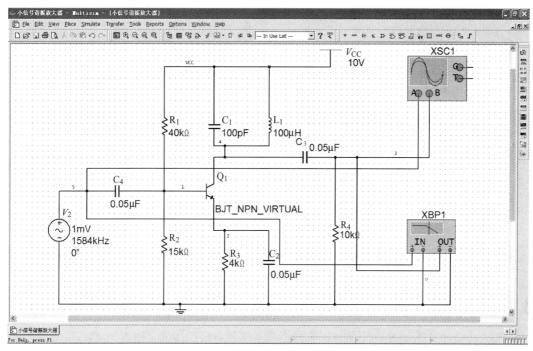

图 2.34　小信号谐振放大仿真电路

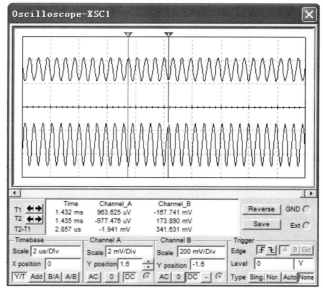

图 2.35　小信号谐振放大电路仿真

　　小信号谐振放大电路的频率特性可以通过波特图得到，如图 2.36 所示。从波特图可以得知在频率 1.584 MHz 上放大器的增益约为 45.22 dB，这与通过波形幅值计算得到的增益是一致的，另外还可以得到放大电路的-3 dB 带宽约为 163 kHz。

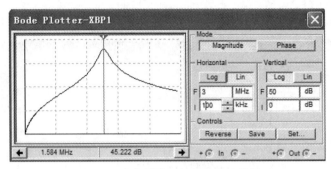

图 2.36　小信号谐振放大电路波特图

本 章 小 结

在高频电路中，谐振选频电路和阻抗变换电路是最基础和最为广泛使用的单元电路，故首先对谐振选频电路（包括并联谐振电路和串联谐振电路）的构成和阻抗进行分析，并得到了谐振频率、谐振电阻、等效电路、品质因素、矩形系数、谐振曲线和阻抗特性等参数和性能指标；然后对几种形式的阻抗变换电路的构成和工作原理进行了简单分析，为后续内容奠定了基础。

高频小信号放大器分为两类：一类是谐振放大器，谐振放大器都是选频的窄带放大器，分立元件的谐振放大器通常采用Y参数等效电路来分析计算，谐振放大器的主要参数包括电压放大倍数（增益）、通频带、选择性、输入输出阻抗及噪声性能等，另外高频小信号放大器能否稳定工作是电路设计和调试中必须考虑的问题，所以提高稳定性的方法和相关计算非常重要；另一类是宽带放大器，实用中的宽带放大器多为集成放大器，集成宽带放大器+集中选频滤波器是目前高频小信号放大器的主要发展方向。

为了巩固所学知识点，技术实践和计算机辅助分析部分对谐振电路和高频小信号放大电路进行了详细的设计、分析和计算机仿真。

习 题　2

2.1　LC 选频电路在小信号放大器中的作用是什么？

2.2　LC 谐振回路是最常用的选频电路，对串联回路和并联回路应该用什么样的激励信号？

2.3　已知一个中心频率为 $f_0 = 465\text{kHz}$，带宽 $\text{BW}_{0.7} = 8\text{kHz}$ 的收音机中频放大器，其回路电容为 $C = 100\text{pF}$。计算回路的品质因数 Q_L，如电感线圈的固有品质因数 $Q_0 = 100$，求回路上应并接多大的负载才能满足带宽要求。

2.4　图 2.11 中，回路谐振频率为 1 MHz，已知回路中两个电容相同，都为 200 pF，试求回路中电感大小。如果电感品质因数 50，负载电阻等于 5 kΩ，试求回路的有载品质因数。

2.5　通频带为什么是小信号谐振放大器的一个重要指标？通频带不够会给信号带来什么影响？为什么？

2.6　外接负载阻抗对小信号谐振放大器有哪些主要影响？

2.7 在单调谐放大器中，若谐振频率 f_0=10.7 MHz，C_Σ=50 pF，BW$_{0.7}$=150 kHz，试求回路的电感 L 和 Q_L。如将通频带展宽为 300 kHz，应在回路两端并接一个多大的电阻？

2.8 在小信号谐振放大器中，三极管与回路之间常采用部分接入，回路与负载之间也采用部分接入，这是为什么？

2.9 中心频率都是 6.5 MHz 的单调谐放大器，若 Q_L 均为 30，试问放大器的通频带为多少？

2.10 调谐在中心频率为 f_0=10 MHz 的三级相同的单调谐放大器，要求 BW$_{0.7}$≥100 kHz，失谐±200 kHz 时的衰减大于或等于 20 dB，试确定每个谐振回路的有载品质因数 Q_L 值。

2.11 一单调谐振放大器，集电极负载为并联谐振回路，其固有谐振频率 f_0=6.5 MHz，回路总电容 C=56 pF，回路通频带 BW$_{0.7}$=150 kHz。

（1）试求回路调谐电感、品质因数；

（2）试求回路频偏 Δf=600 kHz 时的衰减值。

2.12 一高频小信号放大器电路如题 2.12 图所示，工作频率 300 MHz，回路电容 $C_1 = 43pF$，$R_L = 2\ k\Omega$，回路的空载品质因素 $Q_0 = 100$，$p_1 = 0.2$，$p_2 = 0.6$ 晶体管参数如下：$g_{ie} = 12\ ns$；$Y_{re} = 0$；$Y_{fe} = 3800\ mS$；$g_{oe} = 0.8\ mS$。

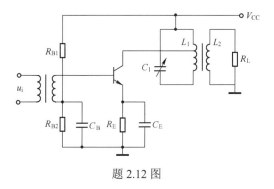

题 2.12 图

试求：

（1）谐振回路的电感和回路有载 Q_L 值；

（2）放大器在工作频率上的电压增益 A_u。

第 3 章　高频功率放大电路

　　高频功率放大器是各种无线电发射机的重要组成部分，主要用来对载波信号或高频已调波信号进行功率放大，其输出功率小到几毫瓦，大到几百瓦，上千瓦，甚至兆瓦量级。在高频功率放大领域内扮演重要角色的是高频谐振功率放大器（简称功效）。本章主要介绍高频谐振功放的基本原理、动态特性、功率和效率等指标及其实际设计，并简要介绍了集成和宽带高频功放与有关技术。

本章目标

知识：

- 建立并深刻理解高效率、高频功率放大器的概念，掌握谐振功率放大器工作原理与集电极电流的解析结论。
- 深刻理解丙类谐振功放过压、欠压、临界工作状态的特点，掌握丙类谐振功放的负载特性及其应用，了解谐振功放的各种应用。
- 深刻理解并掌握谐振功率放大器常用的直流馈电电路及其特点，掌握谐振功放中滤波匹配网络的作用，了解其主要要求。
- 了解开关型谐振功率放大的原理。
- 学习并掌握应用 Multisim 软件设计和仿真谐振功率放大器的基本方法和过程。

能力：

- 根据动特性曲线和相关参数，计算丙类谐振功放的输出功率、管耗和效率。
- 分析电路参数与工作状态的变化及谐振功率放大器的动态特性，解释谐振功率放大器中的各种特性参数的变化过程。
- 根据已知参数，设计谐振功率放大器及其滤波匹配网络。
- 利用 Multisim 软件，设计并仿真谐振功率放大器。

应用实例　功率放大芯片和模块

　　大家熟悉的无线电台包括发射系统和接收系统两部分。发射系统的任务是将包含信息的基带信号转换成高频功率的已调振荡信号，然后由天线发射出去。因此，发射系统必须包括信源、基带电路、调制电路以及功率放大电路等部分。为保证不失真地发送已调信号，发射系统中的功率放大电路必须是线性功率放大器。但是对于模拟通信中的调频发射系统，由于其已调波的包络恒定，则末级功率放大器可以采用非线性功率放大器，以提高发射机的效率。

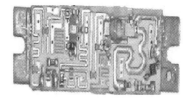

功放芯片与功放模块电路（源自 Internet 网络）

3.1 高频功率放大器概述

由于发射机中振荡器产生的信号功率很小，为了获得足够大的功率，高频功率放大器通常由工作于不同状态的多级放大电路组成，包括缓冲放大、中间放大、推挽放大、末级功率放大，这些都属于高频功率放大的范畴。高频功率放大器和低频功率放大器的共同点是输出功率大和效率高。不同点是二者的工作频率和相对带宽不同：低频功率放大器的工作频率低，相对频带宽度很大，如一般工作在 20～20 000 Hz，高端频率与低端频率相差1000 倍。因此，它们都是采用无调谐负载，如电阻、变压器等。高频功率放大器工作频率高（几百千赫直到几百、几千兆赫），相对频带宽度很小，如调幅广播的带宽为 9 kHz，若中心频率取 900 kHz，则相对频带宽度仅为 1%。因此，高频功率放大器一般采用选频网络作为负载回路，故又称为谐振功率放大器。正是由于这一特点，使得这两种放大器的工作状态不同。

由先修课程可知，放大器按照电流导通角 θ 的不同，可分为甲、乙、丙三种类型。甲类工作时，θ=180°，乙类工作时，θ=90°，丙类工作时，θ<90°。低频功率放大器可工作于甲类、甲乙类或乙类（限于推挽电路）。甲类工作时，其理想效率为 50%，乙类工作时其理想效率为 78.5%，甲、乙类工作时其理想效率在 50%～78.5%。为了提高效率，高频功率放大器多工作于丙类状态。为了进一步提高频功率放大器的效率，近年来又出现了丁类、戌类等开关型功率放大器，其理想效率可达 100%。本章重点讨论丙类功率放大器的工作原理。

高频功率放大器的主要技术指标是功率与效率，除此之外是谐波、杂散波。谐波是高频谐振功率放大器的必然产物，它与很多因素有关，如频段、电路形式、频带宽度等。

由于高频谐振功率放大器工作在丙类，放大器处于非线性工作状态，高频小信号谐振放大器的线性模型在这里已不能适用，只能用图解法或折线近似分析法来分析功率放大器。图解法很麻烦，但准确度较高。折线近似法是把晶体管的特性曲线用折线近似代替，虽然可得出清晰的物理概念，但近似性较大，按此方法设计电路还要进行调整。本章的分析方法采用折线近似法，且建立在 $f_{工作}$<0.5f_β 的基础之上。

3.2 谐振功率放大器的工作原理

3.2.1 基本工作原理

谐振功率放大器的基本工作原理电路如图 3.1 所示，图中 C_A 为天线对地的等效电容，r_A 为等效辐射损耗电阻，r_r 为电感线圈 L 的损耗电阻。u_{BE}，u_{CE} 分别为加到晶体管基极与发射极之间、集电极与发射极之间的电压，u_i 为信号源电压，V_{BB}，V_{CC} 分别为加到基极与集电极的直流电压，V_{BB} 又称为偏置电压。输出回路实质上是典型的并联谐振回路，如图 3.1（b）所示。假设回路有载品质因素 $Q_L \gg 1$，利用串并联互换的关系，把 r_A 折合到电感支路中去并与 r_r 串联，等效电阻 $r_e \approx r_A + r_r$。这样便可得到典型的谐振功率放大器原理电路，如图 3.1（c）所示。显然，并联谐振回路的品质因素 $Q_L = \dfrac{\omega_0 L}{r_e}$，谐振电阻 $R_e = \dfrac{L}{Cr_e}$，实际工作时回路应调谐在输入信号频率上。为使晶体管工作于丙类状态，V_{BB} 应设置在晶体管的截止区内，对硅 NPN 管，其导通电压 $V_{BZ} \approx 0.7\ \text{V}$，因此 $V_{BB} < 0.7\ \text{V}$ 就可工作于丙类。当没有输入信号 u_i 时，晶体管处于截止状态，集电极电流 $i_C = 0$。

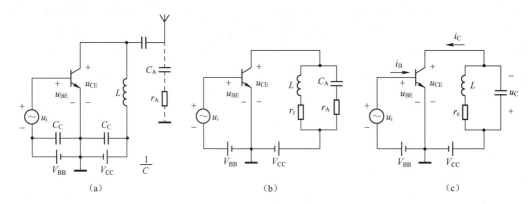

图 3.1 高频谐振功率放大器原理电路

当基极输入一余弦高频信号后，谐振功率放大器是如何工作的呢？图 3.2 画出了谐振功率放大器的转移特性，如图中虚线所示。由于输入信号较大，可用折线近似转移特性，如图中实线所示。设输入信号 $u_i = U_{im} \cos \omega t$，从图 3.1（c）电路可见，晶体管基极与发射极之间的电压为

$$u_{BE} = V_{BB} + u_i = V_{BB} + U_{im} \cos \omega t \tag{3.1}$$

V_{BB} 本身包含正负号。晶体管集电极与发射极之间的电压为

$$u_{CE} = V_{CC} - u_c \tag{3.2}$$

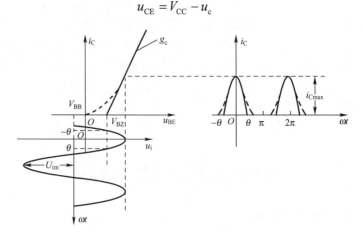

图 3.2 谐振功率放大器激励电压与集电极电流脉冲波形

u_c 是谐振回路两端的电压，电压的极性如图 3.1（c）所示。式（3.1）可用作图的方法

画在晶体管的转移特性上，如图 3.2 所示。同样还可以画出集电极电流 i_C 的波形，这个电流是周期性的脉冲电流。显然，只有当 u_{BE} 的电压大于 V_{BZ}，才有较大的电流，当 $u_{BE} = V_{BB} + u_i = u_{BEmax}$ 时，i_C 达最大值 i_{Cmax}。由于该脉冲电流的周期与输入信号的周期相同，因此可用傅里叶级数分解成无数多个正弦波之和：

$$i_C = I_{C0} + I_{c1m} \cos \omega t + I_{c2m} \cos 2\omega t + \cdots + I_{cnm} \cos n\omega t + \cdots \qquad (3.3)$$

式中，I_{C0} 为集电极电流直流分量，I_{c1m}、I_{c2m}、$\cdots$、I_{cnm} 分别为集电极电流的基波、二次谐波及高次谐波分量的振幅。

当集电极回路调谐在输入信号角频率 ω 上，即与高频输入信号的基波谐振时，谐振回路对基波电流呈现阻抗 R_e，对直流和其他各次谐波呈现很小的阻抗，可近似看成短路。这样，包含有直流、基波和高次谐波的脉冲电流 i_C 流经谐振回路时，只有基波电流才产生压降，因而 LC 谐振回路两端输出不失真的高频信号电压。若谐振电阻为 R_e，则

$$u_c = I_{c1m} R_e \cos \omega t = U_{cm} \cos \omega t \qquad (3.4)$$

$$U_{cm} = I_{c1m} R_e \qquad (3.5)$$

$$u_{CE} = V_{CC} - u_c = V_{CC} - U_{cm} \cos \omega t \qquad (3.6)$$

可见，由于谐振回路的选频作用，集电极的交流输出电压是与输入信号相同的余弦电压，但相位相反。同时，谐振回路还可以将含有电抗分量的外接负载变换为谐振电阻 R_e，通过调节 L 和 C，还能使并联回路谐振电阻 R_e 与晶体管所需集电极负载值相等，实现阻抗匹配。因此，在谐振功率放大器中，谐振回路起到了滤波和阻抗匹配的双重作用。图 3.3 说明了谐振功率放大器中各种信号之间的关系。

由图 3.3 可见，丙类放大器在一个信号周期内，只有小于半个信号周期的时间内有集电极电流流通，大部分时间内集电极是无脉冲电流的，由于集电极耗散功率等于集电极电压与集电极电流的乘积，因而大部分时间是无集电极耗散功率的，且 u_{BEmax}、i_{Cmax}、u_{CEmin} 是同一时刻出现的，导通角 θ 越小，i_C 越集中在 u_{CEmin} 附近，故耗损越小，效率越高。这就定性地说明了丙类放大器可提高集电极效率。

另外，已知集电极电流 i_C 中有很多谐波分量，如果将 LC 振荡回路调谐在信号的 n 次谐波上，即 $\omega_0 = n\omega$，则在回路两端将得到频率为 $n\omega$ 的电压 $u_c = I_{cnm} R_{en} \cos n\omega t$ 的输出信号，它的频率是输入信号频率的 n 倍，这种谐振功率放大器称为倍频器。

由图 3.3 可见，由于 V_{BZ} 附近实际是曲线而非

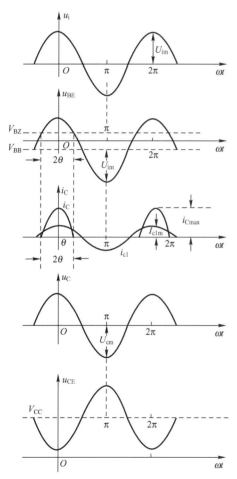

图 3.3　谐振功率放大器中电流与电压波形

折线，因而 i_C 的波形要严格地用数学表达是非常困难的，要严格地求出式（3.3）的数值几乎是不可能的，只有用作图法或近似分析法才能得解。

3.2.2　谐振功率放大器的近似分析

如前所述，对高频谐振功率放大器进行精确计算是十分困难的，为了研究谐振功率放大器的输出功率、管耗及效率，并指出一个大概的变化规律，可采用折线近似的分析方法。

晶体管实际的静态输出特性、转移特性和输入特性要用解析式表示是不可能的，只有用理想化曲线代替实际曲线后才有可能。要得到理想化特性曲线，最简单、直观的方法是用折线来代替实际曲线。图 3.4 是用折线来代替（近似）实际曲线后的转移特性和输出特性，并画出了激励信号及由此激励产生的输出电流波形。由图可见，输出特性被临界饱和线（斜率为 g_{cr}）和横坐标分成三部分：饱和区、放大区和截止区。转移特性也成了双折线，斜线与横轴的交点即为近似处理后晶体管的导通电压 V_{BZ}。加入余弦输入激励电压 $u_i = U_{im} \cos \omega t$ 后，得到的电流脉冲是理想的余弦脉冲。这意味着输入电压低于导通电压 V_{BZ} 时，电流 i_C 为零，高于导通电压时，电流 i_C 随 u_{BE} 线性增长。因此，折线化后的转移特性曲线可用式（3.7）表示，即

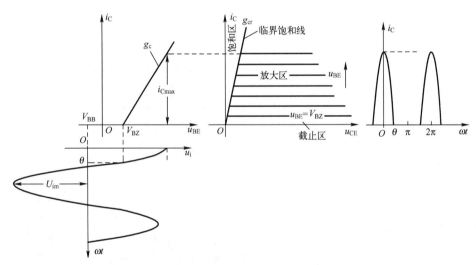

图 3.4　晶体管特性曲线折线化及集电极电流脉冲波形

$$\begin{cases} i_C = g_c(u_{BE} - V_{BZ}) \\ i_C = 0 \end{cases} \quad \text{和} \quad \begin{cases} u_{BE} \geqslant V_{BZ} \\ u_{BE} < V_{BZ} \end{cases} \tag{3.7}$$

式中，g_c 为折线化转移特性曲线的斜率。输入回路和输出回路可以重新写为

$$u_{BE} = V_{BB} + U_{im} \cos \omega t \tag{3.8}$$

$$u_{CE} = V_{CC} - U_{cm} \cos \omega t \tag{3.9}$$

定义一个周期内导通角度的 1/2 为导通角 θ（见图 3.4）。由图所示的几何关系，即当 $\omega t = \theta$ 时，$i_C = 0$，可以写出

$$U_{im} \cos \theta = V_{BZ} - V_{BB}$$

$$\cos \theta = \frac{V_{BZ} - V_{BB}}{U_{im}} \tag{3.10}$$

需要注意的是，V_{BB} 可正可负，即 $V_{BZ} - V_{BB}$ 就是图 3.4 中 $V_{BZ} - V_{BB}$ 的长度。将 u_{BE} 代入式（3.7），并利用式（3.10）可得

$$
\begin{aligned}
i_C &= g_c(u_{BE} - V_{BZ}) \\
&= g_c(V_{BB} + U_{im}\cos\omega t - V_{BZ}) \\
&= g_c U_{im}(\cos\omega t - \cos\theta) \qquad u_{BE} \geqslant V_{BZ}
\end{aligned}
\tag{3.11}
$$

$$
i_C = 0 \qquad\qquad\qquad u_{BE} < V_{BZ} \tag{3.12}
$$

由图 3.4 可见，当 $\omega t = 0$ 时，$i_C = i_{Cmax}$，由式（3.11）可得

$$
i_{Cmax} = g_c U_{im}(1 - \cos\theta)
$$

$$
g_c U_{im} = \frac{i_{Cmax}}{(1 - \cos\theta)}
$$

这样，有

$$
i_C = i_{Cmax}\frac{\cos\omega t - \cos\theta}{(1 - \cos\theta)} \qquad u_{BE} \geqslant V_{BZ} \tag{3.13}
$$

$$
i_C = 0 \qquad\qquad\qquad u_{BE} < V_{BZ}
$$

式（3.13）是以 θ 和 i_{Cmax} 为自变量的 i_C 的表达式。式（3.13）实质上就是式（3.3）尖顶电流脉冲的数学表达式，利用傅里叶级数可展开为

$$
i_C = I_{C0} + \sum_{n=1}^{\infty} I_{cnm}\cos n\omega t \tag{3.14}
$$

式中，I_{C0} 为直流分量，I_{cnm} 为基波及各次谐波的振幅。

应用数学中求傅里叶级数的方法可以求出各个分量，它们都是 θ 的函数。

$$
\begin{aligned}
I_{C0} &= \frac{1}{2\pi}\int_{-\pi}^{\pi} i_C \mathrm{d}\omega t = \frac{1}{2\pi}\int_{-\theta}^{\theta} i_C \mathrm{d}\omega t \\
&= \frac{1}{2\pi}\int_{-\theta}^{\theta} i_{Cmax}\frac{\cos\omega t - \cos\theta}{(1 - \cos\theta)}\mathrm{d}\omega t \\
&= i_{Cmax}\left(\frac{1}{\pi}\frac{\sin\theta - \theta\cos\theta}{(1 - \cos\theta)}\right) \\
&= i_{Cmax}\alpha_0(\theta)
\end{aligned}
\tag{3.15}
$$

$$
\alpha_0(\theta) = \frac{1}{\pi}\frac{\sin\theta - \theta\cos\theta}{(1 - \cos\theta)} \tag{3.16}
$$

同理，有

$$
\begin{aligned}
I_{c1m} &= \frac{1}{\pi}\int_{-\pi}^{\pi} i_C \cos\omega t \mathrm{d}\omega t \\
&= \frac{1}{\pi}\int_{-\theta}^{\theta} i_{Cmax}\left(\frac{\cos\omega t - \cos\theta}{(1 - \cos\theta)}\right)\cos\omega t\, \mathrm{d}\omega t \\
&= i_{Cmax}\left(\frac{1}{\pi}\frac{\theta - \sin\theta\cos\theta}{(1 - \cos\theta)}\right) \\
&= i_{Cmax}\alpha_1(\theta)
\end{aligned}
\tag{3.17}
$$

$$
\alpha_1(\theta) = \frac{1}{\pi}\frac{\theta - \sin\theta\cos\theta}{(1 - \cos\theta)} \tag{3.18}
$$

一般情况下，有

$$I_{cnm} = \frac{1}{\pi} \int_{-\pi}^{\pi} i_C \cos n\omega t \, \mathrm{d}\omega t$$

$$= i_{C\max} \left[\frac{2}{\pi} \frac{\sin n\theta \cos\theta - n\cos n\theta \sin\theta}{n(n^2-1)(1-\cos\theta)} \right] \quad (3.19)$$

$$= i_{C\max} \alpha_n(\theta)$$

$$\alpha_n(\theta) = \frac{2}{\pi} \frac{\sin n\theta \cos\theta - n\cos n\theta \sin\theta}{n(n^2-1)(1-\cos\theta)} \quad (3.20)$$

式中，$\alpha(\theta)$ 称为余弦脉冲电流分解系数，其大小是导通角 θ 的函数。

图 3.5 作出了 $\alpha_0(\theta)$、$\alpha_1(\theta)$、$\alpha_2(\theta)$ 和 $\alpha_3(\theta)$ 分解系数的曲线图，知道导通角 θ 的大小就可以通过曲线查到所需分解系数的大小或通过查数值表得到。例如 $\theta = 60°$ 时，由图 3.5 可查得 $\alpha_0(\theta) = 0.22$、$\alpha_1(\theta) = 0.39$，$\alpha_2(\theta) = 0.28$。

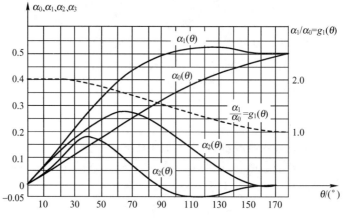

图 3.5　余弦脉冲电流分解系数

3.2.3　输出功率与效率

由于输出回路调谐在基波频率上，输出电路中的高次谐波处于失谐状态，相应的输出电压很小，因此谐振功率放大器集电极输出电压波形 u_{CE} 中只包含直流分量与交流分量，其交流分量与输入信号 u_i 波形一样，但相位相差 π。放大器输出的交流功率等于集电极基波电流分量在负载 R_e 上的平均功率，即

$$P_o = \frac{1}{2} I_{c1m} U_{cm} = \frac{1}{2} I_{c1m}^2 R_e = \frac{U_{cm}^2}{2R_e} \quad (3.21)$$

电源输入的直流功率 P_D 等于集电极直流分量 I_{C0} 与 V_{CC} 的乘积，即

$$P_D = I_{C0} V_{CC} \quad (3.22)$$

集电极耗散功率 P_C 等于直流功率 P_D 与交流功率 P_o 之差，即

$$P_C = P_D - P_o \quad (3.23)$$

定义集电极效率为

$$\eta_C = \frac{P_o}{P_D} = \frac{1}{2} \frac{I_{c1m}}{I_{C0}} \frac{U_{cm}}{V_{CC}} = \frac{1}{2} g_1(\theta) \zeta \quad (3.24)$$

式中，$\xi = \dfrac{U_{cm}}{V_{CC}}$ 为集电极电压利用系数，$\xi \leqslant 1$。$g_1(\theta) = \dfrac{I_{clm}}{I_{C0}} = \dfrac{\alpha_1(\theta)}{\alpha_0(\theta)}$ 为波形系数，$g_1(\theta)$ 是导通角 θ 的函数，且是单调的，其关系如图 3.5 所示。$g_1(\theta)$ 越大，集电极效率 η_C 就越高；θ 值越小，$g_1(\theta)$ 就越大，$\theta \to 0$，$g_1(\theta) \to 2$ 达最大值。但此时 $i_C = 0$，$P_o = 0$，无交流功率输出。作为放大器，$\theta = 120°$ 时，$\alpha_1(120°)$ 最大，此时 P_o 最大，但 $g_1(\theta)$ 小，效率低。折中考虑，丙类放大器一般取导通角 $\theta = 70°$ 左右。在 $\xi = 1$ 的条件下，可求得不同工作类型时放大器的效率。

甲类工作状态：$\theta = 180°$，$g_1(\theta) = 1$，$\eta_{Cmax} = 50\%$

乙类工作状态：$\theta = 90°$，$g_1(\theta) = 1.57$，$\eta_{Cmax} = 78.5\%$

丙类工作状态：$\theta = 70°$，$g_1(\theta) = 1.73$，$\eta_C = 86.5\%$

例 3.1　在图 3.1（c）所示谐振功率放大器电路中，$V_{CC} = 30 \text{ V}$，测得 $I_{C0} = 100 \text{ mA}$，$U_{cm} = 28 \text{ V}$，$\theta = 70°$，求该功率放大器的 i_{Cmax}、P_o、P_D、P_C、η_C 和回路谐振阻抗 R_e。

解　由图可查得 $\alpha_0(70°) = 0.253$，$\alpha_1(70°) = 0.436$，因此由式（3.15）可求得

$$i_{Cmax} = \frac{I_{C0}}{\alpha_0(70°)} = \frac{100}{0.253} = 395 \text{mA}$$

由式（3.17）可求得

$$I_{clm} = i_{Cmax}\alpha_1(70°) = 395 \times 0.436 = 172 \text{mA}$$

由式（3.21）可求得

$$P_o = \frac{1}{2} I_{clm} U_{cm} = \frac{1}{2} \times 0.172 \times 28 = 2.4 \text{W}$$

由式（3.22）可求得

$$P_D = I_{C0} V_{CC} = 0.1 \times 30 = 3 \text{W}$$

由式（3.23）可求得

$$P_C = P_D - P_o = 3 - 2.4 = 0.6 \text{W}$$

由式（3.24）可求得

$$\eta_C = \frac{P_o}{P_D} = \frac{2.4}{0.1 \times 30} = 80\%$$

由式（3.5）可求得

$$R_e = \frac{U_{cm}}{I_{clm}} = \frac{28}{0.172} = 163\Omega$$

目标 1　测评

谐振功率放大器晶体管的理想化转移特性的斜率 $g_c = 1 \text{ S}$，导通电压 $V_{BZ} = 0.5 \text{ V}$。已知 $V_{BB} = 0.2 \text{ V}$，$U_{im} = 1 \text{ V}$，作出 u_{BE}、i_C 波形，求出导通角 θ 和 i_{Cmax}。当 U_{im} 减小到 0.5 V 时，画出 u_{BE}、i_C 波形，说明 θ 是增加了还是减小了？如果 $V_{BB} = 0.7 \text{ V}$，画出 $U_{im} = 1 \text{ V}$ 和 0.5 V 时的电压、电流波形，说明此时 θ 随 U_{im} 的减小是增加了还是减小了？

3.3 谐振功率放大器的特性分析

谐振功率放大器的输出功率、效率及集电极耗散等都与集电极负载回路的谐振阻抗、输入信号的幅度、基极偏置电压以及集电极电源电压的大小密切相关。为了得到大功率、高效率的输出，必须对谐振功率放大器的工作状态进行分析。

3.3.1 谐振功率放大器的工作状态与负载特性

1. 高频功放的动态特性

动态特性是指当加上激励信号及接上负载阻抗时，晶体管集电极电流 i_c 与电极电压 u_{BE} 或 u_{CE} 的关系曲线，它在 i_c-u_{BE} 或 i_c-u_{CE} 坐标系统中是一条曲线，与小信号放大器不同。在小信号放大器中，若已知负载电阻，过静态工作点作一斜率为负的交流负载电阻值的倒数的直线，即得负载线，动态特性是负载线的一部分。而在高频谐振功率放大器中是已知 $u_{BE} = V_{BB} + u_i = V_{BB} + U_{im}\cos\omega t$ 和 $u_{CE} = V_{CC} - u_c = V_{CC} - U_{cm}\cos\omega t$，以 ωt 为变量，如在 $0 \sim \pi$ 变化，逐点由 u_{BE}、u_{CE} 从晶体管输出特性曲线上找出 i_C，并连成线，且一般不是直线。当晶体管的特性用折线近似时，动态特性曲线即为直线。据式（3.11），得

$$i_C = g_c(V_{BB} + U_{im}\cos\omega t - V_{BZ})$$

又根据 $u_{CE} = V_{CC} - U_{cm}\cos\omega t$ 可得

$$\cos\omega t = \frac{V_{CC} - u_{CE}}{U_{cm}}$$

这样，可得

$$i_C = g_c\left(V_{BB} + U_{im}\frac{V_{CC} - u_{CE}}{U_{cm}} - V_{BZ}\right) \tag{3.25}$$

由式（3.25）可知，i_C 与 u_{CE} 是直线关系，两点决定一条直线，因此只要在输出特性上求出谐振功率放大器的两个瞬时工作点，它们的连线就是晶体管放大区的动态特性曲线。具体做法是：①取 $\omega t = 0$，则 $u_{BEmax} = V_{BB} + U_{im}$，$u_{CEmin} = V_{CC} - U_{cm}$，得到 A 点；②取 $\omega t = \pi/2$，则 $u_{BE} = V_{BB}$，$u_{CE} = V_{CC}$，得到 Q 点；③取 $\omega t = \pi$，则 $i_C = 0$，$u_{CEmax} = V_{CC} + U_{cm}$，得到 C 点；④连接 AQ 两点，横轴上方用实线表示，横轴下方用虚线表示，交横轴于 B 点，则 A、B、C 三点连线即为动态特性曲线。如图 3.6 所示。

在 A 点没有进入饱和区时，动态特性曲线的斜率为：

$$-\frac{g_c U_{im}}{U_{cm}} = -\frac{i_{Cmax}}{U_{cm}(1-\cos\theta)} = -\frac{2\pi}{R_e(2\theta - \sin 2\theta)}$$

动态特性不仅与 R_e 有关，而且与 θ 有关。

2. 谐振功率放大器的工作状态

由图 3.6 可知，若改变电路参数，瞬时工作点 $A(u_{CEmin}, u_{BEmax})$ 的位置可能发生移动。因此，根据 A 点的位置不同，谐振功率放大器有欠压、临界和过压三种工作状态。当 A 点落在输出特性（对应 u_{BEmax} 的那条）的放大区时，为欠压状态；当 A 点正好落在临界线上时，为临界状态；当 A 点落在饱和区时，为过压状态。谐振功率放大器的工作状态必须由

V_{CC}、V_{BB}、U_{im}、U_{cm} 这 4 个参量决定，缺一不可，其中任何一个参量的变化都会改变 A 点所处的位置。在实际工作中，最常见的是负载电阻 R_e 发生变化。由于 R_e 变化，U_{cm} 就会相应改变，工作状态也随之改变。

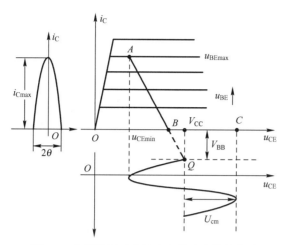

图 3.6　高频谐振功率放大器的动态特性曲线

当 R_e 比较小时，$U_{cm}=I_{c1m}R_e$ 也较小，A 点处在输出特性的放大区，谐振功率放大器工作在欠压状态，集电极电流为余弦脉冲，动态特性曲线如图 3.7 中 $A_1B_1C_1$ 所示。

当 R_e 增大时，U_{cm} 增大，u_{CEmin} 减小，A 沿 u_{BEmax} 的输出特性左移。若放大器仍处于欠压状态，集电极电流波形不变，动态特性曲线的斜率逐渐减小。R_e 继续增大，若 A 点正好移到特性的临界线上时，放大器处于临界工作状态，集电极电流仍为余弦脉冲，动态特性曲线如图 3.7 中 $A_2B_2C_2$ 所示。

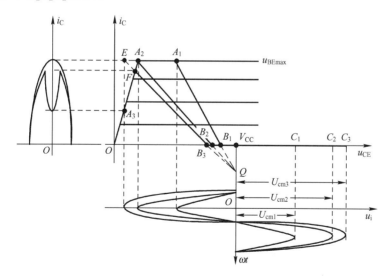

图 3.7　三种状态下的动态特性及集电极电流波形

继续增大 R_e，U_{cm} 继续增加，u_{CEmin} 继续减小，A 将移至沿 u_{BEmax} 输出特性的饱和区，即进入过压工作状态。由于饱和区 u_{CE} 对 i_C 的强烈反作用，动态特性曲线穿过临界点后，电流 i_C 将沿临界线迅速下降，动态特性曲线如图 3.7 中 $A_3B_3C_3$ 所示，集电极电流 i_C 成为顶部凹陷的脉冲，F 点决定了脉冲的高度。这是高频功放中的一种特有的现象。为什么集电极电流会出现凹陷呢？这是由于谐振功率放大器的负载是谐振回路，具有良好的选频能力，谐振回路两端的电压是连续的正弦波，到达 F 后，u_{BE} 还没有达到 u_{BEmax}，还要继续增加，u_{CE} 电压进一步下降，一直到达 u_{CEmin}，完成连续的正弦波形。如负载是纯电阻，则电流波形不可能出现凹陷，用余弦电流脉冲波形分解系数求直流分量、基波分量等不再适用。

3. 负载特性

负载特性是指当保持晶体管及 V_{CC}、V_{BB}、U_{im} 不变时，改变负载电阻 R_e，谐振功率放大器的电流 I_{C0}、I_{c1m}，输出电压 U_{cm}，输出功率 P_0，集电极耗散 P_C，电源功率 η_C 及集电极效率 η_C 随之变化的曲线。

从上面的动态特性曲线随 R_e 变化的分析可知，R_e 由小变大，工作状态由欠压变到临界再进入过压，相应的集电极电流由余弦脉冲变成凹陷脉冲，如图 3.8 所示。在欠压状态，余弦脉冲的高度随 R_e 的增加而略有下降，所以从中分解出来的 I_{C0}、I_{c1m} 变化不大，此工作区又称为恒流源区。但在过压状态，电流脉冲的凹陷程度随着 R_e 的增加而急剧加深，使 I_{C0}、I_{c1m} 急剧下降。由于 $U_{cm} = I_{c1m}R_e$，在欠压状态 I_{c1m} 随 R_e 的增加而下降缓慢，所以 U_{cm} 随 R_e 的增加较快；在过压状态，I_{c1m} 随 R_e 的增加而下降很快，所以 U_{cm} 随 R_e 的增加而缓慢地上升，如图 3.9（a）所示是三种状态下的动态特性及集电极电流波形。

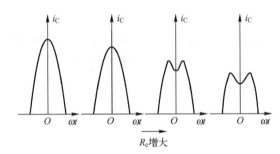

图 3.8　i_C 电流波形随 R_e 变化的特性

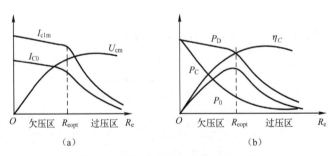

图 3.9　谐振功率放大器的负载特性

根据图 3.9（a）的关系曲线，各功率、效率随 R_e 变化曲线如图 3.9（b）所示。由于 $P_D = V_{CC}I_{C0}$，因此，P_D 的变化情况与 I_{C0} 相同。又因为 $P_o = \frac{1}{2}U_{cm}I_{c1m}$ 因此，在欠压状态，$P_o \propto U_{cm}$，在过压状态，$P_o \propto I_{c1m}$。再根据 $P_C = P_D - P_o$，$\eta_C = \dfrac{P_o}{P_D}$ 可得到 P_C、η_C 随 R_e 变化的曲线。

由负载特性可见，欠压状态 I_{c1m}、I_{C0} 基本保持不变，P_o 小，P_C 大，η_C 低；过压状态，U_{cm} 基本保持不变，P_o、P_C 随 R_e 增加而下降，η_C 略有上升；临界状态，P_o 最大，η_C 较高；弱过压状态，P_o 虽不是最大，但仍较大，且 η_C 还略有提高。由此可见，谐振功率放大器要得到大功率、高效率的输出，应工作在临界或弱过压状态。临界状态对应的负载电阻称为最佳负载，用 R_{eopt} 表示。工程上 R_{eopt} 可以根据所需输出信号功率 P_o 由下式近似确定，即

$$R_{eopt} = \frac{1}{2} \frac{U_{cm}^2}{P_o} = \frac{1}{2} \frac{\left[V_{CC} - U_{CES}\right]^2}{P_o}$$

其中，U_{CES} 为集电极饱和压降。

3.3.2　V_{CC} 对放大器工作状态的影响

若保持 V_{BB}、U_{im}、R_e 不变而只改变集电极直流电压 V_{CC} 时，谐振功率放大器的工作状态将会随之发生变化。由于 $u_{BEmax} = V_{BB} + U_{im}$ 不变，所以当 V_{CC} 由小增大时，$u_{CEmax} = V_{CC} - U_{cm}$ 也将由小增大，因而由 u_{CEmin}、u_{BEmax} 决定的瞬时工作点将沿这条输出特性由特性的饱和区向放大区移动，工作状态由过压变到临界再进入欠压，波形由 i_{Cmax} 较小的凹陷脉冲变为 i_{cmax} 较大的尖顶脉冲，如图 3.10（a）所示。在欠压状态 i_C 脉冲高度变化不大，所以 I_{C0}、I_{c1m} 随 V_{CC} 的变化不大，而在过压状态，i_C 脉冲高度随 V_{CC} 减小而下降，凹陷加深，因而 I_{C0}、I_{c1m} 随 V_{CC} 的减小而较快地下降，并且在 $V_{CC} = 0$ 时，变化不大，I_{C0}、I_{c1m} 都等于零。I_{C0}、I_{c1m} 随 V_{CC} 的变化的曲线如图 3.10（b）所示。因为 $U_{cm} = I_{c1m} R_e$，所以 U_{cm} 与 I_{c1m} 变化规律相同，如图 3.10（b）所示。

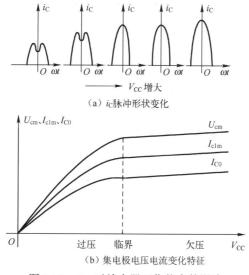

（a）i_C 脉冲形状变化

（b）集电极电压电流变化特征

图 3.10　V_{CC} 对放大器工作状态的影响

在过压区域，输出电压幅度 U_{cm} 与 V_{CC} 的关系基本是线性的，这种特性称为集电极调制特性。利用这一特性，可以实现振幅调制电路，让 U_{cm} 与调制信号呈线性关系。可用图 3.11 所示的电路来实现振幅调制。

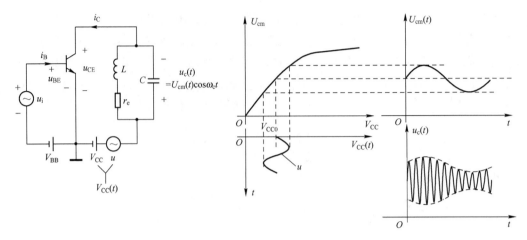

图 3.11　集电极调幅电路与波形

3.3.3　U_{im} 和 V_{BB} 对放大器工作状态的影响

1. U_{im} 对放大器工作状态的影响

假设 V_{CC}、V_{BB} 和 R_e 不变而只改变输入信号振幅 U_{im} 时，谐振功率放大器的性能将会随之发生变化，这种特性也称为放大特性。

当 U_{im} 由小增大时，管子的导通时间加长，$u_{BEmax} = V_{BB} + U_{im}$ 增大，集电极电流 i_C 脉冲宽度和高度均增加，I_{C0}、I_{c1m} 和相应的 U_{cm} 增大，结果使 u_{CEmin} 减小，放大器由欠压状态进入过压状态，如图 3.12 所示。在欠压状态，输出电压振幅与输入电压振幅基本成正比，即电压增益近似为常数，利用这一特点可将谐振功率放大器用作电压放大器。在过压状态 i_C 脉冲宽度虽略有增加，但凹陷也加深，所以 I_{C0}、I_{c1m} 和 U_{cm} 增长缓慢。

2. V_{BB} 对放大器工作状态的影响

假定 V_{CC}、U_{im} 和 R_e 不变而只改变基极直流偏压 V_{BB} 时，谐振功率放大器的工作状态变化如图 3.13（a）所示。由于 $u_{BEmax} = V_{BB} + U_{im}$，所以 U_{im} 不变、增大 V_{BB} 与 V_{BB} 不变、增大 U_{im}

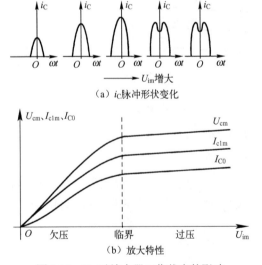

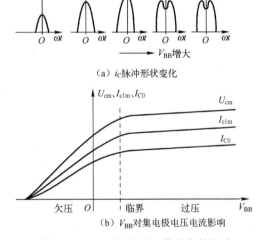

图 3.12　U_{im} 对放大器工作状态的影响　　　图 3.13　V_{BB} 对放大器工作状态的影响

的情况是类似的，因此 V_{BB} 由负到正增大时，集电极电流 i_C 脉冲宽度和高度均增加，并出现凹陷，放大器由欠压状态进入过压状态。I_{C0}、I_{c1m} 和相应的 U_{cm} 随 V_{BB} 变化的曲线与放大特性类似，在欠压状态，输出电压振幅与 V_{BB} 近似呈线性关系，如图 3.13（b）所示。利用这一特性可实现基极调幅，所以又称为基极调制特性，可用图 3.14 所示的电路来实现振幅调制。

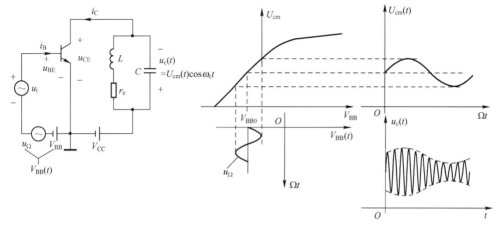

图 3.14　基极调制电路与波形

例 3.2　某谐振功放工作在过压状态，现欲将它调整到临界状态，应改变哪些参数？不同的调整方法所得到的输出功率是否相同？

解　减小 R_P（如图 3.9），或增大 V_{CC}（如图 3.10），或减小 V_{BB}，减小 U_{im}（如图 3.12～图 3.13）；或综合调节。不同的调整方法所得到的输出功率不相同。

目标 2　测评

谐振功率放大器中，欠压、临界和过压工作状态是根据什么来划分的？它们各有何特点？

3.4　谐振功率放大器电路

前面，我们对谐振功率放大器的原理电路进行了分析，但实际的谐振功率放大器电路往往要比原理电路复杂得多。它通常包括直流馈电（包括集电极馈电和基极馈电）和匹配网络（包括输入匹配网络和输出匹配网络）两个部分，现分别介绍如下。

3.4.1　直流馈电电路

谐振功率放大器工作在丙类，它的馈电线路除了保证集电极合适的工作电压外，还要保证基极偏置。交流等效电路还要考虑到负载是谐振回路，交流分量必须通过谐振回路，以获得交流信号的放大。谐振功率放大器工作在大电流状态，为减小功耗，外电路应对直流近似短路，但又不能对交流短路。外电路为保证输出波形不失真，对交流谐波应近似短路。

1．集电极馈电线路

集电极馈电可分为两种形式，一种为串联馈电，另一种为并联馈电。

1）串联馈电

集电极串联馈电是一种在电路形式上直流电源 V_{CC}，集电极负载谐振回路，晶体管 c、e 三者为串联连接的馈电方式，如图 3.15 所示。

由于电源是公用的，所以必须经过去耦电路馈电。去耦电路通常由 π 型网络构成。图 3.15 中，去耦用的电感 L_C 是大电感，称为射频扼流圈（Radio Frequency

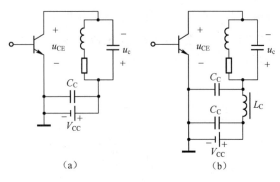

图 3.15　集电极串馈电路

Choke，RFC）它的作用近似为对直流短路，对交流开路。电容 C_C 称为滤波电容，又称为旁路电容，它对高频信号呈现短路。去耦电路用于避免信号电流通过直流电源而产生极间反馈，造成放大器工作不稳定。L_C 和 C_C 的取值在实际工程中需满足

$$\omega L_C = (5\sim 10)\frac{1}{\omega C_C} \tag{3.26}$$

$$\frac{1}{\omega C_C} = \frac{1}{5\sim 20}R_e \tag{3.27}$$

2）并联馈电

与串馈相对应，集电极并馈电路是指直流电源 V_{CC}，集电极谐振回路负载，晶体管三者在电路形式上为并联连接的一种馈电方式，如图 3.16 所示。图中，C'_C 为隔直耦合电容，它对信号频率的容抗很小，近似短路。

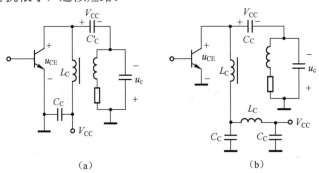

图 3.16　集电极并馈电路

与串馈类似，L_C 和 C_C 的取值在实际工程中需满足：

$$\omega L_C = (5\sim 20)R_e \tag{3.28}$$

$$\frac{1}{\omega C_C} = \frac{1}{5\sim 20}R_e \tag{3.29}$$

无论是串馈还是并馈，交流电压和直流电压总是串联叠加在一起的，即总是满足 $u_{CE} = V_{CC} - U_{cm}\cos\omega t$，所以折线近似分析法对于并馈仍是适用的。

从图 3.15 和图 3.16 可见，两种馈电线路的不同仅仅是谐振回路的接入方式。在串馈电路中，谐振回路处于直流高电位上，谐振回路元件不能直接接地；而在并馈电路中，由于 C_C' 隔断直流，谐振回路处于直流低电位上，谐振回路元件可以直接接地，因而电路的安装调试就比串馈电路方便、安全，但 L_C 和 C_C' 并联在回路上，它们的分布参数将直接影响谐振回路的调谐。

2．基极馈电线路

基极馈电线路原则上和集电极馈电相同，也有串馈与并馈之分。基极串联馈电是指偏置电压 V_{BB}，输入信号源 u_i 及晶体管 b、e 三者在电路形式上为串联连接的一种馈电方式，而在电路形式上为并联连接的则称为并联馈电。如图 3.17 所示。不论串馈还是并馈，同样都满足关系式 $u_{BE} = V_{BB} + U_{im}\cos\omega t$，折线近似分析法都适用。

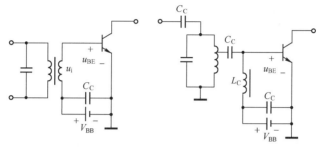

图 3.17　基极馈电线路

为了使放大器工作于丙类，基极偏置电压一般要加上负电压。若用一组单独的"负"电源提供偏置偏压，往往给馈电带来麻烦。为了避免这种麻烦，常常采用自给偏压电路，如图 3.18 所示。自给偏压电路由串接在基极回路或发射极回路的 RC 低通网络构成，低通网络两端的电压为 $I_{B0}R_E$ 或 $I_{E0}R_E$（I_{B0} 和 I_{E0} 分别是基极和发射极脉冲电流 i_B 和 i_E 中的直流分量），且它们相对于基极是负的直流电压，这就是自给偏置电压。电容 C_B 和 C_E 的容量要足够大，以便有效地短路基波及各次谐波电流，使 R_B 和 R_E 上产生稳定的直流压降。改变 R_B 或 R_E 的大小，可调节反向偏置电压的大小。

在图 3.18（a）所示的自给偏置电路中，当未加输入信号电压时，因 i_B 为零，所以偏置电压 V_{BB} 也为零。当输入信号电压由小加大时，i_B 跟随增大，直流分量 I_{B0} 增大，自给反向偏压随着增大，这种偏置电压随输入信号幅度而变化的现象称为自给偏置效应。自给偏置效应可以起到稳定输出电压振幅的作用。当输入信号电压增大时，自给反向偏压随之增大，导致 i_{Cmax} 下降，因而输出电压幅度基本是稳定的。

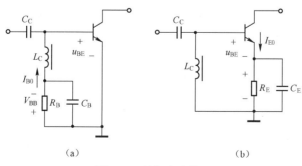

（a）　　　　　　　　　　　　　　（b）

图 3.18　基极自给偏压

很多中小功率谐振功率放大器常采用"零"偏压或略微正电压偏置。以减小对输入激励电压 u_i 的要求，图 3.19 就是采用了"零"偏置电压及略微正电压偏置（小于 V_{BZ}）电路。基极回路必须形成直流通路，为保证晶体管正常工作，一定有单方向流动的基极电流。

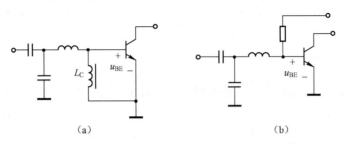

图 3.19 "零"偏置电压和略微正电压偏置电路

3.4.2 滤波匹配网络

1. 对匹配网络的要求

高频功率放大器中都要采用一定形式的回路（如上面介绍的原理电路中均采用 LC 并联谐振回路），使它的输出功率能有效地传输到负载（下级输入回路或者天线回路）。这种保证外负载与谐振功率放大器最佳工作要求相匹配的网络常称为匹配网络。如果谐振功率放大器的负载是下级放大器输入阻抗，应采用"输入匹配网络"或"级间耦合网络"；

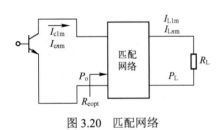

图 3.20 匹配网络

如果谐振功率放大器的负载是天线或其他终端负载，应采用"输出匹配网络"。对输入匹配网络与输出匹配网络的要求略有不同，但基本设计方法相同。在图 3.20 中，R_L 通过输出匹配网络转换成工作在临界状态时所需的 R_{eopt} 值。匹配网络同时又是选频网络，它能滤除高次谐波电流 I_{cnm}。由于起到了滤波和匹配的双重作用，又称其为滤波匹配网络。

对滤波匹配网络的主要要求如下：

（1）滤波匹配网络应有选频作用，充分滤除不需要的直流和谐波分量，以保证外接负载上仅输出高频基波功率。通常，滤波性能的好坏用滤波度 Φ_n 表示，即

$$\Phi_n = \dfrac{I_{cnm}}{I_{c1m}} \Big/ \dfrac{I_{Lnm}}{I_{L1m}} \tag{3.30}$$

式中，I_{c1m}、I_{cnm} 分别表示集电极电流脉冲中基波分量及 n 次谐波分量的振幅；I_{L1m}，I_{Lnm} 则表示外接负载中电流基波分量及 n 次谐波分量的幅度。

Φ_n 越大，滤波性能越好。

（2）滤波匹配网络还应有阻抗变换作用，即把实际负载 Z_L 的阻抗转变为纯阻性，且其数值应等于谐振功率放大器所要求的负载电阻值，以保证放大器工作在所设计的状态。若要求大功率、高效率输出，则应工作在临界状态，因而需将外接负载变换到临界负载电阻。

（3）滤波匹配网络应能将功率管给出的信号功率 P_o 高效率传送到外接负载 R_L 上（功率为 P_L），即要求匹配网络的效率（称为回路效率 $\eta_k = P_L/P_o$）高。

另外，匹配网络还应保证一定的通频带，结构简单，调整方便。

下面仅讨论滤波匹配网络的阻抗变换特性。

2. *LC* 网络的阻抗变换作用

1）串并联电路的阻抗变换

若需将电阻、电抗串联电路（R_s、X_s 串联）与它们相并联的电路（R_p、X_p 并联）之间作恒等变换，如图 3.21 所示，则可根据端导纳相等的原则进行变换，即

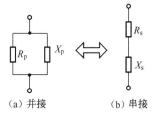

图 3.21　串并联电路阻抗变换

$$Y_p = \frac{1}{R_p} + \frac{1}{jX_p} = \frac{1}{R_p} - j\frac{1}{X_p}$$

$$Y_s = \frac{1}{R_s + jX_s} = \frac{R_s}{R_s^2 + X_s^2} - j\frac{X_s}{R_s^2 + X_s^2}$$

由 $Y_p = Y_s$ 可得到串联阻抗转换为并联阻抗的关系式为

$$R_p = \frac{R_s^2 + X_s^2}{R_s} = R_s\left(1 + \frac{X_s^2}{R_s^2}\right) = R_s\left(1 + Q_e^2\right) \tag{3.31}$$

$$X_p = \frac{R_s^2 + X_s^2}{X_s} = X_s\left(1 + \frac{R_s^2}{X_s^2}\right) = X_s\left(1 + \frac{1}{Q_e^2}\right) \tag{3.32}$$

$$Q_e = \frac{|X_s|}{R_s} \tag{3.33}$$

反之，可得到并联阻抗转换为串联阻抗的关系式为

$$R_s = \frac{R_p}{1 + Q_e^2} \tag{3.34}$$

$$X_s = \frac{X_p}{1 + \dfrac{1}{Q_e^2}} \tag{3.35}$$

$$Q_e = \frac{R_p}{|X_p|} \tag{3.36}$$

式中，Q_e 为品质因数，一般都大于 1。

由式（3.31）～式（3.36）可见，并联形式电阻 R_p 大于串联形式电阻 R_s；转换前后电抗性质不变，且电抗值相差很小。

例 3.3　将图 3.22（a）所示电感与电阻串联电路变换成图 3.22（b）所示并联电路。已知工作频率为 100 MHz，L_s=100 nH，R_s=10Ω，求 R_p 与 L_p。

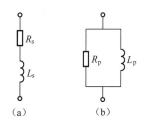

图 3.22　电感、电阻串并联电路变换

解　由式（3.33）得

$$Q_e = \frac{|X_s|}{R_s} = \frac{\omega L_s}{R_s} = \frac{2\pi \times 100 \times 10^6 \times 100 \times 10^{-9}}{10} = 6.28$$

再由式（3.31）和式（3.32）分别得

$$R_p = R_s\left(1 + Q_e^2\right) = 10(1 + 6.28^2) = 404\Omega$$

$$L_p = L_s\left(1 + \frac{1}{Q_e^2}\right) = 100 \times \left(1 + \frac{1}{6.28^2}\right) = 102.5\text{nH}$$

由上述计算结果可见，当 $Q_e \gg 1$ 时，电抗元件的值 L_p 与 L_s 的相差不大，但电阻值却发生了较大变化。

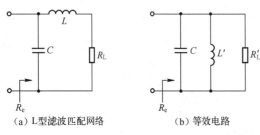

（a）L型滤波匹配网络　　　　（b）等效电路

图 3.23　低阻变高阻 L 型滤波匹配网络

2）L 型滤波匹配网络的阻抗变换

L 型网络是由两个异性电抗元件接成 L 型结构的阻抗变换网络，它是最简单的阻抗变换电路。图 3.23（a）是低阻抗变高阻抗的 L 型滤波匹配网络。实际上，这种阻抗变换电路就是前面介绍原理电路时采用的并联谐振回路。R_L 为外接实际负载电阻，它与电感支路相串联，可减小高次谐波的输出，对提高滤波性能有利。为了提高网络的传输效率，C 应采用高频损耗很小的电容，L 应采用 Q 值较高的电感线圈。

将图 3.23（a）中 L 和 R_L 串联电路用并联电路来等效，可得如图 3.23（b）所示的等效电路。由式（3.31）～式（3.36）串并联电路阻抗变换关系可得

$$\begin{cases} R_L' = R_L\left(1 + Q_e^2\right) \\ L' = \dfrac{R_s^2 + X_s^2}{X_s} = L\left(1 + \dfrac{1}{Q^2}\right) \\ Q_e = \dfrac{\omega L}{R_L} \end{cases} \tag{3.37}$$

图 3.23（b）所示并联回路在信号频率上应呈现谐振，有 $\omega L' - \dfrac{1}{\omega C} = 0$，其谐振电阻 $R_e = R_L'$。由于 $Q_e > 1$，故 $R_e = R_L' = R_L\left(1 + Q_e^2\right) > R_L$，这说明图 3.23（a）L 型网络可以实现低阻负载变为高阻负载，其变换倍数取决于 Q_e 值的大小。在实际中，常常需要根据 R_e、R_L 和工作频率设计 L 型滤波匹配网络，此时品质因素 Q_e 可由式（3.38）得到，即

$$Q_e = \sqrt{\frac{R_e}{R_L} - 1} \tag{3.38}$$

下面举例说明 L 型滤波匹配网络的设计方法。

例 3.4　已知某谐振功率放大器工作频率 f=50 MHz，实际负载电阻 R_L=50 Ω，所需的匹配负载为 R_e=1kΩ。试设计一 L 型网络作为输出滤波匹配网络。

解　采用低阻变高阻型 L 型滤波匹配网络，其电路如图 3.23（a）所示，参数设计如下：
由式（3.38）可得

$$Q_e = \sqrt{\frac{R_e}{R_L} - 1} = \sqrt{\frac{1000}{50} - 1} = 4.36$$

由式（3.37）可得

$$L = \frac{Q_e R_L}{\omega} = \frac{4.36 \times 50}{2\pi \times 50 \times 10^6} \approx 694\text{nH}$$

$$L' = L\left(1 + \frac{1}{Q_e^2}\right) = 694 \times \left(1 + \frac{1}{4.36^2}\right) \approx 731\text{nH}$$

因此

$$C = \frac{1}{\omega^2 L'} = \frac{1}{\left(2\pi \times 50 \times 10^6\right)^2 \times 731 \times 10^{-9}} \approx 14\text{pF}$$

如果外接负载电阻 R_L 比较大，而放大器要求的负载电阻 R_e 比较小，可采用图 3.24（a）所示的高阻变低阻 L 型滤波匹配网络。

将图 3.24（a）中 C 和 R_L 并联电路用串联电路来等效，可得如图 3.24（b）所示的等效电路。由式（3.31）～式（3.36）并串联电路阻抗变换关系可得

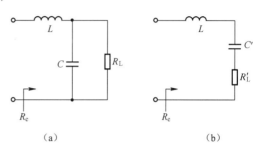

图 3.24　高阻变低阻 L 型滤波匹配网络

$$\begin{cases} R_L' = \dfrac{R_L}{1 + Q_e^2} \\[3mm] C' = C\left(1 + \dfrac{1}{Q_e^2}\right) \\[3mm] Q_e = \dfrac{R_L}{\dfrac{1}{\omega C}} = R_L \omega C \end{cases} \qquad (3.39)$$

图 3.24（b）所示串联回路在信号频率上应呈现谐振，有 $\omega L - \dfrac{1}{\omega C'} = 0$，其谐振电阻 $R_e = R_L'$。由于 $Q_e > 1$，故 $R_e = R_L' = \dfrac{R_L}{1 + Q_e^2} < R_L$，这说明图 3.24（a）L 型网络实现了高阻负载变为低阻负载的作用，当已知 R_e 和 R_L 时，滤波匹配网络的品质因素 Q_e 可由式（3.40）得到，即

$$Q_e = \sqrt{\frac{R_L}{R_e} - 1} \qquad (3.40)$$

图 3.23（a）和图 3.24（a）两种 L 型滤波匹配网络均是低通电路，图 3.25 所示为两种高通电路。相比来讲，低通电路具有良好的高频滤波作用，应用较为广泛。

3）π型和 T 型滤波匹配网络

由于 L 型滤波匹配网络阻抗变换前后电阻相差 $\left(1 + Q_e^2\right)$ 倍，如果实际情况下要求阻抗变换的倍数并不高，则回路的 Q_e 值就只能很小，其结果导致滤波性能很差。如既要求变换前后阻值相差不大，而又希望有较高的 Q_e 值，则可以采用图 3.26 和图 3.27 所示的π型和 T 型滤波匹配网络。

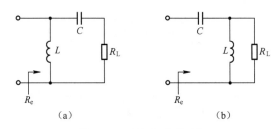

图 3.25　两种高通型网络

π型网络的形式如图 3.26（a）所示。它可以视作两节 L 型匹配网络的级联，如图 3.26（b）所示。π型匹配网络的阻抗变换特点是高阻→低阻→高阻。

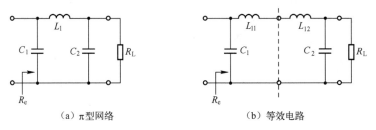

图 3.26　π型滤波匹配网络

T 型网络的形式如图 3.27（a）所示。显然，它可以视作两节 L 型匹配网络的级联，如图 3.27（b）所示。T 型匹配网络的阻抗变换特点是低阻→高阻→低阻。

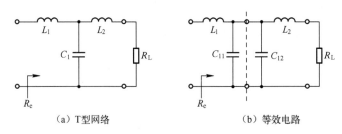

图 3.27　T 型滤波匹配网络

π型和 T 型滤波匹配网络的设计方法这里不再推导，仅以下面的实例来说明思路。

例 3.5　已知某谐振功率放大器工作频率 $f=50\,\text{MHz}$，实际负载电阻 $R_L=50\,\Omega$，所需的匹配负载为 $R_e=150\,\Omega$。试设计一π型网络作为输出滤波匹配网络。

解　采用图 3.26（a）所示的π型网络，该网络可以视作如图 3.28（a）所示的两节 L 型匹配网络的级联。

对电路（Ⅱ）进行计算，选取 $Q_2=4$

$$R'_L = \frac{R_L}{1+Q_2^2} = \frac{50}{17} = 2.94\Omega$$

$$\because Q_2 = \frac{R_L}{1/\omega C_2} \qquad \therefore C_2 = \frac{Q_2}{\omega R_L} = 255\text{pF}$$

$$\because Q_2 = \frac{\omega L_{12}}{R'_L} \qquad \therefore L_{12} = \frac{Q_2 R'_L}{\omega} = 37.4\text{nH}$$

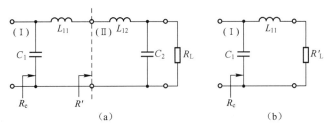

图 3.28　π 型滤波匹配网络的变形

对电路（Ⅰ）进行计算，有

$$Q_1 = \sqrt{\frac{R_e}{R'_L} - 1} = 7.07$$

$$\because Q_1 = \frac{\omega L_{11}}{R'_L} \qquad \therefore L_{11} = \frac{Q_1 R'_L}{\omega} = 66\text{nH}$$

$$L_1 = L_{11} + L_{12} = 103.4\text{nH}$$

$$\because Q_1 = \frac{R_e}{1/\omega C_1} \qquad \therefore C_1 = \frac{Q_1}{\omega R_e} = 151\text{pF}$$

如前所述，匹配网络按所处位置的不同，有输入匹配网络、输出匹配网络以及级间耦合网络。输出匹配网络的负载是天线，匹配网络必须将天线的负载值转换成谐振功率放大器工作在临界状态附近所需的 R_e 值，前面的讨论认为天线为纯电阻 r_A，但实际上天线常为阻容性负载。这时，可以把它的电容归入匹配网络电抗中去，按前面纯电阻负载情况进行分析。

3.4.3　谐振功率放大器的实际电路

采用不同的馈电电路和滤波匹配网络，可以构成谐振功率放大器的各种实用电路。

图 3.29 所示为一工作频率为 50 MHz 的谐振功率放大器，它向 50 Ω 的外接负载提供 70 W 功率，功率增益达 11 dB。电路中，基极采用自给偏置，由高频扼流圈 L_B 中的直流电阻产生很小的负偏压 V_{BB}。在放大器输入端，C_1、C_2、C_3 和 L_1 组成 T 型和 L 型的两级混合网络，作为输入滤波匹配网络，调节 C_1、C_2 使得功率管的输入阻抗在工作频率上变换为前级放大器所要求的 50 Ω 匹配电阻。集电极采用并馈电路，L_C 为高频扼流圈，C_{C1}、C_{C2} 为电源滤波电容。在放大器的输出端，C_4、C_5、C_6、L_2 和 L_3 组成 T 型和 L 型的两级混合网络，

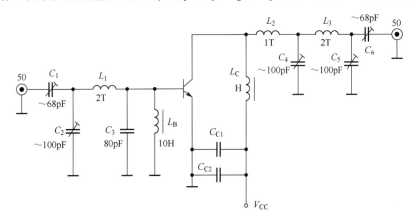

图 3.29　50 MHz 谐振功率放大器电路

调节 C_4、C_5，使得 50 Ω 的外接负载电阻在工作频率上变换为放大器所要求的匹配电阻。

图 3.30 所示为一工作频率为 150 MHz 的谐振功率放大器，它向 50 Ω 的外接负载提供 3 W 功率，功率增益为 10 dB。基极采用自给偏置，由 R_B 产生负偏压 V_{BB}，L_B 为高频扼流圈，C_B 为滤波电容。集电极采用并馈电路，高频扼流圈 L_C 和 R_C、C_{C1}、C_{C2}、C_{C3} 组成电源滤波网络。放大器的输入端采用由 $C_1 \sim C_3$ 和 L_1 组成的 T 型滤波匹配网络，输出端采用由 $C_4 \sim C_8$ 和 $L_2 \sim L_5$ 组成的三级 π 型混合滤波匹配网络。

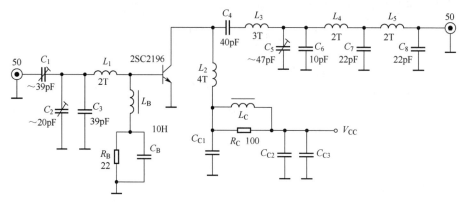

图 3.30　150 MHz 谐振功率放大器电路

目标 3　测评

谐振功率放大器工作于临界状态，集电极电压利用系数 $\xi \approx 1$，采用图 3.26（a）所示的阻抗变换网络。负载电阻 $R_L = 23\,\Omega$，$V_{CC} = 4.8$ V，$f = 150$ MHz。设 $Q_L = 2$，试求 L_1、C_1、C_2 的值。

3.5　丁类和戊类谐振功率放大器

图 3.31 为丁类（D 类）谐振功率放大器的原理电路和相应的波形。图中，u_{b1} 和 u_{b2} 是由 u_i 通过变压器产生的两个极性相反的输入激励电压，分别加到两个特性配对的同型功率管 VT_1 和 VT_2 的输入端。若输入激励电压为角频率为 ω 的余弦波，且其幅值足够大，足以使 u_i 正半周时 VT_1 管饱和导通，VT_2 管截止，u_i 负半周时 VT_2 管饱和导通，VT_1 管截止，设 VT_1 和 VT_2 管的饱和压降为 U_{CES}，则当 VT_1 管饱和导通时，A 点对地电压为

$$u_A = V_{CC} - U_{CES}$$

当 VT_2 管饱和导通时，有 $u_A = U_{CES}$。

因此，u_A 是幅值为 $V_{CC} - 2U_{CES}$ 的矩形方波电压。该电压加到由 L、C 和 R 组成的串联谐振回路上，若谐振回路调谐在输入信号角频率上，且其 Q 值足够高，则可近似认为通过回路的电流 i_o 是角频率为 ω 的余弦波，R_L 上获得不失真输出功率。实际上，这个电流 i_o 是通过上下两管的电流合成的，因而导通时上下两管的电流 i_{C1} 和 i_{C2} 均为半个余弦波。可见，尽管每管的电流很大，但相应的管压降很小（均为 U_{CES}），这样，每管的管耗就很小，放

大器的效率也就很高（一般可达 90% 以上）。

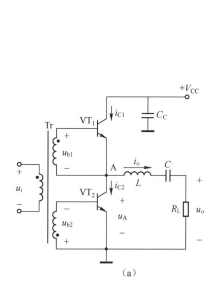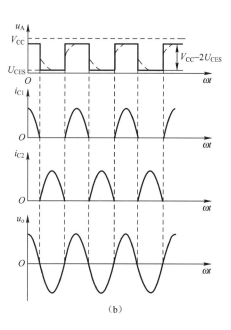

图 3.31　丁类谐振功率放大器的原理电路及其波形

　　实际上，考虑到管子结电容、分布电容等影响，管子从自导通到截止或截止到导通都需经历一段过渡时间，实际波形如 u_A 虚线所示，管子动态管耗增大，丁类功放效率受限。为了克服这个缺点，在丁类放大器的基础上采用一个特殊设计的集电极回路，以保证 u_{CE} 为最小值的一段期间内，才有集电极电流流通，这是正在发展的戊类（E 类）放大器。

3.6　集成射频功率放大器及其应用简介

　　集成射频功率放大器是在微波集成电路的基础上，用表面封装工艺将多级功率放大器高密度组合装配在微带基片上，再封装而成的功率模块电路。这种集成组件的出现，使发射机功放部分的设计和装配极为方便，而且也提高了整机的质量和性能指标，并简化了大量的调试工作。

　　常见的集成射频功率放大器有美国 Motorola 公司的 VHF 波段 MHW600、UHF 波段 MHW800/900/1815/1915/1916/2821 等，以及日本三菱公司的 M57700 系列等。其中工作在 GSM 波段的有 MHW900/2821 等系列。这些功放器件体积小，可靠性高，外接元件少，输出功率一般在几瓦至十几瓦之间。

　　三菱公司的 M57700 系列高频功放是一种厚膜混合集成电路，包括多个型号，如 M57704，其频率范围为 335～512 MHz（其中 M57704H 为 450～470 MHz），可用于频率调制移动通信系统。它的电特性参数为：当电源电压 12.5 V，P_{in}=0.2 W，Z_o=Z_L=50 Ω 时，输出功率 P_o=13 W，功率增益 G_p=18.1 dB，效率 35%～40%。图 3.32 是 M57704 系列功放的等效电路图。由图可见，它包括三级放大电路，匹配网络由微带线和 LC 元件混合组成。图 3.33 是 M57704 的外形尺寸图。

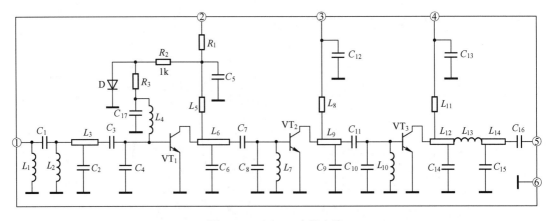

图 3.32　M57704 内部电路

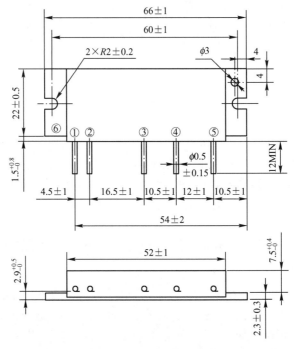

图 3.33　M57704 外形尺寸

图 3.34 为 M57704H 的典型应用电路图。图中外接元件仅为电源滤波网络元件：①引脚为信号输入端，+12.5 V 电源通过 LC π 型滤波网络加到模块的电源引脚②，为内部功率管 VT₁ 供电；+13.8 V 电源通过 RC π 型滤波网络加到模块的电源引脚④，为内部功率管 VT₃ 供电；同时，又通过 RC π 型滤波网络加到模块的引脚③，为内部功率管 VT₂ 供电；输出端 ⑤引脚通过 1000 pF 耦合电容 C₁₁ 与收发信机的终端网络相连。终端网络包括收发控制电路、天线匹配电感 L₄ 和检测电路等三部分。发射状态时，收发控制端加+12.5 V 电源，则二极管 VD₁ 导通，⑤引脚输出功率通过 VD₁ 和 L₄ 送出。接收状态时，收发控制端为零电平，二极管 VD₁ 截止，L₁、C₁₂ 回路阻止接收信号进入模块，天线接收信号经 L₂、L₃ 进入接收通道。检测网络用来监测功率模块的发送功率电平。

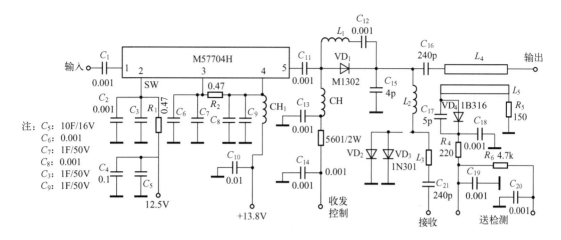

图 3.34　M57704H 典型应用电路

Motorola 公司的 MHW912 功放组件是专门为泛欧数字式 8WGSM 移动通信系统设计的。电源电压 12.5 V，输入功率 P_{in}=1 mW（0 dBm），Z_o=Z_L=50 Ω 时，输出功率 P_o=13 W，最小功率增益 G_p=41 dB。图 3.35 是 MHW912 的测试电路，由于高增益五级功放模块的尺寸限制，应仔细考虑外部去耦网络的设计。1～5 端的去耦网络分别由 C_2、C_4、C_6、C_8、C_{10} 组成，这 5 个旁路电容均为 0.018 μF，电容有效频率范围在 5～940 MHz，L_1～L_5 均为 0.29 μH 磁珠电感。MHW912 具有 GSM 理想的功率电平控制范围，在控制电压 U_{cout} 从 1.5 V 变化到 3 V 时，输出功率可从 1 mW 增加到 15 W。

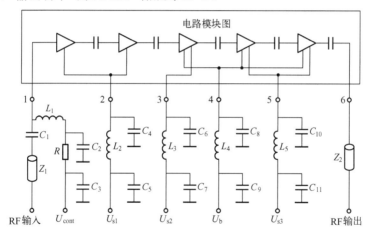

图 3.35　MHW912 的测试电路

3.7　宽带与高功率放大器简介

谐振功率放大器的主要优点是效率高，但需要改变工作频率时，必须改变其滤波匹配网络的谐振频率，这往往是十分困难的。在多频道通信系统和相对带宽较宽的高频设备中，谐振功率放大器就不适用了，这时必须采用无须调节工作频率的宽带高频功率放大器。宽带高频功率放大电路采用非调谐宽带网络作为匹配网络，能在很宽的频带范围内获得线性放大。常用的宽带匹配网络是传输线变压器，它可使功放的最高频率扩展到几百兆赫甚至上千兆赫，并能同时覆盖几个倍频程的频带宽度。由于无选频滤波性能，故宽带高频功放只能工作在非线性失真较小的甲类或乙类状态，效率较低。所以，宽带高频功放是以牺牲效率来换取工作频带的加宽。另外，当需要更高功率输出时，可以利用多个功率放大电路同时对输入信号进行放大，然后设法将各个功放的输出信号相加，这样得到的总输出功率可以远远大于单个功放电路的输出功率，即功率合成。

3.7.1 传输线变压器及概述

传输线变压器是基于传输线原理和变压器原理二者相结合而产生的一种耦合元件。它是将传输线（双绞线、带状线或同轴线等）绕在高磁导率的高频磁芯上构成的，其能量根据激励信号频率的不同，以传输线方式或以变压器方式进行传输。

图 3.36 所示是一种简单的 1∶1 传输线变压器，图 3.36（a）图是结构示意图，图 3.36（b）和图 3.36（c）分别是传输线方式和变压器方式的工作原理图，图 3.36（d）是用分布电感和分布电容表示的传输线分布参数等效电路。

在以传输线方式工作时，信号从①、③端输入，②、④端输出。如果信号的波长与传输线的长度可以相比拟，两根导线固有的分布电感和相互间的分布电容就构成了传输线的分布参数等效电路。若传输线是无损耗的，则传输线的特性阻抗

$$Z_C = \sqrt{\frac{\Delta L}{\Delta C}} \qquad (3.41)$$

式中，ΔL、ΔC 分别是单位线长的分布电感和分布电容；Z_c 的值取决于传输线的结构尺寸及线间填充介质的特性，对于理想无耗的传输线，Z_c 为纯电阻。当 Z_c 与负载电阻 R_L 相等时，则称为传输线终端匹配。

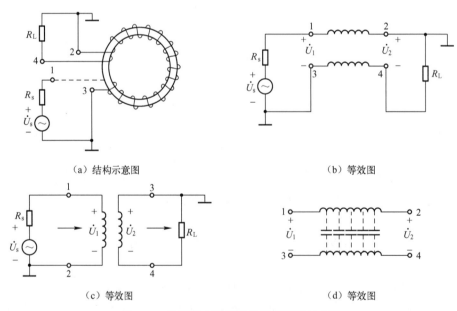

（a）结构示意图　　　　　　　　　　　　（b）等效图

（c）等效图　　　　　　　　　　　　（d）等效图

图 3.36　传输线变压器结构示意及等效电路

在无耗、匹配情况下，若传输线长度 l 与工作波长 λ 相比足够小（$l < \lambda_{min}/8$）时，可以认为传输线上任何位置处的电压或电流的振幅均相等，且输入阻抗 $Z_i = Z_c = R_L$，故为 1∶1 变

压器。可见，此时负载上得到的功率与输入功率相等且不因频率的变化而变化。

在以变压器方式工作时，信号从①、②端输入，③、④端输出。由于输入、输出线圈长度相同，从图 3-36（c）可见，这是一个 1∶1 的反相变压器。

当工作在低频段时，由于信号波长远大于传输线长度，分布参数很小，可以忽略，故变压器方式起主要作用。由于磁芯的磁导率高，所以虽传输线较短也能获得足够大的初级电感量，保证了传输线变压器的低频特性较好。

当工作在高频段时，传输线方式起主要作用，在无耗匹配的情况下，上限频率将不受漏感、分布电容、高磁导率磁芯的限制。而在实际情况下，虽然要做到严格无耗和匹配是很困难的，但上限频率仍可以达到很高。

由以上分析可以看到，传输线变压器具有良好的宽频带特性。

3.7.2　功率合成

功率合成技术就是利用多个功率放大器同时对输入信号进行放大后将各个功放的功率进行相加，得到比较大的输出功率。

利用功率合成技术可以获得几百瓦甚至上千瓦的高频输出功率。

理想的功率合成器不但应具有功率合成的功能，还必须在其输入端与其相接的前级各功率放大器互相隔离，即当其中某一个功率放大器损坏时，相邻的其他功率放大器的工作状态不受影响，仅仅是功率合成器输出总功率减小一些。

图 3.37 给出了一个功率合成器原理方框图。由图可见，采用 7 个功率增益为 2、最大输出功率为 10 W 的高频功放，利用功率合成技术，可以获得 40 W 的功率输出。其中采用了 3 个一分为二的功率分配器和 3 个二合一的功率合成器。功率分配器的作用在于将前级功放的输出功率平分为若干份，然后分别提供给后级若干个功放电路。

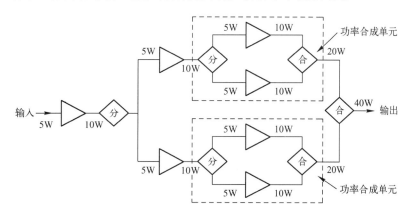

图 3.37　功率合成器的原理框图

利用传输线变压器可以组成各种类型的功率分配器和功率合成器，且具有频带宽、结构简单、插入损耗小等优点，然后可进一步组成宽频带大功率高频功放电路。

3.8　技　术　实　践

在无线电发射机中，为了保证足够远的传输距离，发射机送到天线的功率要足够大。

其功率量级小到几毫瓦，大到几百瓦、上千瓦，甚至兆瓦量级。为了实现大功率输出，高频功率放大器通常由工作于不同状态的多级放大电路组成，包括缓冲放大、中间放大、推挽放大、末级功率放大。在设计功率放大器时必须考虑输出功率、激励电平、功耗、效率、尺寸、重量以及信号形式。本章所介绍的丙类谐振功率放大器属于非线性放大器，常用于恒定包络信号功率放大器的末级功放，也可作为 AM 信号调制器和功率放大器使用。应用实例中的 FM 发射机其末级功放就采用丙类谐振功率放大器。

根据本章所学内容，设计一丙类谐振功率放大器，其中心频率为 1 MHz，输出功率大于 100 mW，负载为 75 Ω，效率大于 80%，集电极直流供电为 12 V。

设计过程如下：

1. 电路选择

这是一个小功率谐振功率放大器，为了使电路简单，一般采用零偏压或自给偏压电路。为了稳定功放状态，选用发射极自偏压电路。为了有较好的滤波性能和阻抗匹配作用，输出采用π型滤波匹配网络，集电极采用并联馈电方式，电路如图 3.38 所示。

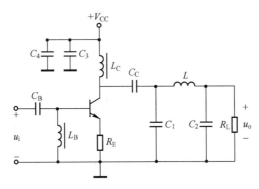

图 3.38　谐振放大器设计电路

2. 功率管工作状态的确定及功率管的选择

谐振功率放大器中为兼顾功率和效率，常工作于临界状态，在此取导通角 $\theta = 60°$。考虑到滤波匹配网络的实际传输损耗，输出功率应留有一定余量，所以取谐振功率放大器临界状态输出功率为 150 mW。由此可得谐振功率放大器临界状态时集电极最佳负载电阻为

$$R_{\text{eopt}} = \frac{1}{2}\left[\frac{V_{\text{CC}} - U_{\text{CES}}}{P_{\text{o}}}\right]^2 = \frac{(12-1)^2}{2 \times 150}\text{k}\Omega = 403\Omega \quad （式中取 U_{\text{CES}}=1 \text{ V}）$$

集电极电流基波振幅为

$$I_{\text{c1m}} = \sqrt{\frac{2P_{\text{o}}}{R_{\text{e}}}} = 27\text{mA}$$

集电极电流最大值为

$$i_{\text{Cmax}} = \frac{I_{\text{c1m}}}{\alpha_1(60°)} = \frac{27}{0.391} = 69\text{mA}$$

集电极电流直流分量为

$$I_{\text{c0}} = i_{\text{Cmax}}\alpha_0(60°) = 62 \times 0.218 = 15\text{mA}$$

直流电源供给功率为

$$P_{\mathrm{D}} = V_{\mathrm{CC}} I_{c0} = 12 \times 15 = 180\mathrm{mW}$$

功放效率为

$$\eta_{\mathrm{c}} = \frac{P_{\mathrm{o}}}{P_{\mathrm{D}}} = \frac{150}{180} = 83\%$$

晶体管的集电极耗散为

$$P_{\mathrm{C}} = P_{\mathrm{D}} - P_{\mathrm{o}} = 180 - 150 = 30\mathrm{mW}$$

在失谐时，晶体管的功耗会显著增加，为了保证功率管的安全，P_{CM} 的选择应有足够的余量。功率管承受的最大压降 $U_{\mathrm{CEmax}} \approx 2V_{\mathrm{CC}} = 2 \times 12\mathrm{V} = 24\mathrm{V}$。查手册知，NPN 高频硅管 9013 参数为：$f_{\mathrm{T}} \geqslant 300\mathrm{MHz}$，$P_{\mathrm{CM}} = 700\mathrm{mW}$，$I_{\mathrm{CM}} = 300\mathrm{mA}$，$U_{\mathrm{(BR)CEO}} = 30\mathrm{V}$，可满足上述要求。

3. 激励信号极自偏压电阻的确定

由 $\cos\theta = \dfrac{V_{\mathrm{BZ}} - V_{\mathrm{BB}}}{U_{\mathrm{im}}}$，可得基极输入电压振幅为

$$U_{\mathrm{im}} = \frac{V_{\mathrm{BZ}} - V_{\mathrm{BB}}}{\cos\theta} = \frac{0.5 - (-0.1)}{\cos 60°} = 1.2\mathrm{V}$$

式中，取 $V_{\mathrm{BB}} = -I_{\mathrm{C0}} R_{\mathrm{E}} = -0.1\mathrm{V}$，而 $V_{\mathrm{BZ}} = 0.5\mathrm{V}$，所以发射极电阻为

$$R_{\mathrm{E}} = -\frac{V_{\mathrm{BB}}}{I_{\mathrm{C0}}} = \frac{0.1}{0.015} = 6.7\Omega，取标称值 6.8\Omega。$$

由于 R_{E} 要消耗一定的功率，所以放大器的效率将会小于 83%。

4. 输出滤波匹配网络的计算

可将 π 型匹配网络拆成两个 L 型网络，如图 3.39 所示。图中，$L_1 + L_2 = L$。设网络（Ⅰ）和（Ⅱ）的品质因素分别为 Q_1 和 Q_2，取 $Q_1 = 2$，则可求得

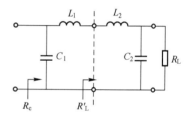

图 3.39　π 型网络拆成 L 型网络

$$R'_{\mathrm{L}} = \frac{R_{\mathrm{L}}}{1 + Q_2^2} = \frac{75}{1 + 2^2} = 15\Omega$$

$$Q_1 = \sqrt{\frac{R_{\mathrm{e}}}{R'_{\mathrm{L}}} - 1} = \sqrt{\frac{403}{15} - 1} = 5.09$$

$$C_2 = \frac{Q_2}{\omega R_{\mathrm{L}}} = \frac{2}{2\pi \times 10^6 \times 75} F = 4246\mathrm{pF}$$

$$L_2 = \frac{1}{\omega^2 C'_2} = \frac{1}{2\pi \times 10^6 \times 5308 \times 10^{-12}} \mathrm{H} = 4.8\mu\mathrm{H}$$

$$L_1 = \frac{Q_1 R'_{\mathrm{L}}}{\omega} = \frac{5.09 \times 15}{2\pi \times 10^6} \mathrm{H} = 12.2\mu\mathrm{H}$$

$$L'_1 = L_1 \left(1 + \frac{1}{Q_1^2}\right) = 12.2 \times \left(1 + \frac{1}{5.09^2}\right) = 12.67\mu\mathrm{H}$$

$$C_1 = \frac{1}{\omega^2 L'_1} = \frac{1}{\left(2\pi \times 10^6\right)^2 \times 12.67 \times 10^{-6}} F = 2001\mathrm{pF}$$

$$L = L_1 + L_2 = 12.2 + 4.8 = 17\mu H$$

5．扼流圈及隔直旁路电容的选择

图 3.39 中 C_B 为输入耦合电容，对交流的容抗越小越好，L_B 为基极扼流圈，用于阻止交流通过。根据工作频率 $f=1$ MHz，可选用 $C_B=0.033$ μF，$L_B=470$ μH。

L_C 为集电极扼流圈，C_C 为集电极隔直电容，以使集电极电路构成并联馈电电路。要求 L_C 的阻抗应远大于回路的谐振阻抗 R_e，现设 $L_C=1$ mH。C_C 对工作频率的容抗越小越好，现设 $C_C=0.1$ μF。

C_3、C_4 为电源去耦电容，取 $C_3=10$ μF（电解电容），$C_4=0.033$ μF。

3.9 计算机辅助分析与仿真

高频谐振功放的仿真主要是丙类放大的工作原理仿真和特性仿真，在 Multisim 中创建仿真电路如图 3.40 所示。放大电路的晶体管采用 NPN 管，C_1、L_1、R_2 构成谐振回路，R_3 为测量采样电阻，用来观察和测量集电极电流对应的脉冲电压波形，其他为直流偏置电路和正弦信号源。示波器 XSC2 的 A 通道为集电极电流波形，通道 B 为集电极电压波形。

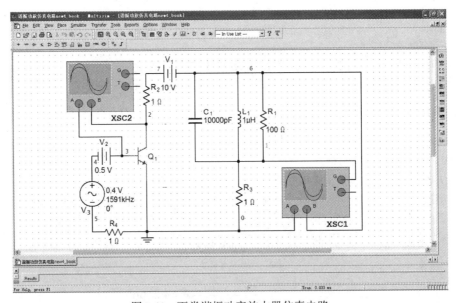

图 3.40 丙类谐振功率放大器仿真电路

1．高频谐振功放原理仿真

丙类放大器要能正常工作，首先必须工作于丙类状态，即设计好基极偏置电压和输入信号的幅度，图 3.41 所示为晶体管基极电压波形，从图中可知 u_{be} 的最小值约为-55 mV，最大值约为 1.038 V，晶体管只有部分时间导通工作，所以集电极电流则成脉冲输出，对应的脉冲电压波形如图 3.42 所示；同时由于谐振电路的选频作用，使得通过谐振电路输出的信号为连续的正弦信号，信号频率与输入信号一致，但是信号幅度明显得到放大，输出信号波形仍如图 3.42 所示。

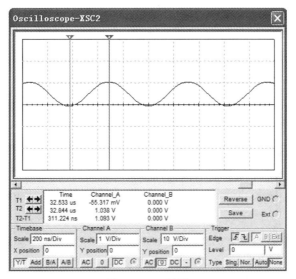

图 3.41 u_{be} 波形

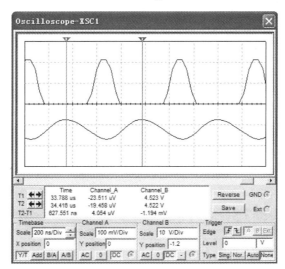

图 3.42 集电极脉冲电流对应的电压波形和输出电压波形

从集电极电流脉冲波形曲线可以方便地计算出丙类放大器的导通角。导通角的计算如图 3.43 所示，T' 为导通时间，T 为脉冲周期，由于 $\dfrac{T'}{T} = \dfrac{2\theta}{360}$，可得：$\theta = \dfrac{T'}{T} \times 180°$。

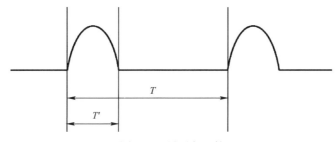

图 3.43 导通角计算

波形图（图 3.44）上可以测量出脉冲导通时间 $T' \approx 286$ ns，脉冲周期时间 $T \approx 627$ ns，

所以可以由上述公式计算得到导通角为

$$\theta = \frac{T'}{T} \times 180° = \frac{286}{627} \times 180° \approx 82°$$

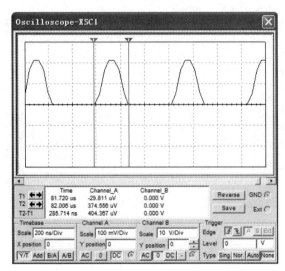

图 3.44　计算导通角的脉冲电压波形

2. 高频谐振功放负载特性仿真

通过前面的仿真电路可以对丙类放大器的 4 个工作特性进行仿真,在此仅对负载特性进行简单仿真。当负载电阻 R_1 增大时,u_{cm} 随着增大,从而 u_{ce} 减小,如图 3.45 所示,可以看到随着负载电阻增大,u_{ce} 的值可以达到 0.358 V,从而放大器进入到饱和状态,脉冲顶部出现凹陷,如图 3.46 所示,但是选频电路还是能输出连续的正弦信号,只是输出信号的功率将会降低。

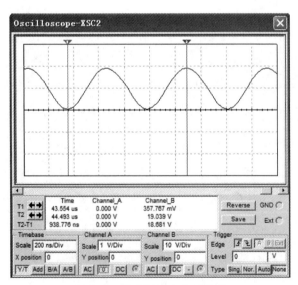

图 3.45　集电极输出电压波形

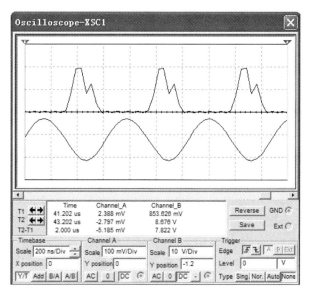

图 3.46　负载特性仿真结果

本 章 小 结

　　高频功率放大器主要用来对载波信号或高频已调波信号进行功率放大，其主要性能指标是输出功率和效率。丙类谐振功放中功放管的导通角小于 90°，所以输出电流为脉冲电流，但是由于利用了选频网络的滤波作用，可以得到正弦电压输出。

　　在谐振功率放大器中，根据晶体管工作是否进入饱和区，将其分为欠压、临界、过压 3 种工作状态。当 R_e、V_{CC}、V_{BB}、U_{im} 这 4 个参量中任意一个改变时，放大器的工作状态也跟随变化。4 个参量中分别只改变其中一个，其他 3 个量不变，所得到的特性分别为负载特性、集电极调制特性、基极调制特性和放大特性。熟悉这些特性有助于了解谐振功率放大器性能变化的特点，并对谐振功率放大器的调试有指导作用。由负载特性可知，放大器工作在临界状态，输出功率最大，效率比较高，通常将相应的值称为谐振功率放大器的最佳负载阻抗，也称匹配负载。

　　丙类谐振功放的集电极直流馈电电路有串联和并联馈电两种形式。基极偏置常采用自给偏压电路。自给偏压电路只能产生反向偏压，自给偏压形成的必要条件是电路中存在非线性导电现象。

　　为了实现和前后级电路的阻抗匹配，可以采用 LC 分立元件、微带线或传输线变压器几种不同形式的匹配网络，分别适用于不同频段和不同工作状态。常用的 LC 滤波匹配网络有 L 型、π 型和 T 型，其主要作用是滤波和阻抗变换。L 型滤波匹配网络可以把低阻变高阻，也可以把高阻变低阻；π 型和 T 型网络实质上是 L 型网络的变形。

　　谐振功放属于窄带功放，而宽带高频功放应用也较多，但是需采用具有宽频带特性的传输线变压器进行阻抗匹配，并可利用功率合成技术增大输出功率。

　　丙类功放设计的技术实践及其仿真部分对学习、掌握和巩固本章内容非常重要。

习　题　3

3.1　高频功率放大器的主要作用是什么?应对它提出哪些主要要求?

3.2　为什么丙类谐振功率放大器要采用谐振回路作负载？若回路失谐将产生什么结果？若采用纯电阻负载又将产生什么结果？

3.3　一谐振功率放大器，工作频率 f=520 MHz，输出功率 P_o=60 W，V_{CC}=12.5 V。

（1）当 η_C=60%时，试计算管耗 P_C 和平均分量 I_{c0} 的值；

（2）若保持 P_o 不变，将 η_C 提高到 80%，试问管耗 P_C 减小多少？

3.4　谐振功率放大器电路如图 3.1（c）所示，晶体管的理想化转移特性如题 3.4 图所示。已知：$V_{BB} = 0.2\ V$，$u_i = 1.1\cos\omega t$，回路调谐在输入信号频率上，试在转移特性上画出输入电压和集电极电流波形，并求出电流导通角 θ 及 I_{c0}、I_{c1m}、I_{c2m} 的大小。

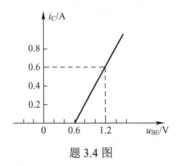

题 3.4 图

3.5　谐振功率放大器工作在欠压区，要求输出功率 P_o=5 W。已知 V_{CC}=24 V，$V_{BB}=V_{BZ}$，R_e=53 Ω，设集电极电流为余弦脉冲，即

$$i_C = \begin{cases} i_{Cmax}\cos\omega t & u_i > 0 \\ 0 & u_i \leqslant 0 \end{cases}$$

试求电源供给功率 P_D、集电极效率 η_C。

3.6　已知集电极电流余弦脉冲 $i_{Cmax} = 100\ mA$，试求通角 $\theta = 120°$、$\theta = 70°$ 时集电极电流的直流分量 I_{c0} 和基波分量 I_{c1m}；若 $U_{cm} = 0.95 V_{CC}$，求出两种情况下放大器的效率各为多少？

3.7　已知谐振功率放大器的 $V_{CC} = 24V$，$I_{C0} = 250mA$，$P_o = 5W$，$U_{cm} = 0.9V_{CC}$，试求该放大器的 P_D、P_C、η_C 以及 I_{c1m}、i_{Cmax}、θ。

3.8　高频功放的欠压、临界和过压状态是如何区分的？各有什么特点？

3.9　分析下列各种功放的工作状态应如何选择？

（1）利用功放进行振幅调制时，当调制的音频信号加到基极或集电极时，如何选择功放的工作状态？

（2）利用功放放大振幅调制信号时，应如何选择功放的工作状态？

（3）利用功放放大等幅度信号时，应如何选择功放的工作状态？

3.10　两个参数完全相同的谐振功放，输出功率 P_o 分别为 1 W 和 0.6 W，为了增大输出功率，将 V_{CC} 提高。结果发现前者输出功率无明显加大，后者输出功率明显增大，试分析原因。若要增大前者的输出功率，应采取什么措施？

3.11　一谐振功放，原工作于临界状态，后来发现 P_o 明显下降，η_C 反而增加，但 V_{CC} 和 u_{BEmax} 均未改变，问此时功放工作于什么状态？导通角增大还是减小？并分析性能变化的原因。

3.12　试画出一高频功率放大器的实际电路，要求：

（1）采用 PNP 型晶体管，发射极直接接地；

（2）集电极并联馈电，与谐振回路抽头连接；

（3）基极串联馈电，自偏压，与前级互感耦合。

3.13　谐振功率放大器电路如题 3.13 图所示，试从馈电方式、基极偏置和滤波匹配网络等方面分析这些电路的特点。

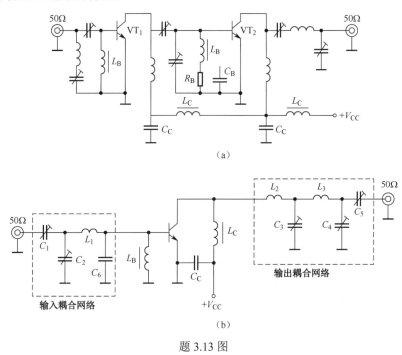

（a）

（b）

题 3.13 图

3.14　一谐振功率放大器输出电路的交流通路如题 3.14 图所示。工作频率为 2 MHz，已知天线等效电容 C_A=500 pF，等效电阻 $r_A = 8\Omega$，若放大器要求 $R_e = 80\Omega$，求 L 和 C。

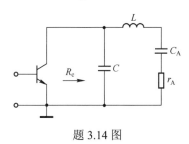

题 3.14 图

3.15　一谐振功率放大器，要求工作在临界状态。已知 $V_{CC} = 20\text{V}$，$P_o = 0.5\text{W}$，$R_L = 50\Omega$，集电极电压利用系数为 0.95，工作频率为 10 MHz。用 L 型网络作为输出滤波匹配网络，试计算该网络的元件值。

3.16 已知实际负载 $R_L = 50\Omega$，谐振功率放大器要求的最佳负载电阻 $R_c = 121\Omega$，工作频率 $f = 30\text{MHz}$，试计算题 3.16 图所示π型输出滤波匹配网络的元件值，取中间变换阻抗 $R_L' = 2\Omega$。

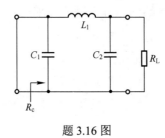

题 3.16 图

第4章　正弦波振荡电路

振荡器在电子电路中有着广泛的应用。在无线电通信、广播、电视等设备中用来产生载波和本地振荡信号；在电子仪器用来中产生各种频段的正弦信号等。从实质上讲，振荡电路是一种能量转换装置，它无须外加信号，就能自动地将直流电能转换成具有一定频率、一定幅度和一定波形的交流信号。振荡器按输出信号波形的不同，可分为正弦波振荡器和非正弦波振荡器两类。本章只讨论正弦波振荡器。从原理上划分正弦波振荡器，可以分为反馈振荡器和负阻振荡器。反馈振荡器是利用正反馈原理构成，本章将从反馈振荡器原理、电路等方面介绍正弦波振荡器电路，重点介绍三端振荡器和石英晶体振荡器电路。在章节关系上，本章的知识主要涉及放大器反馈的分析、LC 回路的选频特性等。

本章目标

知识：

- 理解反馈振荡器的振荡原理，掌握振荡器的起振条件、平衡条件和稳定条件的概念。
- 理解正弦波振荡器的组成原理，深入了解 LC 振荡器和晶体振荡器的电路结构和工作原理。
- 掌握三点式（三端）振荡器的组成要点和主要的三点式振荡器电路。
- 掌握晶体振荡器的组成要点和主要的晶体振荡器电路。

能力：

- 根据振荡器的组成条件和结构规则，判断给定电路能否产生振荡和振荡器类型。
- 通过对电路的分析，画出振荡器的交流等效电路并计算振荡频率等主要参数。
- 利用 Multisim 软件，对典型振荡器电路能进行仿真设计和参数计算。

应用实例　晶体及电视机的本振

电视机这类无线电接收设备是把从天线接收到的高频信号经检波还原成图像与音频信号。但是，由于有众多的广播电视节目需要传递，因此采用不同的"台"进行节目的划分，传统的模拟电视广播中一般采用不同高频载波频率来区分电台。为了设法选择所需要的节目，在接收天线后，有一个选择性电路，它的作用是把所需的信号（电台）挑选出来，并把不要的信号"滤掉"，以免产生干扰，这就是所使用的"选台"按钮。在电视机中普遍采用的结构是"超外差"接收机，这种接收机先利用可变频率的本振（本地振荡器）电路进行选台，即改变振荡器的频率使得要接收的电台频率和振荡器的频率的差值正好等于约定的中频，我国使用的 PAL 制式的电视机接收中频为 38 MHz。中频信号再采用一个解调电路对信号进行解调，这样的接收机结构可以使得众多的电台在"选台"后只使用同一个

收音机、电视机使用的本振（来自 Internet 网络）

解调中频电路而不需要针对每个电台的不同频率设计接收电路，大大减小了接收电路的规模。而这个改变振荡器频率的过程就是"选台"，"选台"的核心电路就是振荡器电路。

4.1 反馈振荡器的工作原理

4.1.1 反馈振荡器振荡的基本原理

电路中如果在输入端不外接信号，只是将输出信号的一部分正反馈到输入端以代替输入信号，此时输出端仍有一定频率和幅度的信号输出，这种现象称为自激振荡。自激振荡不仅在振荡电路中产生，在放大电路中也可能产生。例如，现实生活中在使用扩音机时，如果话筒和音箱的位置安排不合适时，此时即使没有输入信号，音箱中仍可能会出现啸叫声，这其实也是一种自激振荡，这时的自激振荡是有害的，应尽量消除。在放大电路中需要尽量消除正反馈造成的影响，而在振荡电路中，则正是利用了自激振荡来产生所需的信号。所以，放大器电路研究的重点是负反馈，而振荡器研究的则是正反馈。

图 4.1 给出了反馈振荡器的构成框图。当开关 S 在 1 的位置时，输入信号 $\dot{U}_i$ 经过放大器，在输出端产生输出信号 $\dot{U}_o$，$\dot{U}_o$ 通过反馈网路得到反馈信号 $\dot{U}_f$，当 $\dot{U}_f$ 和 $\dot{U}_i$ 形成正反馈则使得输入信号得以加强，经过放大和反馈电路得到的输出信号 $\dot{U}_o$ 和反馈

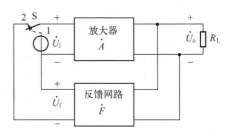

图 4.1　反馈振荡器构成框图

信号 $\dot{U}_f$ 也随之增强。如果，假设 $\dot{U}_f$ 和 $\dot{U}_i$ 相位相同、大小相等，这时把外加信号移除，即开关由 1 接到 2 位置，放大器和反馈网路构成一个闭环回路，电路在没有外加输入信号的情况下输出端仍然有一定幅度的电压输出，这个过程就是振荡电路的工作过程。

从原理分析上需要外加电压作为输入信号，但在实际电路中并不需要通过开关转换外加信号激发产生输出。当接通电源的瞬间，电路产生的电脉冲就可以作为振荡器的初始输入信号，使电路开始工作，这个过程称为起振。信号通过放大电路输出又经过反馈电路形成正反馈信号加到输入端。如果信号幅度比原来大则再次经过放大、反馈，使得输入端信号进一步加大，直到放大器进入非线性工作区，增益下降。当反馈电压正好等于产生输出电压所需的输入电压时，振荡器输出不再增大，电路进入平衡工作状态。这就是一个振荡器电路从起振到平衡的全过程。

上述的自激振荡电路可以产生一定频率和幅度的信号，但是如果要形成稳定的正弦波输出还需要从产生的振荡信号中"筛选"出所需频率的正弦波。所以正弦波振荡器需要在图 4.1 的基础上加入选频电路，从而得到所需频率的正弦波输出。图 4.2 给出了正弦波振荡器的典型框图，在本章中利用 LC 回路或晶体进行选频的电路即 LC 振荡器和晶体振荡器。

值得注意的是，在振荡器分析中能否构成振荡器主要是看能否形成正反馈结构，而对正弦波振荡器输出正弦波频率的分析则主要是针对选频电路的分析。

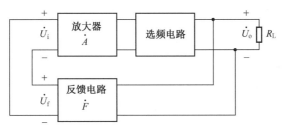

图 4.2　正弦波振荡器构成框图

4.1.2　振荡的平衡条件和起振条件

振荡器的工作条件可以分为起振条件、平衡条件和稳定条件 3 种。其中所谓起振条件是振荡电路进入工作状态的条件，即电路开始工作时的条件；平衡条件则是输出能够维系电路输入的条件；稳定条件则指振荡器不易受外界干扰从而产生稳定振荡信号输出的条件。一个振荡电路可能存在多个满足平衡条件的状态，但不一定都能满足稳定条件。值得注意的是，这 3 个条件都可以分为振幅条件和相位条件进行讨论。

1. 振荡的平衡条件

产生自激振荡的条件可以根据图 4.1 进行分析。图中，A 是放大电路，放大系数为 $\dot{A}$；F 是反馈电路，反馈系数为 $\dot{F}$。当开关 S 接在 1 位置时，放大电路的输入端与正弦波信号 $\dot{U}_i$ 相接，输出电压 $\dot{U}_o = \dot{A}\dot{U}_i$。通过反馈电路得到反馈电压：$\dot{U}_f = \dot{F}\dot{U}_o$。适当调整放大电路和反馈电路的参数，使 $\dot{U}_f = \dot{U}_i$，即两者大小相等，相位相同。再将开关 S 接到 2 位置，反馈电压 $\dot{U}_f$ 即可代替原来的输入信号 $\dot{U}_i$，仍维持输出电压 $\dot{U}_o$ 不变，这样，整个电路就成为一个自激振荡电路。由此可知

$$\dot{A} = \frac{\dot{U}_o}{\dot{U}_i}；\quad \dot{F} = \frac{\dot{U}_f}{\dot{U}_o} \tag{4.1}$$

$$\dot{U}_f = \dot{F}\dot{U}_o = \dot{F}\dot{A}\dot{U}_i \tag{4.2}$$

根据振荡器平衡的要求 $\dot{U}_f = \dot{U}_i$，得出振荡器平衡的条件为

$$\dot{A}\dot{F} = 1 \tag{4.3}$$

因为 $\dot{A}$ 和 $\dot{F}$ 都包含了幅度和相位，可以表示为

$$\dot{A} = A\mathrm{e}^{\mathrm{j}\varphi_A}；\quad \dot{F} = F\mathrm{e}^{\mathrm{j}\varphi_F} \tag{4.4}$$

所以，式（4.3）可用幅度和相位来表示，即

$$\dot{T} = \dot{A}\dot{F} = AF\mathrm{e}^{\mathrm{j}(\varphi_A + \varphi_F)} = 1 \tag{4.5}$$

式中，$\dot{T}$ 为反馈系统的环路增益。

可以把平衡条件分成两部分进行分析，由此可得到自激振荡的两个条件：

（1）振幅平衡条件，即

$$AF = 1 \tag{4.6}$$

式（4.6）说明，由放大器和反馈电路构成的闭合环路中，其环路增益 T 的模值应该等于 1，以使反馈电压和输入电压大小相等。

（2）相位平衡条件，即

$$\varphi_A + \varphi_F = 2n\pi \tag{4.7}$$

式（4.7）说明，放大器与反馈电路的总相移必须等于 2π 的整数倍，使得反馈电压与输入电压相位相同，以保证环路构成正反馈。反过来看，在反馈式振荡器中，要保证形成振荡电路则要求是构造成正反馈结构才有可能振荡。

2. 振荡的起振条件

实际的振荡电路并不需要外接信号源，而是靠电路本身"自激"起振。在振荡电路接通电源的瞬间，电路中的电流突变，以及电路内不可避免的噪声和干扰，都成为振荡电路的原始信号。这些原始信号都很微弱，但只要起振时 $\dot{A}\dot{F} > 1$，这些微弱的信号通过放大、正反馈，放大、再反馈……如此反复循环，就可以由小到大，迅速振荡起来。由于三极管是非线性元件，当信号幅度增加到一定程度，必将使三极管工作到非线性区，放大电路的放大倍数降低，输出信号幅度的增加越来越少，最后达到一个相对稳定的状态，振荡器的输出就维持在某一幅值稳定的振荡，这时 $\dot{A}\dot{F} = 1$。由此可见，起振过程是从 $\dot{A}\dot{F} > 1$ 到 $\dot{A}\dot{F} = 1$ 的过程。所以振荡的起振条件可以归结为

$$\dot{T} = \dot{A}\dot{F} > 1$$
$$\varphi_A + \varphi_F = 2n\pi \tag{4.8}$$

图 4.3 给出了振荡器从起振到平衡的波形示意图。

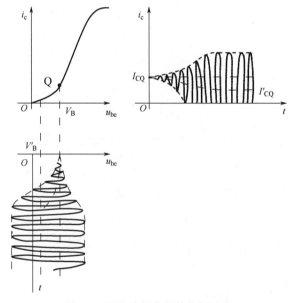

图 4.3　正弦波振荡器的起振过程

4.1.3 振荡的稳定条件

由于振荡电路中存在各种干扰，如温度变化、电压波动、噪声、外界干扰等，这些干扰会破坏振荡的平衡条件。因此，为使振荡器的平衡状态能够存在，只有使它成为稳定的平衡——具有返回原先平衡状态能力的平衡。鉴于此，除了平衡条件外还必须有稳定条件。稳定条件同样分成振幅稳定条件和相位稳定条件。本小节仅仅对振荡电路的稳定条件进行简单的分析。

1. 振幅稳定条件

在振幅的平衡点上，当外界因素使得振幅振荡增大时，要使得平衡点稳定，则环路增益应该减小，使得 $T<1$，$U_f < U_i$，从而形成振幅的衰减，在原来的平衡点附近重新建立起平衡点；反之，当外界因素使得振幅振荡减小时，则环路增益应该增大，使得 $T>1$，$U_f > U_i$，从而形成振幅的增大，同样在原来的平衡点附近重新建立起平衡点。这样的平衡点 A 是稳定的，即该平衡点能够抵消掉外界的影响，其条件可以归结为

$$\left.\frac{\partial T}{\partial U_i}\right|_{U_i = U_{iA}} < 0 \tag{4.9}$$

即在平衡点出处，T 对 U_i 的变化率为负值。考虑反馈电路为线性电路的情况，则反馈系数为常数，式（4.9）可以简化为

$$\left.\frac{\partial A}{\partial U_i}\right|_{U_i = U_{iA}} < 0 \tag{4.10}$$

图 4.4 给出了导通角在 $\theta \geqslant 90°$ 和 $\theta < 90°$ 情况下稳定点的情况。图中 A 点和 B 点都是稳定的，可以看出不同的电路工作状态其稳定工作点情况也不尽相同。在 $\theta \geqslant 90°$ 的情况下，由于放大特性曲线斜率大于反馈特性曲线斜率，即放大的信号大于反馈的信号，因此当接通电源瞬间产生的电压就会使电路从 O 点过渡到 A 点。但 $\theta < 90°$ 的情况有所不同，O 点本身也是稳定的，如果接通电源时产生的信号不足够大则无法从 O 点过渡到 B 点。我们把 $\theta \geqslant 90°$ 形式的振荡称为软激励，而 $\theta < 90°$ 形式的振荡称为硬激励。

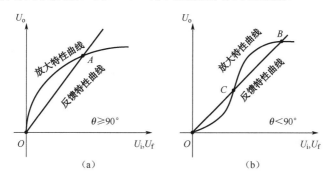

图 4.4 振荡器的振幅稳定条件

2. 相位稳定条件

相位平衡的稳定条件是指相位平衡遭到破坏时，电路本身能够重新建立起相位平衡。根据相位平衡条件可知，在相位平衡点上 $\dot{U}_f$ 与 $\dot{U}_i$ 同相。如果产生了相位变化，只要能够

重新恢复平衡条件，即实现了相位的稳定。这一过程可用如下流程关系表示，即

$$\varphi_\Sigma = 0 \xrightarrow{\text{外界干扰}} \begin{cases} \varphi_\Sigma{}^\uparrow \to f^\uparrow \to \begin{cases} \varphi_\Sigma{}^\uparrow & \text{不稳定} \\ \varphi_\Sigma{}^\downarrow & \text{稳定} \end{cases} \\ \varphi_\Sigma{}^\downarrow \to f^\downarrow \to \begin{cases} \varphi_\Sigma{}^\uparrow & \text{稳定} \\ \varphi_\Sigma{}^\downarrow & \text{不稳定} \end{cases} \end{cases}$$

因此，振荡的相位稳定条件可以归结为

$$\frac{\partial \varphi_\Sigma}{\partial f}\bigg|_{f=f_{0A}} < 0 \tag{4.11}$$

式中，φ_Σ 为振荡器总的相移，它由放大器的相移 φ_A、反馈电路的相移 φ_F 和选频电路的相移 φ_Z 组成，通常 φ_A 和 φ_F 为常数，振荡器总相位的变化主要由选频电路的相移 φ_Z 决定，因此相位稳定条件也可以写成

$$\frac{\partial \varphi_Z}{\partial f}\bigg|_{f=f_{0A}} < 0 \tag{4.12}$$

即选频电路的相频特性在 f_0 处变化率为负值，且负值越大，振荡器的相位稳定性就越好。

4.1.4　正弦波振荡电路的组成要点

引起自激振荡的扰动信号往往是非正弦的。但根据傅里叶级数的知识，这些扰动信号是由许多不同频率、不同幅值的正弦信号组合而成。因此，为了保证输出波形为单一频率的正弦波，就要求正弦波振荡电路必须具有选频特性，从众多的频率中筛选出所需的输出频率。

选频特性通常由选频网络来实现。按选频网络的元件类型，把由电阻、电容组成选频网络的振荡电路称为 RC 振荡电路；把由电感、电容组成选频网络的振荡电路称为 LC 振荡电路；把由石英晶体组成的振荡电路称为石英晶体振荡电路。在本章中将主要讨论 LC 振荡器和石英晶体振荡器。

综合起来，一个正弦波振荡电路一般应该包括以下几个部分：

（1）放大电路。由三极管或集成运算放大器组成，具有足够大的电压放大倍数，以能够获得较大的输出电压。

（2）反馈回路。必须引入正反馈，把输出信号反馈到输入端，作为放大器的输入信号。

（3）选频回路。用于确定振荡频率，使电路中只有这种频率的信号才能满足自激振荡的条件而产生振荡。

而分析一个正弦波振荡器时，首先要判断它是否振荡。通常，判断振荡的一般方法如下：

（1）是否满足相位起振条件。

（2）放大电路的结构是否合理，有无放大能力，静态工作点是否合适。

（3）是否满足幅度起振条件，检验 $|\dot{A}\dot{F}|$。如果 $|\dot{A}\dot{F}| < 1$，则不可能起振。$|\dot{A}\dot{F}| \gg 1$，能起振，但输出波形明显失真。$|\dot{A}\dot{F}| > 1$，能产生振荡，振荡稳定后 $|\dot{A}\dot{F}| = 1$。

由于完整分析振荡电路是比较复杂的，因此在分析正弦波振荡器时，可以进行相应的

简化分析。判断电路能否产生振荡，可以只判定电路能否形成正反馈，从而满足相位条件，如果满足则该电路可能振荡，当然需要说明的是真正要产生振荡还需满足振幅起振条件等。分析振荡器的输出频率时，实际是对选频回路的滤波特性进行分析，输出频率由选频电路决定。

例 4.1　变压器反馈 LC 振荡器的交流通路如图 4.5 所示，试分析图示电路是否满足相位平衡条件。

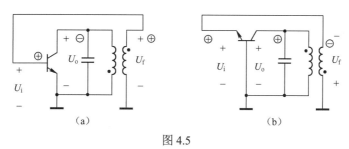

图 4.5

解　分析振荡器的相位平衡条件，实际上就是分析电路是否构造成正反馈。图 4.5 所示的交流通路中由 LC 回路构成反馈选频电路，通过变压器的次级将反馈信号接入到输入端。该类电路可以利用瞬时极性法进行分析。

图 4.5（a）所示为共射极电路参考方向。如图所示，假设输入信号 $\dot{U}_i$ 瞬时极性为 $\oplus$，则输出信号 $\dot{U}_o$ 瞬时极性为 $\ominus$，根据变压器同名端，反馈电压 $\dot{U}_f$ 的瞬时极性也为 $\oplus$，电路构造成正反馈。图 4.5（a）所示电路可能产生振荡。

同理，图 4.5（b）所示为共基极电路，假设输入信号 $\dot{U}_i$ 瞬时极性为 $\oplus$，则输出信号 $\dot{U}_o$ 瞬时极性也为 $\oplus$，根据变压器同名端，反馈电压 $\dot{U}_f$ 瞬时极性为 $\ominus$，电路构成负反馈，不满足振荡的相位平衡条件。

根据以上分析，可以看出对振荡的相位平衡条件的分析主要是根据放大器的组态来确定输入输出电压的关系，再根据变压器的同名端判定反馈电压的极性，由反馈电压和输入电压的极性确定反馈的类型。构成正反馈的电路满足相位平衡条件，电路可能产生振荡，反之则不能。图 4.6 给出了三种基本组态的输入/输出电压关系，可以看出只有共射极组态输入/输出电压是反相的，其他组态输入/输出电压为同相。利用这种瞬时极性的方法可以对电路的反馈状态进行准确的分析，从而判定电路是否构成正反馈。

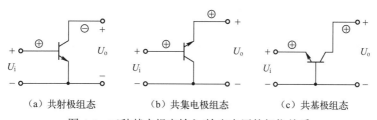

（a）共射极组态　　　　（b）共集电极组态　　　　（c）共基极组态

图 4.6　三种基本组态输入/输出电压的相位关系

目标 1　测评

判断以下 4 种说法是否正确？

（1）只要具有正反馈，电路就一定能产生振荡。

（2）只要满足相位平衡条件，一定能产生振荡。

（3）满足稳定条件的放大器，一定能产生振荡。

（4）正弦波振荡器和负反馈放大器的振荡本质是一样的，即反馈信号维持放大器的输入。

4.2 LC 振荡器

以 LC 谐振回路作为选频电路的反馈式振荡器称为 LC 振荡器。在 LC 振荡器电路中，振荡电路的频率是由振荡回路的总电感 L 和总电容 C 决定的，可产生频率高达 1000 MHz 以上的正弦波信号。常见的 LC 正弦波振荡电路有变压器反馈式、电感三点式和电容三点式。它们的共同特点是用 LC 谐振回路作为选频网络，而且通常采用 LC 并联回路。其中变压器反馈式 LC 正弦波振荡电路在前节已经有相应的分析，本节主要讨论三端振荡器，即三点式振荡器。三点式振荡器在构成上同样满足相位平衡条件，但其构成法则更为简单和实用。在本节中将重点讨论三点式振荡器的构成和相应的实用电路，对振荡器的振幅条件的分析做了相应的简化。

4.2.1 三端振荡器基本工作原理和构成法则

三端振荡器的基本结构如图 4.7 所示。图中晶体管的三端间分别接入一个电抗元件 X_1、X_2、X_3，由 X_1、X_2、X_3 组成 LC 谐振回路。该谐振回路既是晶体管集电极的负载又是正反馈选频网络，因此该结构的振荡电路称为三端振荡器或三点式振荡器。

根据前节的知识，电路要能产生振荡，首要条件是满足振荡的相位平衡条件，即电路需要构造成正反馈。为了分析方便，忽略元件的损耗和晶体管输入/输出阻抗的影响。当 X_1、X_2、X_3 组成的 LC 谐振回路谐振时，回路等效为纯电阻，即 $X_1 + X_2 + X_3 = 0$。电路的输入电压为 $\dot{U}_i$，输出电压为 $\dot{U}_o$，反馈电压为 $\dot{U}_f$。根据图 4.7 所示电路可知，输出电压 $\dot{U}_o$ 与输入电压 $\dot{U}_i$ 反相，电抗 X_2 上的电压为反馈电压 $\dot{U}_f$，要构成正反馈满足相位条件则 $\dot{U}_f$ 与 $\dot{U}_i$ 需要同相，因此 $\dot{U}_f$ 与 $\dot{U}_o$ 反相。

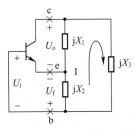

图 4.7 三端振荡器基本结构

考虑在高 Q 的 LC 谐振回路中，回路电流远远大于晶体管的基极、发射极和集电极的电流，因此在分析时可以把回路从电路中独立出来。可以得到：$\dot{U}_f = j\dot{I}X_2$；$\dot{U}_o = -j\dot{I}X_1$。为使得 $\dot{U}_f$ 与 $\dot{U}_o$ 反相，则 X_1、X_2 应该是相同性质的电抗元件，即同为电容或同为电感。又因为需要构造成 LC 选频回路，因此 X_3 应该和 X_1、X_2 是不同性质的电抗元件。这就是三端振荡器的构造原理。

根据上述分析，三端振荡器的基本结构是在晶体管的三端间分别接入 3 个电抗元件。为了满足相位平衡条件，则与发射极相接（即 eb、ec 之间）的元件必须是相同性质的元件，与基极相接（即 be，bc 之间）的两个元件则应该是不同性质的元件。三端振荡器的构成原则也可以简单归结为"射同基反"，如果采用场效应管也可以描述为"源同栅反"。值得注意的是两极间也可以使用回路来代替相应的元件，只要该回路在工作时呈现出所需要的电抗特性就可以了。

很明显，三端振荡器根据接入电抗元件的不同其基本的形式有两种。当与发射极相接的两个电抗元件都为电容时，构成的三端振荡器称为电容三点式振荡器；当与发射极相接的两个电抗元件都为电感时，构成的三端振荡器则称为电感三点式振荡器。图 4.8 给出了基本的三点式振荡器的结构。

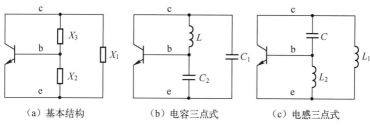

（a）基本结构　　　　　（b）电容三点式　　　　　（c）电感三点式

图 4.8　基本的三端振荡器

4.2.2　三端振荡器分析

1. 电感三点式振荡器

电感三点式振荡器又称为哈特莱（Hartley）振荡器。在图 4.9（a）所示振荡器电路中，电阻 R_{B1}、R_{B2}、R_E 为基极直流偏置电阻；C_B、C_{C1}、C_{C2}、C_E 分别为耦合电容和旁路、滤波电容，它们对交流均可认为短路；L_C 为高频扼流圈，是集电极直流馈电电路，对交流可认为开路；L_1、L_2、C 为振荡器的选频网络；电感 L_1、L_2 构成反馈网络，反馈电压取自 L_2 两端。由此可画出该电路的交流等效电路，如图 4.9（b）所示。由图可见，该振荡器是电感三点式振荡器，放大器为共射组态电路，满足振荡的相位平衡条件。又由于在电路谐振的时候，LC 回路的电流远大于与晶体管各极相接支路上的电流，所以分析振荡频率时可以把回路独立出来分析，图 4.9（c）给出了该电路的振荡回路。回路总电容为 C，总电感 $L = L_1 + L_2 + 2M$，因此电路振荡频率为

$$f_0 \approx \frac{1}{2\pi\sqrt{(L_1 + L_2 + 2M)C}} \tag{4.13}$$

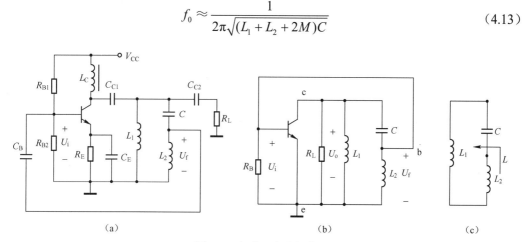

（a）　　　　　　　　　（b）　　　　　　　　　（c）

图 4.9　电感三点式振荡器

式中，M 为电感 L_1、L_2 之间的互感，通常 L_2 的匝数为电感线圈总匝数的 1/8～1/4 就能满足起振条件。线圈抽头的位置可通过调试来决定。如果忽略互感则该电路的振荡频率为

$$f_0 \approx \frac{1}{2\pi\sqrt{(L_1 + L_2)C}} \tag{4.14}$$

该电路在不考虑互感的条件下，反馈系数 $F \approx \dfrac{L_2}{L_1}$；放大器增益 $A = g_m R'_L$，其中 g_m 是晶体管的跨导，R'_L 是晶体管放大器集电极和发射极间的等效负载电阻。因此，该振荡器的起振条件和平衡条件可以简单地归纳为 $g_m R'_L \dfrac{L_2}{L_1} > 1$ 和 $g_m R'_L \dfrac{L_2}{L_1} = 1$。本书对电路的起振条件和平衡条件不进行深入的分析，读者可以根据需要参考相关资料。

电感三点式振荡器的优点是便于用改变电容的方法来调整振荡频率，而不会影响反馈系数；缺点是反馈电压取自 L_2，而电感线圈对高次谐波呈现高阻抗，所以反馈电压中高次谐波分量较多，输出波形较差。

2. 电容三点式振荡器

图 4.10（a）所示电路即电容三点式振荡器，又称为考毕兹振荡器。与电感三点式振荡器比较，电容三点式振荡器的反馈电压取自 C_2，而电容对晶体管非线性特性产生的高次谐波呈现低阻抗，所以反馈电压中高次谐波分量很小，因而输出波形好，接近于正弦波。又由于三极管的极间电容也包括在内，若 C_1 和 C_2 取值小些，可以提高振荡频率，一般可达 100 MHz 以上。但由于反馈系数因与回路电容有关，如果用改变回路电容的方法来调整振荡频率，必将改变反馈系数，从而影响起振。

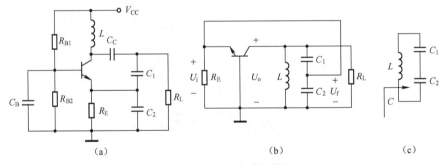

图 4.10　电容三点式振荡器

在图 4.10（a）中 R_{B1}、R_{B2}、R_E 为直流偏置电阻。C_B 是基极偏置的滤波电容，C_C 是集电极耦合电容，它们对交流应当等效短路。直流电源 U_{CC} 对于交流等效短路接地。R_{B1}、R_{B2} 被交流短路。由此可画出该电路的交流等效电路，如图 4.10（b）所示。放大器为共基组态电路，满足振荡的相位平衡条件。根据交流通路可得出该电路的选频回路如图 4.10（c）所示，因此该振荡电路的振荡频率为

$$f_0 \approx \frac{1}{2\pi\sqrt{LC}} \tag{4.15}$$

式中，C 为电路的总电容，是 C_1、C_2 的串联，所以 $C = \dfrac{C_1 C_2}{C_1 + C_2}$。

该电路为共基极放大器，从射极和基极间输入，集电极和基极间输出。输出电压经过电容组成的反馈电路，从 C_2 两端取得反馈电压，把它加到放大器输入端，从而构成正反馈。可看出该电路的反馈网路由 C_1 和 C_2 构成（忽略输入端的电容）。该反馈电路的反馈系数 $F \approx \dfrac{C_1}{C_1 + C_2}$。基本放大器的放大倍数 $A = g_m R_L'$，其中 g_m 是晶体管的跨导，R_L' 是晶体管放大器集电极和基极间的等效负载电阻。所以该电路的起振条件和平衡条件可以简单归结为 $g_m R_L' \dfrac{C_1}{C_1 + C_2} > 1$ 和 $g_m R_L' \dfrac{C_1}{C_1 + C_2} = 1$。需要说明的是，根据电路的不同起振条件，平衡条件形式也不同，式（4.15）只适用于图 4.10 所示的电路。

例 4.2　画出图 4.11（a）所示各电路的交流通路，并根据相位平衡条件，判断电路能否产生振荡，如果能，求出振荡频率。

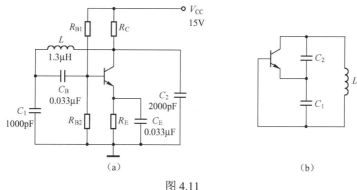

图 4.11

解　根据题意，该振荡电路中放大器为共射极组态，R_{B1}、R_{B2}、R_E 为直流偏置电阻，C_B 是基极耦合电容，C_E 是发射极旁路电容。所以，电路 4.11（a）所示的交流通路如图 4.11（b）所示，图中省略了电阻。从交流通路可以看出，该电路为电容三点式振荡器，满足相位平衡条件，该电路可能振荡。振荡频率由 L、C_1、C_2 组成的 LC 滤波回路决定。

电路的总电感 $L = 1.3\mu H$；总电容由 C_1、C_2 串联，$C = \dfrac{C_1 C_2}{C_1 + C_2}$。

所以，该电路的振荡频率为

$$f_0 \approx \frac{1}{2\pi\sqrt{LC}} = \frac{1}{2\pi\sqrt{L\dfrac{C_1 C_2}{C_1 + C_2}}} = \frac{1}{2\pi\sqrt{1.3 \times \dfrac{1000 \times 2000}{1000 + 2000}}} \approx 5.4\text{MHz}$$

例 4.3　有一振荡器的交流等效电路如图 4.12 所示。已知回路参数 $L_1 C_1 > L_2 C_2 > L_3 C_3$。问该电路能否起振？等效为哪种类型的振荡电路？其振荡频率与各回路的固有谐振频率之间有何关系？

解　由于 LC 并联谐振回路在不同的工作频率下呈现出不同的工作状态，既可以作为电感使用，也可以作为电容使用。根据三点式振荡器的构成原理，该电路可能形成电容三点式振荡器，也可能形成电感三点式振荡器。首先，令 $f_{01} = \dfrac{1}{2\pi\sqrt{L_1 C_1}}$，$f_{02} = \dfrac{1}{2\pi\sqrt{L_2 C_2}}$，

$f_{03} = \dfrac{1}{2\pi\sqrt{L_3 C_3}}$ ；f 为振荡电路的工作频率。因为 $L_1 C_1 > L_2 C_2 > L_3 C_3$，即 $f_{01} < f_{02} < f_{03}$，图 4.12（b）给出了 3 个并联谐振回路之间的定性关系，可以看出振荡频率的取值区间可以用 f_{01}、f_{02}、f_{03} 为分界点，有 4 种状态。当 $f < f_{01}$ 时，X_1、X_2、X_3 均呈感性，不能振荡；当 $f_{01} < f < f_{02}$ 时，X_1 呈容性，X_2、X_3 呈感性，不能振荡；当 $f_{02} < f < f_{03}$ 时，X_1、X_2 呈容性，X_3 呈感性，构成电容三点式振荡电路；当 $f > f_{03}$ 时，X_1、X_2、X_3 均呈容性，也不能振荡。所以，该电路在振荡频率 $f_{02} < f < f_{03}$ 时，构造成电容三点式振荡电路，其余情况均不能振荡。

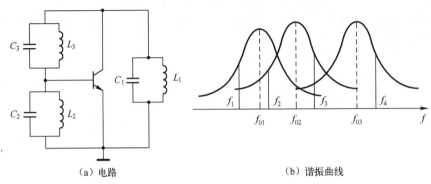

（a）电路　　　　　　　　　　　　（b）谐振曲线

图 4.12　例 4.3　电路

3. 改进电容三点式振荡器

电容三点式振荡器比电感三点式振荡器性能要好些，但如何减小晶体管输入/输出电容对频率稳定度的影响仍是一个必须解决的问题，于是出现了改进型的电容三点式电路——克拉泼电路。图 4.13（a）是克拉泼电路的实用电路，图 4.13（b）是其高频等效电路。与电容三点式电路比较，克拉泼电路的特点是在回路中增加了一个与 L 串联的电容 C_3。各电容取值必须满足 $C_3 \ll C_1$、$C_3 \ll C_2$，这样可使电路的振荡频率近似只与 C_3、L 有关。图 4.13（c）给出了该电路的选频回路，不考虑晶体管输入/输出电容的影响，又因为 C_3 远远小于 C_1 或 C_2，所以 C_1、C_2、C_3 这 3 个电容串联后的等效电容为

$$C = \frac{C_1 C_2 C_3}{C_1 C_2 + C_2 C_3 + C_1 C_3} = \frac{C_3}{1 + \dfrac{C_3}{C_1} + \dfrac{C_3}{C_2}} \tag{4.16}$$

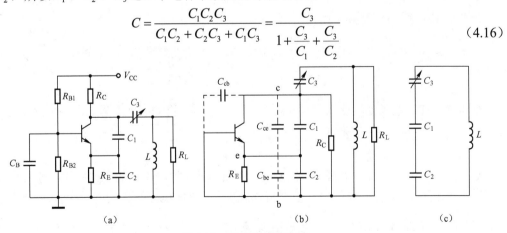

（a）　　　　　　　　　　（b）　　　　　　　　　（c）

图 4.13　克拉泼振荡电路

电路的振荡频率为

$$f_0 = \frac{1}{2\pi\sqrt{LC}} \approx \frac{1}{2\pi\sqrt{LC_3}} \tag{4.17}$$

由此可见，克拉泼电路的振荡频率几乎与 C_1、C_2 无关。但是，随着 C_3 的减小，虽然克拉泼电路的稳定性提高，但是起振条件越来越难以满足。特别是当波段工作在高频端时，由于 C_3 小，接入系数减小，放大器负载电阻随接入系数减小，因此在工作频率较高时有可能停振。所以，克拉泼电路常用作固定频率或窄带的振荡器电路。

为了克服克拉泼电路的缺点，即停振的问题，提出了西勒电路。图 4.14 给出了西勒振荡电路、交流通路和该电路的选频回路。西勒电路是在克拉泼电路基础上，在回路电感 L 两端并入一个电容 C_4，其参数值应满足 $C_4 \gg C_3$。因此，选频回路的谐振频率为

$$f_0 \approx \frac{1}{2\pi\sqrt{L(C_4 + C_3)}} \approx \frac{1}{2\pi\sqrt{LC_4}} \tag{4.18}$$

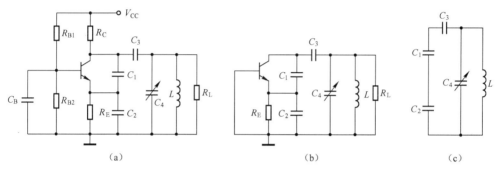

图 4.14　西勒振荡电路、交流通路和该电路的选频回路

振荡器工作频率的改变可通过调整 C_4 实现。C_4 改变，而 C_3 不变，接入系数也不变，从而振荡器的工作频率范围展宽，稳定性也得以提高。

以上所介绍的几种 LC 振荡器均是采用 LC 元件作为选频网络。由于 LC 元件的标准性较差，因而谐振回路的 Q 值较低，空载 Q 值一般不超过 300，有载 Q 值就更低，所以 LC 振荡器的频率稳定度不高（频率稳定度将在 4.3 节进行讨论），一般为 10^{-3} 量级，即使是克拉泼电路和西勒电路也只能达到 $10^{-4} \sim 10^{-5}$ 量级。如果需要频率稳定度更高的振荡器，可以采用晶体振荡器。

例 4.4　有一 LC 振荡电路如图 4.15 所示，试分析该电路，画出电路的交流通路，并求出振荡频率。

解　该电路采用负电源供电，其中 L_{C1}、C_2、C_3 构成直流电源滤波电路。图中 R_{B1}、R_{B2} 和 R_E 是直流偏置电路。C_1 为基极的旁路电容，C_8、C_9 构成输出的电容分压电路。根据电路图画出该电路的交流通路如图 4.15（b）所示，可以看出 ec、eb 间接入的都是电容、而 bc 间接入的是一个由 $C_6 \sim C_9$、L 构成的回路。所以该电路属于电容三点式振荡电路。

该电路的选频回路如图 4.15（c）所示，回路总电感为 $L = 0.5\text{uH}$。回路总电容由 C_7 并联 C_4、C_5、C_6 的串联电容再并联 C_8、C_9 的串联电容，所以总电容为

$$C = C_7 + \cfrac{1}{\cfrac{1}{C_4} + \cfrac{1}{C_5} + \cfrac{1}{C_6}} + \cfrac{1}{\cfrac{1}{C_8} + \cfrac{1}{C_9}} = 5 + \cfrac{1}{\cfrac{1}{8.2} + \cfrac{1}{20} + \cfrac{1}{2.2}} + \cfrac{1}{\cfrac{1}{10} + \cfrac{1}{10}} \approx 11.6\text{pF}$$

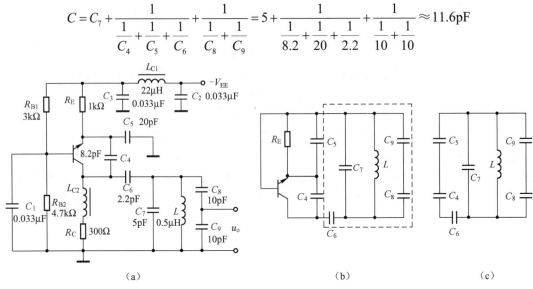

图 4.15 例 4.4 电路

由此可以求出该电路的振荡频率为

$$f = \frac{1}{2\pi\sqrt{LC}} = \frac{1}{2\pi\sqrt{0.5 \times 10^{-6} \times 11.6 \times 10^{-12}}} \approx 66\text{MHz}$$

4.2.3 集成 LC 正弦波振荡器

E1648 是单片高频集成振荡器，外接 LC 谐振回路可以构成正弦波 LC 振荡器，其最高频率可以达到 225 MHz。图 4.16（a）给出了 E1648 的内部电路。E1648 内部电路由三个部分组成。第一部分是电源部分，由晶体管 $VT_{10} \sim VT_{14}$ 组成直流电源馈给电路。第二部分是差分振荡器部分，由 VT_7、VT_8、VT_9 晶体管和 12、10 脚外接的 LC 并联回路构成，VT_9 是恒流源电路。第三部分是输出部分，由 VT_4、VT_5 构成共射-共基组态放大器，对 VT_8 集电极输出电压进行放大；再经 VT_3、VT_2 组成的差分放大器放大；最后经 VT_1 隔离，由 3 脚输出。图中 VT_6 是直流负反馈电路，5 脚外接滤波电容；当 VT_8 输出电压幅度增加时，VT_5 射极电压增加，VT_6 集电极直流电压减小，从而使差分振荡器恒流源 I_0 减小，跨导减小，限制了 VT_8 输出电压的增加，提高了振幅的稳定性。该电路的工作频率为

$$f_g \approx \frac{1}{2\pi\sqrt{L(C + C_i)}} \tag{4.19}$$

式中，C_i 是 10 脚和 12 脚之间的输入电容，对于 E1648 而言 $C_i = 6$ pF。

集成电路具有外接元件少、稳定性高、可靠性好、调整使用方便等优点。由于目前集成技术的限制，最高工作频率还低于分立元件电路，电压和功率也难以做到分立元件的水平。但是，尽管这样，集成电路依然是微电子技术的发展方向，其性能将会不断得到提高。

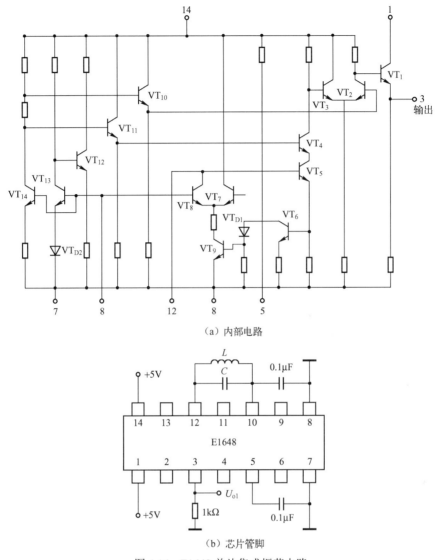

（a）内部电路

（b）芯片管脚

图 4.16　E1648 单片集成振荡电路

目标 2　测评

根据三端振荡器的构成原则，判断图 4.17 所示电路的交流通路能否产生振荡？

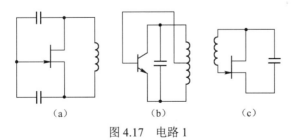

（a）　　　　　　　　（b）　　　　　　　　（c）

图 4.17　电路 1

目标 3　测评

电容三点式振荡器电路如图 4.18 所示。

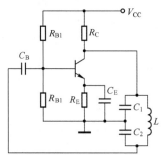

图 4.18　电路 2

1．画出其交流等效电路（交流通路）。
2．问电容 C_B 和 C_E 分别起什么作用？
3．问电容 C_1（或 C_2）与电感 L 的位置能否置换？为什么？
4．写出该电路振荡角频率的表达式。

4.3　振荡器的频率和幅度稳定度

振荡器输出的信号既要满足一定的频率和幅度要求，同时还必须保证输出信号频率和幅度的稳定。在振荡器中使用频率稳定度和幅度稳定度这两个重要的性能指标来衡量一个振荡器电路。其中，频率稳定度对一个振荡器而言尤为重要。在本节中将介绍频率稳定度、幅度稳定度的概念及影响稳定度的因素和提高振荡器稳定度的一般方法。

4.3.1　频率稳定度

1．频率稳定度的定义

频率稳定就是在各种外界条件发生变化的情况下，要求振荡器的实际工作频率与标称频率间的偏差及偏差的变化最小。振荡器的频率稳定度则是指在一定时间间隔内，由于各种因素变化，引起的振荡频率相对于标称频率变化的程度。假设振荡器的标称频率为 f_0，实际频率为 f，则绝对偏差为

$$\Delta f = |f - f_0| \tag{4.20}$$

Δf 也称为绝对频率准确度，而频率稳定度可以表示为

$$\frac{\Delta f}{f_0} = \frac{|f - f_0|}{f_0} \tag{4.21}$$

短期频率稳定度主要与温度变化、电源电压变化和电路参数不稳定性等因素有关。长期频率稳定度主要取决于有源器件和电路元件及石英晶体和老化特性，与频率的瞬间变化无关。而瞬间频率稳定度主要是由于频率源内部噪声引起的频率起伏，它与外界条件和长期频率稳定度无关。

2．影响频率稳定的因素

影响频率稳定度的因素是多方面的。

其一是振荡回路参数对频率的影响。因为振荡频率 $f_0 = \dfrac{1}{2\pi\sqrt{LC}}$ ，所以频率的相对变化为 $\dfrac{\Delta f_0}{f_0} = -\dfrac{1}{2}\left(\dfrac{\Delta L}{L} + \dfrac{\Delta C}{C}\right)$。可见振荡回路参数 L、C 的变化都会引起频率稳定度的变化。

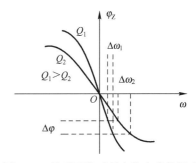

图 4.19 品质因数对频率稳定度的影响

其二是回路品质因素 Q 值对频率的影响。Q 值越高，则相同的相位变化引起频率偏移越小。图 4.19 给出了在不同 Q 值情况下由相位变换引起的频率偏移。

其三是有源器件的参数对频率的影响。振荡管为有源器件，若它的工作状态，包括电源电压或周围温度等有所改变，晶体管参数将发生变化，即引起振荡频率的改变。另外，当外界因素如电源电压、温度、湿度等变化时，这些参数随之而来的变化就会造成振荡器频率的变化。

3．提高频率稳定度的一般方法

振荡器频率稳定度的好坏由振荡电路的稳频性能决定。根据上面对影响频率稳定因素的简单讨论中可知，引起频率不稳定的原因来自电路本身和外界因素的变化。因此，提高振荡频率的稳定度，可以从以下方面进行。

1）减小外界变化

减小外界变化的措施很多。减小温度的变化，可将振荡器放在恒温槽内，另外振荡器应该远离热源。减小电源的变化，采用二次稳压电源供电；或者振荡器采取单独供电。减小湿度和大气压力的影响，通常将振荡器密封起来。减小磁场感应对频率的影响，对振荡器进行屏蔽。消除机械振动的影响，通常可加橡皮垫圈做减振器。减小负载的影响，在振荡器和下级电路之间加缓冲器，提高回路 Q 值；本级采用低阻抗输出，本级输出与下一级采取松耦合；采取克拉泼或西勒电路，减弱晶体管与振荡回路之间耦合，使折算到回路内的有源器件参数减小，提高回路标准性，提高频率稳定度。

2）改善电路性能

首先，要提高回路的标准性。回路的标准性即指振荡回路在外界因素变化时保持其固有谐振频率不变的能力。要提高回路标准性即要减小 L 和 C，因此可采取优质材料的电感和电容。

其次，应该减小相位及其变化量。可使振荡器的工作频率比振荡管的特性频率低很多，即 $f \ll f_T$，并选用电容三端式振荡电路，使振荡波形良好。

4.3.2 幅度稳定度

振荡器的输出电压在受到外界因素的影响下会发生波动。假设振荡器的输出电压标称值为 U_0，实际输出电压为 U，则电压的偏差为 $\Delta U = |U - U_0|$，因此振幅稳定度定义为

$$\frac{\Delta U}{U_{\mathrm{o}}} = \frac{|U - U_{\mathrm{o}}|}{U_{\mathrm{o}}} \tag{4.22}$$

振荡器的稳幅方法分为内稳幅和外稳幅。利用放大器工作于非线性区来实现的，这种方法称为内稳幅。在振荡器放大器保持在线性工作区，另外接入非线性电路进行稳幅的方法称为外稳幅。同时采用高稳定的直流稳压电源、减小负载与振荡器的耦合等措施也可以有效提高振荡器的幅度稳定度。

4.4　石英晶体振荡器

石英晶体振荡器与一般的谐振回路相比具有优良的特性。石英晶体振荡器具有很高的标准性。与有源器件的接入系数很小，同时石英晶体振荡器具有非常高的 Q 值。因此，石英晶体振荡器的频率稳定度一般可以达到 $10^{-6} \sim 10^{-8}$，而 LC 振荡器的频率稳定度一般在 10^{-5} 以内。

4.4.1　石英谐振器及其特性

石英晶体是一种各向异性的结晶体，它是硅石的一种。从一块晶体上按一定的方位角

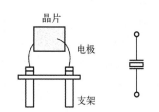

图 4.20　石英晶体的结构和电路符号

切下的薄片称为晶片，然后在晶片的两个对应表面上涂敷银层并装上一对金属板，就构成了石英晶体产品，如图 4.20 所示，石英晶体一般用金属或玻璃壳封装。

石英晶片之所以能做振荡电路是基于它的压电效应。从物理学中知道，若在晶片的两个极板间加一个电场，会使晶体产生机械形变；反之，若在极板间施加机械力，又会在相应的方向上产生电场，这种现象就称为压电效应。如果在极板间所加的是交变电压，就会产生机械振动，同时机械振动又会产生交变电场。一般来说，这种机械振动的振幅是比较小的，其振动频率则是很稳定的。当外加交变电压的频率与晶片的固有频率相等时，机械振动的幅度将急剧增加，这种现象称为压电谐振，因此石英晶体又称为石英晶体谐振器。

石英晶体的压电谐振现象可以用图 4.21 所示的等效电路来模拟。等效电路中的 C_0 为切片与金属板构成的静电电容，L_{qn} 和 C_{qn} 分别模拟晶体的质量和弹性，而晶片振动时，因摩擦而造成的损耗则用电阻 r_{qn} 来等效。晶体在外加交变电压的作用下，产生机械振荡，包含了基频、3 次谐波、5 次谐波等频率。其中除基频外，其他谐波频率统称为泛音，晶体工作于基频振动的称为基频晶体，工作于谐波振动的则称为泛音晶体。晶体的不同工作频率可以分别用 LC 串联谐振回路进行等效，在本章中只研究基频晶体。石英晶体最重要的特点是相对于 LC 回路它具有很高的质量与弹性的比值，因而它的品质因素 Q 在高达 10 000～500 000 的范围内。例如，一个 4 MHz 的石英晶体的典型参数：$L_{\mathrm{q1}} = 100 \ \mathrm{mH}$，$C_{\mathrm{q1}} = 0.015 \ \mathrm{pF}$，$C_0 = 5 \ \mathrm{pF}$，$r_{\mathrm{q1}} = 100 \ \Omega$，$Q = 25 \ 000$。

图 4.21（a）所示为石英晶体的代表符号、等效电路和电抗特性。对于基音而言，设 $L_{\mathrm{q1}} = L$，$C_{\mathrm{q1}} = C$，$r_{\mathrm{q1}} = R$，如图 4.21（c）所示。

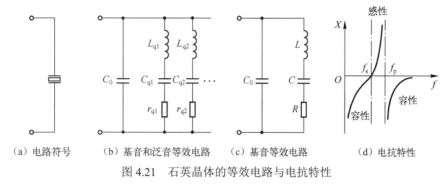

| （a）电路符号 | （b）基音和泛音等效电路 | （c）基音等效电路 | （d）电抗特性 |

图 4.21　石英晶体的等效电路与电抗特性

当忽略 R 时，图 4.21（c）所示的等效电路的等效电抗为

$$Z = \frac{-\dfrac{1}{\omega C_0}(\omega L - \dfrac{1}{\omega C})}{-\dfrac{1}{\omega C_0} + (\omega L - \dfrac{1}{\omega C})} = \frac{\omega^2 LC - 1}{\omega(C_0 - \omega^2 LC_0 C)} \tag{4.23}$$

由等效电路和式（4.23）可知，石英晶体有两个谐振频率：

（1）当 L、C、R 支路发生串联谐振时，等效阻抗最小，若不考虑损耗电阻 R，这时 $Z=0$，即式（4.23）中的分子为零，则串联谐振频率为

$$f_s = \frac{1}{2\pi\sqrt{LC}} \tag{4.24}$$

（2）当频率高于 f_s 时，L、C、R 支路呈感性。它与电容 C_0 发生并联谐振，此时等效阻抗最大，当忽略 R 时，$X \to \infty$，即式（4.23）中分母为零，回路的并联谐振频率为

$$f_p = \frac{1}{2\pi\sqrt{L\dfrac{C_0 C}{C_0 + C}}} = \frac{1}{2\pi\sqrt{LC}}\sqrt{1 + \frac{C}{C_0}} \tag{4.25}$$

由于 $C \ll C_0$，f_s 与 f_p 非常接近。由式（4.23）可以画出电抗-频率特性，如图 4.21（d）所示，当 $f_s < f < f_p$ 时，石英晶体呈感性，其余频率范围内石英晶体呈容性。

市场上出售的石英晶体盒子上标注的频率值既非 f_s，也非 f_p，而是指石英谐振器与规定的电容 C_L 相并联的谐振频率值。此电容 C_L 叫负载电容，厂家在产品说明书中都会给出。因此要使振荡器的工作频率 f 严格等于铭牌上标注的频率值，必须使电路总电容等于 C_L，否则就会有微小的偏差。

晶体振荡器种类很多，可以分为普通晶体振荡器、电压控制晶体振荡器、温度补偿晶体振荡器、恒温控制晶体振荡器、电压控制-温补晶体振荡器、电压控制-恒温晶体振荡器。普通晶体振荡器（Packaged Crystal Oscillator，PXO）是最简单和最适用的，其基本控制元件为晶体元件的振荡器。由于不采用温度控制和温度补偿方式，它的频率-温度特性主要由所采用的晶体元件来确定。电压控制晶体振荡器（Voltage Controlled Crystal Oscillator，VCXO）用外加控制电压偏置或调制其频率输出的晶体振荡器。VCXO 的频率-温度特性类似于 PXO，主要由所采用的晶体元件来确定。温度补偿晶体振荡器（Temperature Compensated Crystal Oscillator，TCXO）包括数字补偿晶体振荡器（Digitally Compensated Crystal Oscillator，DCXO）和微机补偿晶体振荡器（Microcomputer Compensated Crystal

Oscillator，MCXO）。器件内部采用模拟补偿网络或数字补偿方式，利用晶体负载电抗随温度的变化而补偿晶体元件的频率-温度特性，以达到减少其频率-温度偏移的晶体振荡器。恒温控制晶体振荡器（Oven Controlled Crystal Oscillator，OCXO）至少是将晶体元件置于隔热罩里（如恒温槽）控制其温度，以使晶体温度基本维持不变的晶体振荡器。电压控制-温补晶体振荡器（VCTCXO）温度补偿晶体振荡器和电压控制晶体振荡器结合。电压控制-恒温晶体振荡器（VCOCXO）恒温晶体振荡器和电压控制晶体振荡器结合。

4.4.2　石英晶体振荡电路

石英晶体振荡器电路有两类：一类是并联型石英晶体振荡器；另一类是串联型石英晶体振荡器。

1．并联型石英晶体振荡器

并联型石英晶体振荡器是把石英晶体作为电感元件使用。振荡器的工作频率 f 与晶体的串、并联谐振角频率 f_s、f_p 之间一定满足 $f_s < f < f_p$ 的关系，如图 4.22 所示。

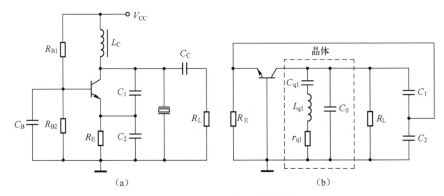

图 4.22　并联型石英晶体振荡器

根据三点式电路"射同基反"的构成原则，晶体应呈现感性。石英谐振器和电容 C_1、C_2 组成选频网络，当晶体谐振器呈现的感抗 ω_L 等于 C_1、C_2 串联的容抗 $\dfrac{1}{\omega\dfrac{C_1 C_2}{C_1 + C_2}}$ 时，可确定振荡器的工作频率 f，如图 4.22 所示。C_1、C_2 变化，工作频率 f 就会发生微小的变化，但始终在 $f_s < f < f_p$ 的范围之内。

该电路中晶体呈现出感性，同时电路构成电容三点式振荡器，这种电路称为皮尔斯振荡器；如果在并联型晶体振荡器中，电路构造为电感三点式振荡器，则称为密勒振荡器。

2．串联型石英晶体振荡器

串联型石英晶体振荡器是把石英谐振器做一根短路线用。当振荡器的工作频率 f 等于晶体的串联谐振频率 f_s 时，晶体谐振器的阻抗近似为零；当频率偏离 f_s 时，晶体的阻抗骤然增加，近乎开路。所以把晶体接在振荡器的反馈支路中，只有等于串联谐振频率 f_s 的分量才有反馈，其他频率分量均无反馈，从而只能形成 $f = f_s$ 的振荡。图 4.23 给出了串联型石英振荡器电路和其交流等效电路。

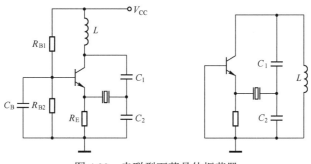

图 4.23　串联型石英晶体振荡器

例 4.5　一晶体振荡电路如图 4.24（a）所示，其中 C_1 为 300 pF、C_2 从 5～22 pF 可变、C_3 为 1600 pF、L 为 3.9 μH，试分析该电路中晶体的作用，并求出该电路的振荡频率。

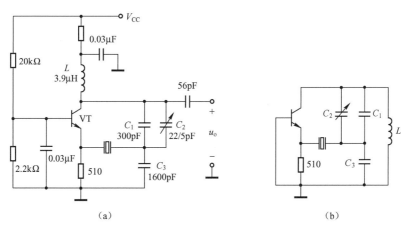

（a）　　　　　　　　　　　　　　　　（b）

图 4.24　晶体振荡电路

解　根据电路图画出交流通路，如图 4.24（b）所示。排除晶体，可以看出该电路已经构成电容三点式振荡器；晶体的作用是作为短路线。因此，该电路是串联型石英振荡电路。其振荡频率近似等于晶体的串联谐振频率，也等于谐振电路的 L、C_1、C_2 和 C_3 共同决定的频率。即 $f_0 = \dfrac{1}{2\pi\sqrt{L\dfrac{(C_1+C_2)C_3}{C_1+C_2+C_3}}}$，因此，$f_{\min} \approx 4.92\text{MHz}$，$f_{\max} \approx 5.04\text{MHz}$。

目标 4　测评

图 4.25 所示是一个数字频率计晶振电路，画出该电路的交流通路，并求系统频率。若晶体换成 1 MHz，能否起振？

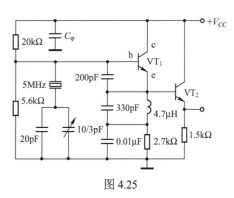

图 4.25

4.5 现代高性能振荡器及其应用简介

1. 现代振荡器的发展

振荡器为现代电子系统提供系统时序,是实现整体功能的重要部件。高性能、多功能、小型封装、低功耗、低价格的振荡器是现代高性能振荡器的要求。

小型化是现代振荡器的一个重要特征。在手机和 PDA 等小型电子设备中需要缩减尺寸,这就给配套元件提出了新的要求。其结果是,高容积标准振荡器产品的封装越来越小型化。当前全硅振荡器是实现小型化的一个重要技术,尽管它的稳定性仍无法达到传统晶体振荡器所能达到的程度。但是在温度补偿晶振技术(TCXO)的快速发展下,在网络、仪器和无线应用中出现的常见输出频率的小型振荡器已经问世。

高频率是现代振荡器的又一特征。在高速数据网络中对振荡器的频率提出了新的要求。更高的数据速率意味着更快的时钟频率,为了获得高频率,可以将低频率振荡器连接到乘法电路上。然而,使用高频率时序器件却可以实现简单的高性能电路设计,100 MHz 或更高输出频率的振荡器就成为现代高速网络的基础电路。这类高频率的振荡电路通常通过选择晶体谐波来倍增频率,而且还不影响振荡器性能。

2. 压控振荡器

压控振荡器(VCO)是一种振荡频率随外加控制电压变化的振荡器,是频率产生源的关键部件。在许多现代通信系统中,VCO 是可调信号源,用于实现锁相环(PLL)和其他频率合成源电路的快速频率调谐。VCO 已广泛用于手机、卫星通信终端、基站、雷达、导弹制导系统、军事通信系统、数字无线通信、光学多工器、光发射机和其他电子系统。VCO 的性能指标主要包括频率调谐范围、输出功率、频率稳定度(长期及短期)、相位噪声、频谱纯度、电调速度、推频系数、频率牵引等。

频率调谐范围是 VCO 的主要指标之一,与谐振器及电路的拓扑结构有关。通常,调谐范围越大,谐振器的 Q 值越小,谐振器的 Q 值与振荡器的相位噪声有关,Q 值越小,相位噪声性能越差。

振荡器的频率稳定度包括长期稳定度和短期稳定度,它们各自又分别包括幅度稳定度和相位稳定度。长期相位稳定度和短期幅度稳定度在振荡器中通常不考虑;长期幅度稳定度主要受环境温度影响,短期相位稳定度主要指相位噪声。在各种高性能、宽动态范围的频率变换中,相位噪声是一个主要限制因素。在数字通信系统中,载波信号的相位噪声还要影响载波跟踪精度。

在其他的指标中,振荡器的频谱纯度表示输出中对谐波和杂波的抑制能力;推频系数表示由于电源电压变化而引起的振荡频率的变化;频率牵引则表示负载的变化对振荡频率的影响;电调速度表示振荡频率随调谐电压变化快慢的能力。

在压控振荡器的各项指标中,频率调谐范围和输出功率是衡量振荡器的初级指标,其余各项指标依据具体应用背景不向而有所侧重。例如,在作为频率合成器的一部分时,对 VCO 的要求可概括为以下几方面:应满足较高的相位噪声要求;要有极快的调谐速度,频温特性和频漂性能要好;功率平坦度好;电磁兼容性好。

3. 频率合成技术

频率合成技术是将一个或多个高稳定、高精确度的标准频率经过一定变换，产生同样高稳定度和精确度的大量离散频率的技术。频率合成理论自 20 世纪 30 年代提出以来，已取得了迅速的发展，逐渐形成了目前的 4 种技术：直接模拟频率合成技术、锁相频率合成技术、直接数字式频率合成技术和混合式频率合成技术。直接式频率合成器是最先出现的一种合成器类型的频率信号源。这种频率合成器原理简单，易于实现。直接模拟式频率合成器是由一个高稳定、高纯度的晶体参考频率源，通过倍频器、分频器、混频器，对频率进行加、减、乘、除运算，得到各种所需频率。而混合式频率合成技术是利用锁相式频率合成和直接数字式频率合成技术各自的优点，将两者结合起来的产物。下面就锁相式频率合成、直接数字式频率合成技术的基本原理进行简单的介绍。

锁相式频率合成器是采用锁相环（PLL）进行频率合成的一种频率合成器。它是目前频率合成器的主流，可分为整数频率合成器和分数频率合成器。在压控振荡器与鉴相器之间的锁相环反馈回路上增加整数分频器，就形成了一个整数频率合成器。通过改变分频系数 N，压控振荡器就可以产生不同频率的输出信号，其频率是参考信号频率的整数倍，因此称为整数频率合成器。输出信号之间的最小频率间隔等于参考信号的频率，而这一点也正是整数频率合成器的局限所在。图 4.26 是锁相式整数频率合成器的原理框图。锁相式频率合成的基本原理是在 VCO 的输出端和鉴相器的输入端之间的反馈回路中加入了一个 $1/N$ 的可变分频器。高稳定度的参考振荡器信号 f_R 经 R 次分频后，得到频率为 f_r 的参考脉冲信号。同时，压控振荡器的输出经 N 次分频后，得到频率为 f_v 的脉冲信号，两个脉冲信号在鉴频鉴相器进行频率或相位比较。当环路处于锁定状态时，输出信号频率为 $f_o = Nf_v = Nf_r$。只要改变分频比 N，即可实现输出不同频率。

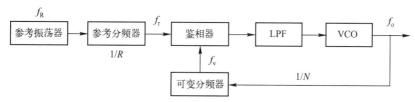

图 4.26　锁相式整数频率合成器的原理框图

直接数字频率合成（DDS）技术是 20 世纪 80 年代末随着数字集成电路和微电子技术的发展出现的一种新的数字频率合成技术，它从相位量化的概念出发进行频率合成。DDS 技术与传统的频率合成技术相比，具有频率分辨率高、相位噪声小、稳定度高、易于调整及控制灵活等优点。图 4.27 给出了 DDS 原理框图。

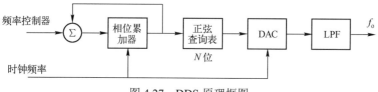

图 4.27　DDS 原理框图

DDS 的工作原理实质上是以数控的方式产生频率、相位可控制的正弦波。相位累加器由 N 位全加器和 N 位累加寄存器级联而成，对代表频率的二进制码进行累加运算。幅度/

相位转换电路实质上是一个波形寄存器，供查表使用，读出的数据送入 D/A 转换器和低通滤波器。工作过程中每来一个时钟脉冲，N 位加法器将频率控制数据与累加寄存器输出的累加相位数据相加，把相加后的结果送至累加寄存器的输入端，使加法器在下一时钟的作用下继续与频率控制数据相加；另一方面输出 M 位作为取样地址值送入幅度/相位转换电路，幅度/相位转换电路根据这个地址输出相应的波形数据。最后经 D/A 转换器和低通滤波器将波形数据转换成所需要的模拟波形。

4.6 技术实践

在振荡器中，三端式振荡器和晶体振荡器都有广泛的应用，其中晶体振荡器设计相对简单，在本章第 4 节中已有相关论述，因此本节技术实践仅针对三端式振荡器设计。

1. 三端振荡器设计原则

三端振荡器的设计应该从以下几方面进行考虑。首先是振荡器电路类型的选择。LC 振荡器一般工作在几百千赫兹至几百兆赫兹范围。振荡器线路主要根据工作的频率范围及波段宽度来选择。在短波范围，电感反馈振荡器、电容反馈振荡器都可以采用。在中、短波收音机中，为简化电路常用变压器反馈振荡器做本地振荡器。

其次是晶体管的选择。从稳频的角度出发，应选择特征频率 f_T 较高的晶体管，这样晶体管内部相移较小。通常选择 $f_T > (3 \sim 10) f_{max}$，$f_{max}$ 为电路工作频率的最大值。同时希望电流放大系数 β 大一些，这既容易振荡，也便于减小晶体管和回路之间的耦合。

第三是直流馈电线路的选择。为保证振荡器起振的振幅条件，起始工作点应设置在线性放大区；从稳频出发，稳定状态应在截止区，而不应在饱和区；否则回路的有载品质因数 Q_T 将降低。所以，通常应将晶体管的静态偏置点设置在小电流区，电路应采用自偏压。

第四是振荡回路元件选择。从稳频出发，振荡回路中电容 C 应尽可能大，但 C 过大，不利于波段工作；电感 L 也应尽可能大，但 L 大后，体积大，分布电容大，L 过小，回路的品质因数过小，因此应合理地选择回路的 C、L。在短波范围，C 一般取几十至几百皮法，L 一般取 0.1 至几十微亨。

最后，反馈回路元件选择。为了保证振荡器有一定的稳定振幅以及容易起振，在静态工作点通常应选择。反馈系数的大小应在下列范围选择 $F = 0.1 \sim 0.5$。

2. 设计实例

设计一振荡器，电源电压为 12 V，工作频率约为 5 MHz，画出电路图并计算相应元器件的参数。

根据这一设计要求，由于工作频率不是很高，可以选择不同的设计方案；在这里以三点式振荡器为例进行设计，考虑到输出稳定度等因素，选择电容三点式方案，其中可以考虑采用克拉泼振荡器或西勒振荡器。

1）方案选择

根据上述分析，采用克拉泼振荡器进行设计。克拉泼振荡器的原理在 4.2 节中已经有详细的论述，其原理图如图 4.28（a）所示。

2）晶体管的选择

因为是高频振荡器电路，因此晶体管应该选择高频管；比如 3DG 系列的三极管，根据我国的命名方法：三极管 D 表示硅材料 NPN 型、G 表示高频管。该设计实例中选用了3DG6A，其 $f_T \geqslant 100\text{MHz}$ 完全满足频率要求。

3）静态工作点设计

一般静态工作点选择在线性区域，基级采用 R_{B1} 和 R_{B2} 分压偏置，在设计电路时可以考虑采用可变电阻，便于调整偏置。在这里取 $R_{B2} = 8.2\text{k}\Omega$，$R_{B1}$ 采用了一个 $100\text{k}\Omega$ 的可变电阻，$R_C = 2\text{k}\Omega$，$R_E = 1\text{k}\Omega$。

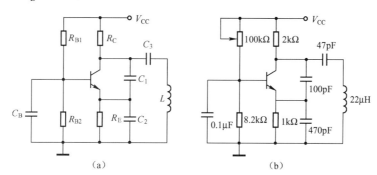

图 4.28　振荡器设计原理图

4）频率估算

由于采用克拉泼振荡器设计方案，因此根据克拉泼振荡器的振荡频率计算方法 $f_0 \approx \dfrac{1}{2\pi\sqrt{LC_3}}$，在 5 MHz 左右的频率范围一般取微亨级的电感和皮法级的电容。这里假设电感取 $22\mu\text{H}$，则 $C_3 \approx \dfrac{1}{(2\pi f_0)^2 L} = 46.1\text{pF}$，取 $C_3 = 47\text{pF}$。根据克拉泼振荡器的原理，C_1 和 C_2 的取值要大于 C_3，同时考虑反馈系数 $F=0.1\sim0.5$。所以取 $C_1 = 100\text{pF}$，$C_2 = 470\text{pF}$，此时反馈系数 $F = \dfrac{C_1}{C_2} = 0.21$。电路中的旁路或滤波电容采用 $0.1\mu\text{F}$ 电容即可。此时设计出的电路如图 4.28（b）所示。

5）电路改进与微调

通常振荡器实际电路与设计是有一定误差的，因此一般会加入可调电容对电路进行微调，在这里可以在 C_3 后串联一个可调电容对电路进行微调；也可以在 L 上并联一个可调电容，此时电路就形成了西勒振荡器。

4.7　计算机辅助分析与仿真

1. 电容三点式电路仿真

电容三点式 LC 振荡器原理图参考 4.2.2 节的内容，偏置电阻 R_1 和 R_2 分别取 $20\text{k}\Omega$ 和 $30\text{k}\Omega$，射极电阻为 $2\text{k}\Omega$，基极旁路电容为 $50\mu\text{F}$，振荡器回路中 $L_1 = 10\mu\text{H}$，$C_1 = C_2 = 10\text{nF}$。在输出端接入示波器和频率计以便于观察仿真结果。按照电容三点式的振荡频率的计算方

法 $f_0 = \dfrac{1}{2\pi\sqrt{L_1\dfrac{C_1C_2}{C_1+C_2}}}$，图 4.29 所示的仿真电路理论计算得到的振荡频率约为 712 kHz。

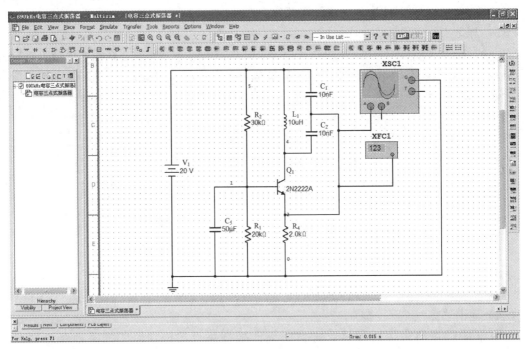

图 4.29　电容三点式仿真电路

　　运行仿真电路，通过示波器可以观察到振荡器产生的波形（图 4.30），并估算出实际产生波形的频率。

　　通过频率计可以读取该电路的振荡频率，可以看出仿真测量出来的频率和原理计算出的频率是有一定误差的，这是仿真中器件参数等影响造成的；在实际的振荡器电路中也会存在类似的问题，因此理论计算得出的振荡频率往往和实践电路产生的频率有一定的偏差，如果要精确进行调制，需要加入可变电容进行频率微调。

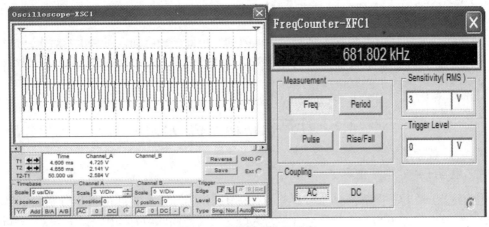

图 4.30　振荡器产生的波形

2．电感三点式电路仿真

电感三点式振荡器电路中取电感 $L_1 = 15\,\mu H$ ， $L_2 = 85\,\mu H$ ，因此总电感为 $L = L_1 + L_2$ $= 100\,\mu H$ ，电容 $C = 250\,pF$ ，因此根据电感三点式振荡频率的计算方法 $f_0 = \dfrac{1}{2\pi\sqrt{(L_1 + L_2)C}}$ ，

其振荡频率近似为 $1\,MHz$ ，如图 4.31 所示。

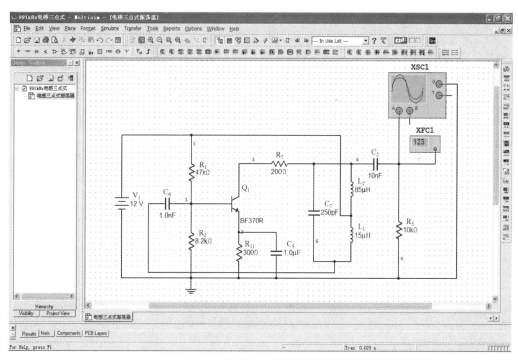

图 4.31　电感三点式仿真电路

同样，利用示波器和频率计来观察仿真结果，可以看出电路可以正常进行振荡，其仿真振荡频率仍有一定偏差，如图 4.32 所示。

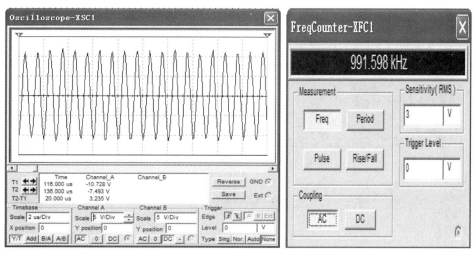

图 4.32　电感三点式仿真结果

3. 晶体振荡器电路仿真

晶体振荡器在仿真中比较困难，不容易得出理想的波形，需要进行反复的调整和改进。现以一个并联型晶体振荡器为例，介绍晶体振荡器的仿真。该电路采用两级电路，第一级是并联型晶体振荡器，在晶体振荡器中，振荡频率由晶体频率决定；第二级采用射随器进行隔离放大，电路参数如图4.33所示。

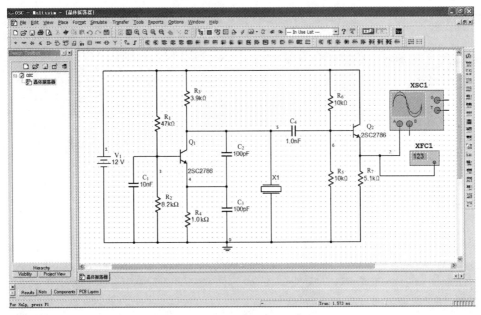

图4.33　晶体振荡器仿真电路

图4.34给出了仿真的结果。

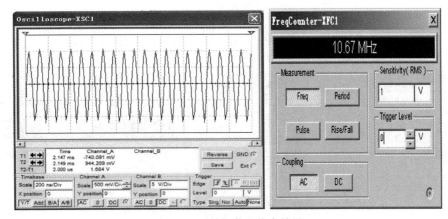

图4.34　晶体振荡器仿真结果

本 章 小 结

振荡器用于产生一定频率和幅度的正弦波信号。其基本原理是利用自激振荡，从电路结构上构成正反馈。正弦波振荡器组成包括了基本放大器、反馈电路和选频电路。根据选频电路的不同，可以分为 LC 振荡器、晶体振荡器等。

振荡器的构成条件分为起振条件、平衡条件和稳定条件。它们都可以分为振幅条件和相位条件。其中振荡的相位平衡条件是 $\varphi_A + \varphi_F = 2n\pi$，可以利用相位平衡条件判定电路能否振荡。

LC 振荡器分为变压器反馈、电感三点式和电容三点式等电路，其振荡频率近似等于 LC 谐振回路的谐振频率，相位稳定条件由 LC 回路提供。三点式振荡器的构成法则是"射同基反"。

石英晶体振荡器是采用石英晶体构成的振荡器，其振荡频率的准确性和稳定性很高。石英晶体振荡器分为并联型和串联型两类。并联型晶体振荡器中，石英晶体的作用相当于电感；串联型晶体振荡器中，石英晶体的重要相当于具有选频能力的短路线。

本章的技术实践和计算机仿真部分对振荡电路进行了设计和仿真，这非常有益于学习本章内容。

习 题 4

4.1 分析题 4.1 图所示电路，标明次级数圈的同名端，使之满足相位平衡条件。

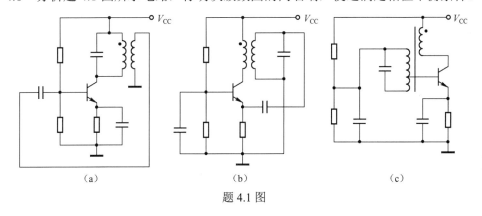

（a）   （b）   （c）

题 4.1 图

4.2 变压器反馈振荡器的交流等效电路如题 4.2 图所示，请标明满足相位条件的同名端。

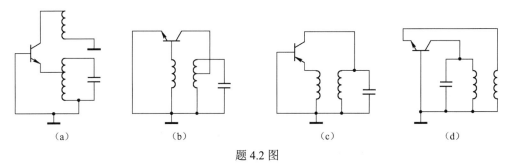

（a）   （b）   （c）   （d）

题 4.2 图

4.3 试检查题 4.3 图所示振荡电路，指出图中错误，并加以改正。

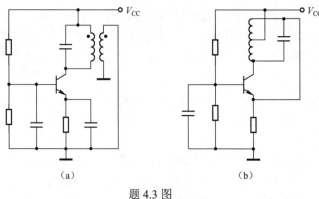

（a）   （b）

题 4.3 图

4.4 电路如题 4.4 图所示，标明次级数圈的同名端，使之满足相位平衡条件，试估算该电路的振荡频率。

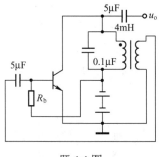

题 4.4 图

4.5 一种超外差收音机的本振电路如题 4.5 图所示。

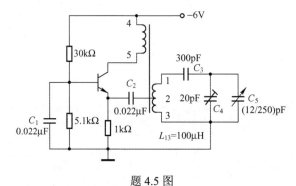

题 4.5 图

（1）在图中标出同名端，使之满足相位平衡条件；

（2）画出电路的交流通路；

（3）说明 L_{23} 的影响；

（4）说明 C_1、C_2 的作用，振荡器电路能否去掉这两个电容；

（5）设 C_4 为 10 pF，求振荡器的频率。

4.6 三点式振荡器电路如题 4.6 图所示。

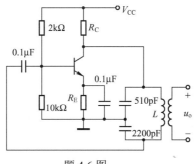

题 4.6 图

（1）图中两个 0.1 μF 的电容的主要功能分别是什么？

（2）画出其交流等效电路（交流通路）。若振荡频率为 500 kHz，求 L。

（3）输出变压器的主要功能有哪两个？

4.7　电容三点式振荡器电路如题 4.7 图所示。

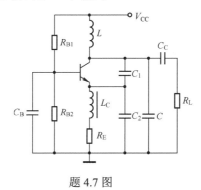

题 4.7 图

（1）图中电感 L_C 的主要功能是什么？

（2）画出其交流等效电路（交流通路）。

（3）写出振荡回路（LC 并联谐振回路）总电容 C_Σ 的关系式。

（4）调整电容 C 主要改变该振荡器的哪个参数？

4.8　三点式振荡器电路如题 4.8 图所示。

（1）问图中电感 L_C 的主要功能是什么？

（2）画出其交流等效电路（交流通路）。

（3）写出振荡回路（LC 并联谐振回路）总电容 C_Σ 的关系式。

（4）如果电容 $C_3 \ll C_1, C_2$，问该振荡器是哪种改进型 LC 振荡器？

4.9　三点式振荡器电路如题 4.9 图所示。

（1）画出其交流等效电路（交流通路）。

（2）写出振荡频率的数学关系式。

（3）如果电容 C_B 用短路线代替，问该振荡器还能否振荡？

（4）电容 C_B 能用工作频率约为 LC 选频回路谐振频率的石英晶体（JT）替代吗？

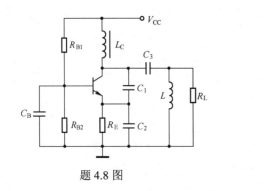

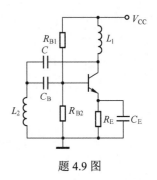

题 4.8 图   题 4.9 图

4.10　在振幅条件已满足的前提下，用相位条件去判断题 4.10 图所示各振荡器（所画为其交流等效电路)，哪些必能振荡？哪些必不能振荡？哪些仅当电路元件参数之间满足一定的条件时方能振荡？并相应说明其振荡频率所处的范围以及电路元件参数之间应满足的条件。

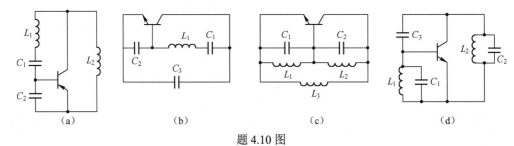

(a)　　　　　　　(b)　　　　　　　(c)　　　　　　　(d)

题 4.10 图

4.11　如题 4.11 图所示电路，判断该电路能否振荡，如果能振荡频率为多少，如果不能为什么？如果把晶体振荡器更换为 2 MHz，该电路能否振荡，为什么？

4.12　晶体振荡电路如题 4.12 图所示。

（1）画出其交流通路，该电路的振荡频率为多少？

（2）试画出图中石英谐振器（JT）的等效电路图以及电抗特性曲线草图，写出其串联谐振频率 f_s 和并联谐振频率 f_p 的表达式。

（3）试判别其振荡电路类型（是串联型还是并联型晶振）；说明 JT 在电路中所起的作用，问调整 C_4 有何作用？

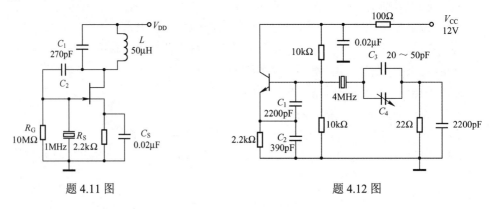

题 4.11 图   题 4.12 图

第 5 章　线性频谱搬移电路

前面章节中讲解了小信号谐振放大、功率放大以及正弦波振荡器等基本高频电路，而在无线电通信、广播、电视、导航、雷达等系统中，不但要利用上述高频电路来加工处理各种信号，还需要用到频谱搬移电路，它们是传输消息信号的质量保障。本章将主要介绍具线性频谱搬移功能的电路，如调幅器、检波器、混频器的电路原理及结构、主要性能指标及电路分析目的、方法、推导过程、结论等。当然，频谱搬移电路也要用到 LC 选频电路来筛选频率成分。

本章目标

知识：

- 理解幅度调制的基本原理及调幅信号参数的分析方法。
- 掌握调幅电路的基本结构，理解线性频谱搬移的原理，弄清相乘器及滤波器在线性频谱搬移电路中的重要作用，熟练掌握这些线性频谱电路的分析目的和分析方法。
- 理解检波、混频的概念、原理和实现电路及其分析方法。

能力：

- 能够应用开关函数法对二极管的相乘器电路及包络检波器电路进行正确分析。
- 能够利用 Multisim 仿真软件熟练地对给定的线性频谱搬移电路进行仿真和测试，并能够进行相应电路的参数设计。

应用实例　调幅广播收音机

调幅广播收音机是比较典型的较早使用的无线电接收设备，现在仍在大量使用。其主要作用是接收广播电台发送的语音信号，由于语音属于低频信号，我们曾在前面指出：欲将声音之类的消息信号传送到其他地方，需要将频率较低的消息信号变换成适合在信道中传输的高频信号，其主要目的是降低信号波长，以便有效地辐射。由电磁场与天线理论知，欲有效地通过天空或沿着地表辐射信号，应使用与信号波长相比拟的天线。譬如，频率为 1 kHz，波长为 300 km 的电磁波，若采用 $\lambda/4$ 的天线，则天线尺寸就要 75 km。毋庸置疑，这很难做到。调幅广播系统就是在发送端（广播电台使用的幅度调制器）将待传的低频语音信号频谱搬移到较高的频段，即完成调幅，而接收端即调幅广播收音机，再使用解调器还原成低频语音信号，并使用音频放大和扬声器将声音播放出来。

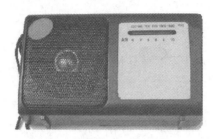

调幅广播收音机（源自 Internet 网络）

5.1 频谱搬移及调幅基本原理

5.1.1 概述及其分类

从频域看，系统发送端的调制器用来升高频率以降低波长。而从时域看，调制是让频率较低的消息信号"寄载"在高频振荡波上以便传输的。因这种高频振荡波如同运载消息的工具，因而被称作载波。频率较低的消息信号则被称作调制信号。解调的根本任务是在接收端将已调信号还原成低频信号，即重建消息信号。而混频的作用则是将接收到的已调信号变换成另外一个固定载频的已调信号。从频域上看，无论是调制、解调还是混频，都具有频率变换作用，能够将信号频谱搬移到另一个频率点附近。

频谱搬移电路分线性和非线性两大类型，而线性频谱搬移电路有振幅调制器、振幅检波器、混频器等基本类型。无论哪一种频谱搬移电路，因其含有工作在非线性状态下的晶体二极管/三极管/模拟乘法器集成电路等关键器件，因而，线性频谱搬移电路均属非线性电路。它们一般有两个输入端和一个输出端。其中一个输入端用来输入需要进行频谱搬移的信号，另一个则用来输入载波一类的参考信号，该参考信号往往是单频正弦波。另外，振幅调制器按功能分有普通双边带（简记为 AM）调幅电路、抑制载波双边带（简记为 DSB）调幅电路、单边带（简记为 SSB）调幅电路以及残留边带（简记为 VSB）调幅电路。按所含关键器件分有晶体二极管、三极管、模拟乘法器等调幅电路。振幅检波器按功能及关键器件分有二极管峰值包络检波器、模拟乘法器构成的同步检波器；混频电路也由二极管/三极管以及模拟乘法器等部件构成。

5.1.2 调幅基本原理及分析

设载波为高频正弦波：$u_c(t) = U_{cm}\cos(\omega_c t + \phi_0)$，其中 U_{cm} 为载波振幅，ω_c 为载波角频率，ϕ_0 为载波初相（为简化计算，可假设 $\phi_0 = 0$）。而调制信号可以是任何需要传送的实际信号，用 $u_\Omega(t)$ 表示。若保持载波频率 f_c（$=\omega_c/2\pi$）不变，用调制信号去改变载波振幅的过程称为幅度调制，简称调幅。

1. 调幅基本原理

由前面已知，基本调幅方法有 4 种，即 AM、DSB、SSB 和 VSB，下面分述它们的基本原理。

1）普通双边带（AM）调幅

如图 5.1 所示，假设调制信号 $u_\Omega(t)$ 为单频信号 $u_\Omega(t) = U_{\Omega m}\cos\Omega t$ 去"调变"载波的振

幅，使之在原振幅 U_{cm} 的基础上叠加 $u_{\Omega}(t)$，使已调信号可以用式（5.1）来描述，则称其为普通双边带调幅。

$$u_{AM}(t) = [U_{cm} + k_a u_{\Omega}(t)]\cos\omega_c t \tag{5.1a}$$

$$= (U_{cm} + k_a U_{\Omega m}\cos\Omega t)\cos\omega_c t \tag{5.1b}$$

$$= U_{AM}(t)\cos\omega_c t \tag{5.1c}$$

式中，k_a 为由调制电路决定的比例常数。

式（5.1a）为调幅波的一般表达式；式（5.1b）则是单音 AM 调幅波的表达式；式（5.1c）说明调幅波的振幅是关于时间的函数，即 $U_{AM}(t)$ 将随时间、随调制信号的强弱而变化。图 5.1（a）反映了单音 AM 调幅前后信号波形的变化情况。不难发现，这种调制将使载波振幅按照低频调制信号的规律而变化，因此，调幅波将携带原调制信号的信息。受调幅波振幅变化的轨迹称为调幅波的包络线，在图中用虚线表示。在正常情况下，AM 调幅信号包络线的变化轨迹与调制信号的变化轨迹是一致的。

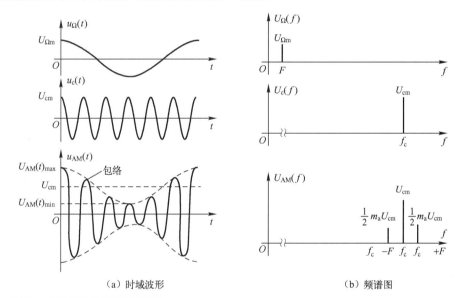

（a）时域波形　　　　　　　　　　　　（b）频谱图

图 5.1　单音 AM 调幅信号波形和频谱

通常，还可以用式（5.2）来描绘单音 AM 调幅波，即

$$u_{AM}(t) = U_{AM}(t)\cos\omega_c t = U_{cm}(1 + \frac{k_a U_{\Omega m}}{U_{cm}}\cos\Omega t)\cos\omega_c t \tag{5.2}$$

$$= U_{cm}(1 + m_a\cos\Omega t)\cos\omega_c t$$

式中，m_a 代表载波振幅受调制信号控制的强弱程度，称调幅系数，而 $U_{AM}(t) = U_{cm}$ $(1 + m_a\cos\Omega t)$ 就是按调制信号规律变化的包络线。由图 5.1 可见，已调波最大振幅，即

$$U_{AM}(t)_{max} = U_{cm}(1 + m_a) \tag{5.3a}$$

最小振幅，即

$$U_{AM}(t)_{min} = U_{cm}(1 - m_a) \tag{5.3b}$$

从而可得调幅系数的关系式为

$$m_a = \frac{U_{AM}(t)_{max} - U_{AM}(t)_{min}}{2U_{cm}} = \frac{U_{AM}(t)_{max} - U_{AM}(t)_{min}}{U_{AM}(t)_{max} + U_{AM}(t)_{min}} \tag{5.3c}$$

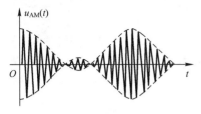

图 5.2 过调幅现象示意

调幅系数的值可以从 0（未调幅）变化到 1，即 $0 < m_a \leqslant 1$。当 $m_a > 1$ 时，由于调制信号幅度过大，会造成过调幅现象。这时，已调信号包络与原调制信号不再是线性关系而出现了严重的失真，如图 5.2 所示。结果将导致接收端包络检波器无法重建代表消息的原调制信号。因此，应该尽量避免过调幅现象的发生。

为了在频率域分析 AM 调幅波的频谱结构以及频带宽度，先将式（5.2）用积化和差公式展开，即

$$u_{AM}(t) = U_{cm}(1 + m_a \cos \Omega t)\cos \omega_c t = U_{cm}\cos \omega_c t + m_a U_{cm}\cos \Omega t \cos \omega_c t$$
$$= U_{cm}\cos \omega_c t + \frac{1}{2}m_a U_{cm}\cos(\omega_c + \Omega)t + \frac{1}{2}m_a U_{cm}\cos(\omega_c - \Omega)t \tag{5.4}$$

式（5.4）说明，单频正弦载波受 $u_\Omega(t)$ 调制后，不再是单频信号了。其频率成分除了载频 ω_c 以外，还新增加了和频 $\omega_c + \Omega$、差频 $\omega_c - \Omega$ 等组合频率成分。

按式（5.4）绘制的 AM 调幅波频谱如图 5.1（b）所示，图中 $f_c = \dfrac{\omega_c}{2\pi}$，$F = \dfrac{\Omega}{2\pi}$。由该图可见，调幅过程实际上是一种频谱的线性搬移过程，即经过调幅后，调制信号频谱被搬移到了载频的附近，形成了对称排列于载频两侧的上边频（$f_c + F$）和下边频（$f_c - F$）。两者振幅相等$\left(= \dfrac{1}{2}m_a U_{cm}\right)$，当 $m_a = 1$ 时，上、下边频的振幅仅为载波振幅的一半。由图 5.1（b）还可见，调幅波的带宽 BW 是调制信号频率的两倍，即 $\text{BW} = 2F$。

例 5.1 已知调制信号 $u_\Omega(t) = U_{\Omega m}\cos \Omega t$，比例常数 $K_a = 0.9(1/\text{V})$，AM 波振幅峰值 $U_{AM}(t)_{\max} = 1.9\ \text{V}$，振幅谷值 $U_{AM}(t)_{\min} = 0.6\ \text{V}$，求已调波载频分量的振幅 U_{cm}、原调制信号的振幅 $U_{\Omega m}$ 以及调幅系数 m_a。

解 由式（5.3a）和（5.3b）得：$U_{cm}(1 + m_a) = 1.9\text{V}$，$U_{cm}(1 - m_a) = 0.6\text{V}$，联立两式并解方程可得

$$m_a U_{cm} = 0.65 \tag{5.5}$$

又因为

$$m_a = \frac{k_a U_{\Omega m}}{U_{cm}} = \frac{0.9 U_{\Omega m}}{U_{cm}}$$

所以

$$m_a U_{cm} = 0.9 \cdot U_{\Omega m} \tag{5.6}$$

将式（5.5）代入式（5.6）可解得 $U_{\Omega m} \approx 0.72\text{V}$

再将 $U_{AM}(t)_{\max} = 1.9\ \text{V}$；$U_{AM}(t)_{\min} = 0.6\ \text{V}$ 代入式（5.3c）可得 $m_a = 0.52$

再由 $m_a U_{cm} = 0.65$，解得 $U_{cm} \approx 1.25\text{V}$

事实上，因图 5.2 中的调制信号是单频正弦波，因此，相应的调幅称单音调幅。然而，代表消息的调制信号往往由许多频率分量组成，属多音信号。譬如，电话（话音）信号的频率变化范围为 300～3400 Hz，广播信号的频率变化范围为 10 kHz 左右，普通电视信号的频带宽达 6.5 MHz。因此，若假设调制信号的频率范围为（$\Omega_{\min}$，$\Omega_{\max}$），载波频率为 ω_c，调制信号 $u_\Omega(t)$ 的时域波形及频谱 $U_\Omega(\omega)$ 如图 5.3 所示，则该图 5.3（a）、（b）分别示意了多音 AM 调幅波的时域波形和频谱图。可见，多音调制信号频谱 $U_\Omega(\omega)$ 被线性搬移到了载频的两侧，形成了上、下两个边带（双边带由来），已调信号的包络仍按调制信号规律变化。

所以普通调幅波带宽是调制信号上限频率的 2 倍，即 $\mathrm{BW} = \Omega_{\max}/\pi = 2F_{\max}$。

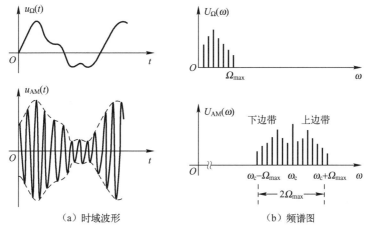

（a）时域波形　　　　　　　　（b）频谱图

图 5.3　多音 AM 调幅波

2）抑制载波的双边带（DSB）调幅

由图 5.3（b）还可以看到，AM 调幅波中的载频分量本身并未反映调制信号的变化规律。因此，从传输信息的角度来看，载频分量没有传输的必要，却要占用绝大部分发射功率。因此，若能在传输前将载频分量抑制掉，就可以在不影响信息传输的前提下大大节省发射功率，提高发射效率。这种只传输两个边带的频率分量，而不传送载频分量的调制方式，被称作抑制载波的双边带调制（简记为 DSB），其数学表达式为

$$u_{\mathrm{DSB}}(t) = m_{\mathrm{a}}U_{\mathrm{cm}}\cos\Omega t\cos\omega_{\mathrm{c}}t = \frac{m_{\mathrm{a}}U_{\mathrm{cm}}}{2}[\cos(\omega_{\mathrm{c}}+\Omega)t + \cos(\omega_{\mathrm{c}}-\Omega)t]$$

可见 DSB 信号中只含有 $\omega_{\mathrm{c}}+\Omega$ 和 $\omega_{\mathrm{c}}-\Omega$ 两边频分量，而未含有载频分量。单音 DSB 信号的时域波形与频谱如图 5.4 所示。

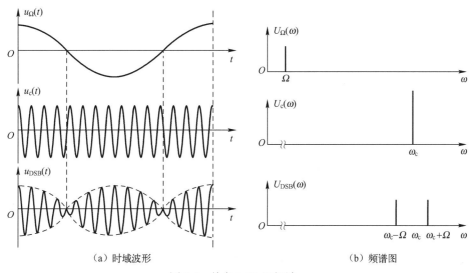

（a）时域波形　　　　　　　　（b）频谱图

图 5.4　单音 DSB 调幅波

由该图可发现，在调制信号 $u_{\Omega}(t)=0$ 的瞬间，DSB 调幅波的高频振荡会出现 180°的相

117

位突变。将此概念予以拓广，可得多音 DSB 信号的时域波形和频谱，如图 5.5 所示。

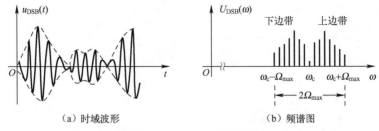

（a）时域波形　　　　　　　（b）频谱图

图 5.5　多音 DSB 调幅波

由图 5.4 和图 5.5 可见，DSB 同样实现了频谱的线性搬移，其波形幅度仍按调制信号规律变化，但是 DSB 信号的包络线不再按调制信号的规律变化，即其包络已经不能完全反映调制信号的实际变化规律，因此，其解调方式将受到一些限制。

思考：多音 DSB 信号的时域波形图和频谱图与图 5.3 相比，相同点和异同点分别有哪些？

3）单边带调幅

由于 DSB 已调信号占用的频带与 AM 调幅波相同（$\mathrm{BW} = \Omega_{\max}/\pi = 2F_{\max}$），所以，这种调制虽然节省了发射功率但并没有节省频带。观察多音 DSB 信号的频谱结构，不难发现，上边带和下边带同样都能反映调制信号的频谱结构，两者的区别仅在于下边带频谱与上边带频谱是镜像对称的倒置关系，因此还可进一步把其中的一个边带抑制掉。这种只传输 DSB 信号中的一个边带（上边带或下边带）的调制方式即单边带调制，而单音 SSB 信号表达式为

上边带（频），即

$$u_{\mathrm{SSBH}}(t) = \frac{m_{\mathrm{a}}U_{\mathrm{cm}}}{2}\cos(\omega_{\mathrm{c}} + \Omega)t = U_{\mathrm{SSB}}\cos(\omega_{\mathrm{c}} + \Omega)t \tag{5.7a}$$

下边带（频），即

$$u_{\mathrm{SSBL}}(t) = \frac{m_{\mathrm{a}}U_{\mathrm{cm}}}{2}\cos(\omega_{\mathrm{c}} - \Omega)t = U_{\mathrm{SSB}}\cos(\omega_{\mathrm{c}} - \Omega)t \tag{5.7b}$$

式（5.7a）对应的 SSB 信号时域波形和频谱如图 5.6 所示。

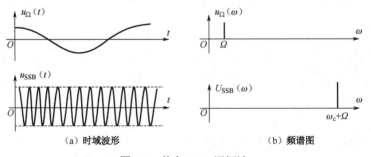

（a）时域波形　　　　　　　（b）频谱图

图 5.6　单音 SSB 调幅波

思考：图 5.6 所示的是上边带还是下边带 SSB 信号？对照图 5.5，多音 SSB 信号频谱是什么样？

单边带调制方式不但能够节省发射功率、提高发射效率，还将已调波的频带压缩了

一半，有利于提高频分复用的效率。因此，它是短波无线电通信中一种最有效的调制方式。但单边带调制也有缺陷，那就是收发双方的载波必须严格地同步，要求相关振荡器具有很高的频率稳定度，其他技术性能要求也很严格，故此，SSB 系统设备复杂、成本昂贵。

4）残留边带调幅

与双边带调幅相比，单边带调幅无疑最能节省能量和频带。但是，单边带的调制和解调设备都比较复杂，而且不适于传送含有低频成分较重的消息信号。欲解决 SSB 和 DSB 调幅的不足，可选择一种折中的调幅方式，那就是残留边带（VSB）调幅。VSB 调幅，不是像 SSB 那样将双边带信号中的一个边带完全滤掉，而是传送双边带信号中的一个边带和另一边带的残留部分。譬如，如果调制信号及其对应的 AM 信号频谱如图 5.7（a）、（b）所示，则图 5.7（c）所示的是双边带信号经残留边带滤波器滤除部分上边带分量后的 VSB 频谱。实际应用时，主要传送上边带或主要传送下边带均可。VSB 调幅的典型应用是电视图像信号的残留边带调幅。

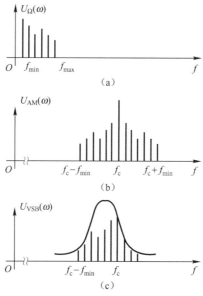

图 5.7　残留边带信号频谱

此外，除了上述的 AM、DSB、SSB、VSB 等基本调幅方式外，还有许多改进型调幅方式（如正交调幅等），这里不再一一叙述。

2．普通调幅波的功率

如果调幅信号电压被加至负载电阻 R_L，则载波和边频分量都将给 R_L 传送功率。其中周期载波信号的功率由式（5.8a）决定，即

$$P_c = \frac{\dfrac{1}{T}\displaystyle\int_0^T (U_{cm}\cos\omega_c t)^2 \mathrm{d}t}{R_L} = \frac{1}{2}\frac{U_{cm}^2}{R_L} \tag{5.8a}$$

上边频（或下边频）分量的功率（边频功率）为

$$P_{\text{SSB}} = \frac{\dfrac{1}{T}\displaystyle\int_0^T \left[\dfrac{m_a U_{\text{cm}}}{2}\cos(\omega_c + \Omega)t\right]^2 \mathrm{d}t}{R_L} = \frac{1}{4}m_a^2 P_c \tag{5.8b}$$

边带总功率为

$$P_{\text{DSB}} = 2P_{\text{SSB}} = \frac{1}{2}m_a^2 P_c \tag{5.8c}$$

因可将 AM 调幅信号人为视作是由载波+DSB 信号组成的（参见式（5.4）），因此，这种调幅波传给负载 R_L 的总功率为

$$P_{\text{AM}} = P_c + P_{\text{DSB}} = (1 + \frac{1}{2}m_a^2)P_c \tag{5.8d}$$

该式说明，AM 调幅波总功率等于未调载波功率加边带功率。由图 5.1（b）可见，待传信息寄载在上、下边频分量中。因此，边带功率才是含有信息的有用功率。这部分功率随调幅系数 m_a 的增加而增加，当 $m_a=1$ 时，边带功率具有最大值并等于载波功率的一半。

由于代表消息的调制信号往往是频率和振幅都会随机变化的多音信号。因此，调制信号的随机变化将导致调幅系数 m_a 在 0.1～1 变化。从整个工作时间来看，平均调幅度约为 20%～30%，这意味着包含有用信息的边带功率很小，导致调幅波传送信息的效率很低，此乃调幅制的缺陷之一。

例 5.2 已知两个信号电压的频谱如图 5.8 所示，要求：

（1）写出两个信号电压的数学表达式，并指出已调波的性质。

（2）计算两信号在单位电阻（1 Ω）上消耗的边带功率和总功率。

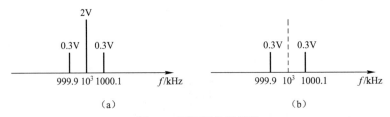

图 5.8 两调幅信号频谱

解 （1）图 5.8（a）所示为普通双边带调幅波：因边频分量振幅 $\dfrac{1}{2}m_a U_{\text{cm}} = 0.3\text{V}$，且 $U_{\text{cm}} = 2\text{V}$，所以调幅系数 $m_a = 0.3$。因而该信号时域信号表达式为

$$u_{\text{AM}}(t) = U_{\text{cm}}(1 + m_a \cos \Omega t)\cos \omega_c t = 2[1 + 0.3\cos(2\pi \times 10^2 t)]\cos(2\pi \times 10^6 t)$$

图 5.8（b）所示为抑制载波的双边带调幅波，即

$$u_{\text{DSB}}(t) = 0.6\cos(200\pi t)\cos(2\pi \times 10^6 t)$$

（2）先求图 5.8（a）所示 AM 信号功率，因为其中的载波功率为

$$P_c = \frac{1}{2}\frac{U_{\text{cm}}^2}{R} = \frac{1}{2} \times 2^2 = 2(\text{W})$$

又因为边带功率为

$$P_{\text{SSB}} = \frac{1}{4}m_a^2 P_c = \frac{1}{4}0.3^2 \times 2 = 0.045\text{W}$$

所以 AM 调幅波总功率为

$$P_{\mathrm{AM}} = P_{\mathrm{C}} + 2P_{\mathrm{SSB}} = 2.09\mathrm{W}$$

再求图 5.8（b）所示 DSB 信号功率，即

$$P_{\mathrm{DSB}} = 2 \times \frac{1}{T}\int_0^T [0.3\cos(2\pi \times 999t)]^2\,\mathrm{d}t = 0.09\mathrm{W}$$

可见，边频分量相同情况下，DSB 信号发射功率比 AM 信号要小很多。

目标 1　测评

已知调制信号 $u_{\Omega}(t) = [\frac{1}{2}\cos(2\pi \times 500\,t) + \frac{1}{3}\cos(2\pi \times 300\,t)]$，载波 $u_{\mathrm{c}}(t) = 5\cos(2\pi \times 5 \times 10^3\,t)$，假设比例常数 $k_{\mathrm{a}} = 1$。试对应写出普通双边带调幅波的时域表达式；画出频谱图，并求其带宽 BW。

目标 2　测评

已知调幅波表达式 $u(t) = 2[1 + \frac{1}{2}\cos(2\pi \times 100\,t)]\cos(2\pi \times 10^3 t)$，试画出其频谱图，并求其带宽 BW。若 $R_{\mathrm{L}} = 1\Omega$，试求载波功率、边频功率以及调幅波在调制信号一周期内的平均总功率。

3．调幅电路的组成模型

由前面对调幅信号的分析可见，欲实现幅度调制，需要调制信号和载波信号作相乘运算，所以调幅电路的关键部件是乘法器。

模拟乘法器电路符号如图 5.9 所示，它具有两个输入端子（分别用 X 和 Y 表示）和一个输出端子。若假设输入信号电压分别为 u_x 和 u_y，则输出信号电压为 $u_{\mathrm{O}} = A_{\mathrm{M}}u_x u_y$，其中，$A_{\mathrm{M}}$ 为相乘器的乘积系数，单位是（V^{-1}）。理想相乘器的输出电压与两输入信号在同一时刻瞬时值的乘积成正比，并且，其输入信号电压的波形、幅度、极性和频率等均可任意。

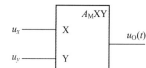

图 5.9　模拟乘法器电路符号

普通双边带调幅（AM）电路的组成模型如图 5.10（a）所示，它由相加器、相乘器和带通滤波器（BPF）组成，图中的 U_{Q} 为直流电压。由图 5.10 可见，其输出信号电压表达式为

$$\begin{aligned}u_{\mathrm{AM}}(t) &= A_{\mathrm{M}}[U_{\mathrm{Q}} + u_{\Omega}(t)]u_{\mathrm{c}}(t) = A_{\mathrm{M}}U_{\mathrm{Q}}U_{\mathrm{cm}}\cos\omega_{\mathrm{c}}t + A_{\mathrm{M}}U_{\mathrm{cm}}u_{\Omega}(t)\cos\omega_{\mathrm{c}}t \\ &= U_{0\mathrm{m}}\cos\omega_{\mathrm{c}}t + k_{\mathrm{a}}u_{\Omega}(t)\cos\omega_{\mathrm{c}}t = [U_{0\mathrm{m}} + k_{\mathrm{a}}u_{\Omega}(t)]\cos\omega_{\mathrm{c}}t\end{aligned} \quad (5.9)$$

式中，$U_{0\mathrm{m}} = A_{\mathrm{M}}U_{\mathrm{Q}}U_{\mathrm{cm}}$ 为相乘器输出的载波电压振幅；$k_{\mathrm{a}} = A_{\mathrm{M}}U_{\mathrm{cm}}$ 为比例常数，它由相乘电路及载波电压决定。式（5.9）等同于式（5.1a）。

因调制信号电压 $u_{\Omega}(t)$ 与载波信号电压 $u_{\mathrm{c}}(t)$ 直接相乘就可以获得抑制载波的双边带信号，因此，DSB 调幅电路的组成模型如图 5.10（b）所示，而其输出信号电压表达式为

$$u_{\mathrm{DSB}}(t) = A_{\mathrm{M}}u_{\Omega}(t)u_{\mathrm{c}}(t) = A_{\mathrm{M}}U_{\mathrm{cm}}u_{\Omega}(t)\cos\omega_{\mathrm{c}}t = k_{\mathrm{a}}u_{\Omega}(t)\cos\omega_{\mathrm{c}}t$$

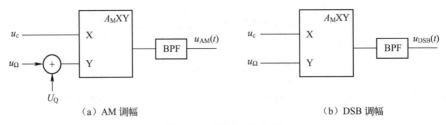

（a）AM 调幅　　　　　　　　　　　　　（b）DSB 调幅

图 5.10　调幅电路模型

考虑到实际的相乘器电路除了会产生有用的上下边带（边频）分量以外，还可能因电路的非线性作用而产生许多无用的组合频率分量或谐波分量，所以，AM 和 DSB 电路模型中加入了用来滤除无用频率成分的带通滤波器（BPF）。显然，带通滤波器的中心频率应等于载频，工作频带应等于双边带信号的有效频带。

由于滤除双边带信号中的一个边带就可获得 SSB 信号，因此，滤波法获得 SSB 信号的调幅电路组成模型如图 5.11（a）所示。其关键部件除了相乘器外，还有边带滤波器。由图 5.11（b）可见，它要求边带滤波器对所需滤除的边带分量有很强的抑制能力，而对所需保留的边带分量应尽量使其无失真地通过。

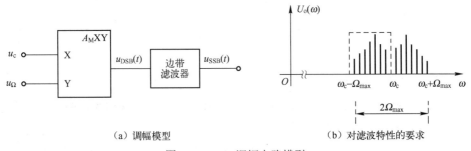

（a）调幅模型　　　　　　　　　　　　　（b）对滤波特性的要求

图 5.11　SSB 调幅电路模型

综上所述，调幅电路由具有频率变换作用的乘法器及滤波器等部件组成。其中，乘法器电路既可以是二极管、三极管等分立元件组成的工作频带较窄的非线性电路，也可以是由模拟 IC 芯片加外围元件构成的性能更加优越的乘法器电路。滤波器的任务是取出有用的双边带或单边带分量，滤除无用的边带分量以及非线性电路可能产生的其他无用频率分量。

5.2　幅度调制电路

5.2.1　相乘器电路

1. 非线性器件的相乘作用

众所周知，如果电路含有二极管或三极管等有源器件，并能让它们工作在特性曲线的非线性区域时，电路就会工作在非线性状态下，其输出电流或电压就会因非线性失真而出现新的频率成分，电路就有了频率变换作用。譬如，处于正向导通区域的晶体二极管伏安特性是各阶导数都存在的指数函数关系：$i \approx I_s \mathrm{e}^{\frac{qu}{kT}}$，因而可用幂级数 $i = a_0 + a_1 u + a_2 u^2 + a_3 u^3 + \cdots$ 来展开分析。假设 u 的动态范围较小，则可忽略高次项而近似取至该式的二次项，

即流过二极管的电流可用式（5.10）近似表示，即

$$i \approx a_0 + a_1 u + a_2 u^2 \tag{5.10}$$

式中，a_0、a_1 和 a_2 是与伏安特性曲线有关的系数。a_0 为 Q 点对应的静态值，a_1 是线性项系数，a_2 为非线性二次项系数。

假设二极管端电压 $u = U_{\mathrm{m}} \cos \omega t$，则二极管电流展开式为

$$
\begin{aligned}
i &= a_0 + a_1 U_{\mathrm{m}} \cos \omega t + a_2 U_{\mathrm{m}}^2 \cos^2 \omega t \\
&= \left(a_0 + \frac{1}{2} a_2 U_{\mathrm{m}}^2\right) + a_1 U_{\mathrm{m}} \cos \omega t + \frac{1}{2} a_2 U_{\mathrm{m}}^2 \cos 2\omega t \\
&= I_0 + I_{1\mathrm{m}} \cos \omega t + I_{2\mathrm{m}} \cos 2\omega t
\end{aligned} \tag{5.11}
$$

式中，I_0 为直流分量；$I_{1\mathrm{m}}$ 和 $I_{2\mathrm{m}}$ 分别为基波和二次谐波的振幅。

由此可见：

（1）二极管非线性特性使电流中有了新的频率成分，其具备频率变换作用。

（2）在新的频率分量中，直流分量 I_0 较起始电流 a_0 有一个增量，它与特性曲线的偶次项系数 a_2 以及交流电压振幅 U_{m} 的平方有关。基波分量由奇次项产生，二次谐波分量由二次以上偶次项产生。因此，非线性器件压流之间的关系可以用图 5.12（a）表示。

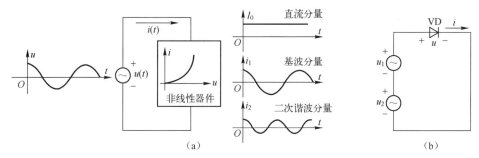

图 5.12　非线性电路的频率变换作用

（3）如果在非线性电路输出端接入滤波电路，将电流中有用的频率分量提取出来，无用的分量滤掉，就可实现频率变换功能，如只取直流分量就是整流电路，只取二次谐波分量就成了二倍频电路等。

如果像图 5.12（b）那样给二极管 VD 施加两个不同频幅的正弦波，即 VD 端电压为

$$u = u_1 + u_2 = U_{\Omega\mathrm{m}} \cos \Omega t + U_{\mathrm{cm}} \cos \omega_{\mathrm{c}} t$$

将其代入式（5.11），则流过二极管电流的幂级数展开式为

$$
\begin{aligned}
i &= a_0 + a_1 (U_{\Omega\mathrm{m}} \cos \Omega t + U_{\mathrm{cm}} \cos \omega_{\mathrm{c}} t) + a_2 (U_{\Omega\mathrm{m}} \cos \Omega t + U_{\mathrm{cm}} \cos \omega_{\mathrm{c}} t)^2 \\
&= \left(a_0 + \frac{a_2}{2} U_{\Omega m}^2 + \frac{a_2}{2} U_{\mathrm{cm}}^2\right) + a_1 (U_{\Omega m} \cos \Omega t + U_{\mathrm{cm}} \cos \omega_{\mathrm{c}} t) \\
&\quad + \frac{a_2}{2} (U_{\Omega m}^2 \cos 2\Omega t + U_{\mathrm{cm}}^2 \cos 2\omega_{\mathrm{c}} t) \\
&\quad + a_2 U_{\Omega m} U_{\mathrm{cm}} [\cos(\omega_{\mathrm{c}} + \Omega)t + \cos(\omega_{\mathrm{c}} - \Omega)t]
\end{aligned} \tag{5.12}
$$

由式（5.12）可见，当两个不同频幅的交流信号电压作用于非线性元件时，流过该元件的电流中不仅含有直流、基波和二次谐波等分量，而且还包含了两输入信号间的和频 $\omega_{\mathrm{c}} + \Omega$、差频 $\omega_{\mathrm{c}} - \Omega$（即上、下边频）等组合频率分量。非线性器件的这种特性说明其具备相乘器功能，也说明由这种器件构成的非线性电路与选频电路（如滤波器或 LC 谐振回

路）相结合，就可以构成实现线性频谱搬移的调幅电路以及振幅检波电路等。

2. 集成模拟乘法器

若载波电压 $u_c = U_{cm} \cos \omega_c t$，调制信号电压 $u_\Omega = U_{\Omega m} \cos \Omega t$，则两者相乘后的表达式为

$$A_M u_\Omega \times u_c = A_M U_{\Omega m} U_{cm} \cos \Omega t \cos \omega_c t$$
$$= \frac{1}{2} A_M U_{\Omega m} U_{cm} \cos[(\omega_c + \Omega)t + (\omega_c - \Omega)t] \tag{5.13}$$

式（5.13）说明，除了图 5.12 所示的非线性电路具有相乘器功能以外，集成模拟乘法器是一种性能更加理想的电路。伴随着半导体集成工艺的不断发展和技术性能的不断提高，模拟乘法器芯片加外围元件所构成的完整线性频谱搬移电路已经得到了广泛的应用。模拟乘法器芯片是在加有恒流源电路的差分对管放大电路基础之上发展起来的，这里将着重介绍这类芯片的内部组成、功能及其应用。

图 5.13（a）所示为变跨导式（又称双平衡式）模拟乘法器芯片 MC1496/1596 的内部电路，它由两对差分放大器加恒流源等电路组成。其中，恒流源电路的主要任务是保证差分对管放大器集电极电流的稳定性，而完成乘法器功能的基本电路是 VT_1 和 VT_2 以及 VT_3 和 VT_4 等组成的差分对管放大器。MC1596 芯片的外围管脚图以及用它来构成模拟乘法器电路必配元件的连接情况由图 5.13（b）示意。

作为集成模拟乘法器内部基础电路的单差分对管放大器如图 5.14 所示，它由两只性能完全相同的晶体管以恒流源偏置方式连成。即 VT_1、VT_2 构成单差分对管放大器，而 VT_3 为 VT_1、VT_2 两管的恒流源。当所有管子的电流放大系数 $\alpha \approx 1$ 时，流过 R_E 的电流为

$$I_o \approx \frac{V_{EE}}{R_E} \tag{5.14}$$

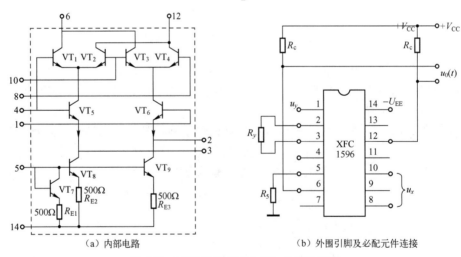

（a）内部电路　　　　　　　　　（b）外围引脚及必配元件连接

图 5.13　MC1496/1596 内部与外围电路图

由图 5.15（b）可见，$u_x = 0$ 时（即直流状态下）：

$$I_{C1Q} = I_{C2Q} = \frac{I_o}{2} = I_{CQ} \tag{5.15}$$

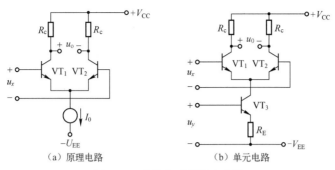

图 5.14　单差分对管放大电路

并且，汇入恒流源的电流为 $I_0 \approx i_{C1} + i_{C2}$，整理式（5.15）可得

$$I_0 \approx i_{C1}\left(1 + \frac{i_{C2}}{i_{C1}}\right) \tag{5.16}$$

因为，工作在正向导通区的两管发射极电流可表示为

$$i_{E1} \approx i_{C1} = I_s e^{\frac{u_{BE1}}{U_T}} \tag{5.17}$$

$$i_{E2} \approx i_{C2} = I_s e^{\frac{u_{BE2}}{U_T}} \tag{5.18}$$

式（5.17）和式（5.18）中，I_s 为晶体管饱和电流，而 U_T 为温度电压的当量值（常温 $T=300\,\mathrm{K}$ 时，$U_T \approx 26\mathrm{mV}$）。

代入式（5.16）可得

$$i_{C1} = I_o\left(1 + \frac{i_{C2}}{i_{C1}}\right)^{-1} = I_o(1 + e^{\frac{u_{BE2} - u_{BE1}}{U_T}})^{-1}$$

又由图 5.14（a）可见，$u_x = u_{BE1} - u_{BE2}$，所以，代入上式可得

$$i_{C1} = I_o\left(1 + e^{\frac{u_x}{U_T}}\right)^{-1} \tag{5.19}$$

如果用双曲正切函数 $\tan h(x) = \dfrac{e^x - e^{-x}}{e^x + e^{-x}}$ 来表示式（5.19），则可以获得

$$i_{C1} = \frac{I_o}{2}\left(1 + \tan h\frac{u_x}{2U_T}\right) \tag{5.20}$$

同理，有

$$i_{C2} = \frac{I_o}{2}\left(1 - \tan h\frac{u_x}{2U_T}\right) \tag{5.21}$$

如图 5.14（b）所示，若恒流源电路是受另一输入电压 u_y 控制的受控恒流源，则有

$$I_o = \frac{V_{EE} + u_y}{R_E}$$

将该式代入式（5.20）和式（5.21）分别可得

$$i_{C1} = \frac{V_{EE} + u_y}{2R_E}\left(1 + \tan h\frac{u_x}{2U_T}\right) = I_{CQ} + \Delta i_{C1} = I_{CQ} + \Delta i_C$$

$$i_{C2} = \frac{V_{EE} + u_y}{2R_E}(1 - \tanh\frac{u_x}{2U_T}) = I_{CQ} + \Delta i_{C2} = I_{CQ} - \Delta i_C$$

其中，

$$\Delta i_{C1} = -\Delta i_{C2} = \Delta i_C = \frac{V_{EE} + u_y}{2R_E}\tanh\frac{u_x}{2U_T}$$

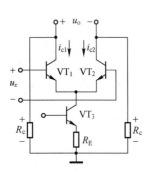

图 5.15　单差分对管放大器
交流通路

单差分对管放大器的局部交流通路如图 5.15 所示，其双端输出交流电压为

$$
\begin{aligned}
u_o &= i_{c2}R_c - i_{c1}R_c = -(i_{c1} - i_{c2})R_c \\
&= -(\Delta i_{C1} - \Delta i_{C2})R_C \\
&= -2\Delta i_C R_C \qquad\qquad (5.22) \\
&= -\frac{V_{EE} + u_y}{R_E}R_C\tanh\frac{u_x}{2U_T}
\end{aligned}
$$

若 $u_x = U_{1m}\cos\omega_1 t$，$u_y = U_{2m}\cos\omega_2 t$，则当 $U_{1m} \ll 2U_T = 52\text{mV}$ 时，根据双曲正切函数的性质，可有

$$\text{th}\frac{u_x}{2U_T} \approx \frac{u_x}{2U_T}$$

代入式（5.22），得放大器的双端输出电压为

$$u_o = -\frac{V_{EE}R_C}{2R_EU_T}u_x - \frac{R_C}{2R_EU_T}u_xu_y = A_{M1}u_x + A_{M2}u_xu_y \qquad\qquad (5.23)$$

显然，式（5.23）中的第 2 项是关于两输入信号的线性乘积项，它说明电路具有乘法器功能。而第 1 项却是 X 端输入信号的线性变换项，是差分对管放大电路产生的无用成分，它的存在将使这种电路的乘法器性能受到负面影响。为此，产生了图 5.16 所示的既能实现相乘功能，且性能更加完善的双差分对管放大器。其中，电阻 R_E 乃调节线性范围的电阻。不难证明，当满足 $U_{1m} \ll 2U_T = 52\text{mV}$ 的条件时，这种电路的双端输出电压表达式为

$$u_o = -\frac{2R_c}{R_E}u_y\frac{u_x}{2U_T} = A_Mu_xu_y \qquad\qquad (5.24)$$

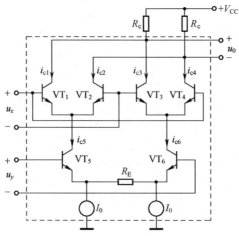

图 5.16　双差分对管放大器

126

式（5.24）与式（5.23）相比，明显少了 X 端输入信号的线性变换项，说明减少了无用成分。

虽然单差分对管放大器或双差分对管放大器是集成模拟乘法器的基本电路，但它们还存在诸多缺陷，譬如，如果 u_x 的幅度较大，不满足 $U_{1m} \ll 2U_T$ 条件，输出信号就不再满足式（5.24）表示的那种线性乘积关系了，会因为非线性失真而产生许多无用成分。这说明电路输入信号线性动态范围较小，需要扩展，为此，改进型集成模拟乘法器电路应运而生。

双平衡式模拟乘法器芯片如 MC1496/1596 的内部电路参见图 5.13（a），它是根据双差分对管放大器的基本原理制作而成的。由图 5.13（a）可见，第一对差分对管放大器由晶体管 VT_1 和 VT_2 组成，第二对由 VT_3 和 VT_4 组成。并且，VT_1 和 VT_3 的集电极、VT_2 和 VT_4 的集电极分别交叉相连，VT_2 和 VT_3 的基极也是交叉相连的。这种连接方式可使第一对差分放大器输入信号的极性恰好与第二对差分放大器输入信号的极性相反，即 $\Delta i_1 = -\Delta i_3$　$\Delta i_2 = -\Delta i_4$。另外，MC1496/1596 相乘器由晶体管 VT_7、VT_8、VT_9 以及电阻 R_{E1}、R_{E2}、R_{E3} 等组成多路恒流源电路。结合图 5.13（b），R_5、VT_7 与 R_{E1} 为电流源的基准电路，VT_8、VT_9 分别为 VT_5、VT_6 提供恒定的电流 $I_0/2$。因 R_5 外接，因此可方便地通过调节该电阻达到调整 $I_0/2$ 的目的。另外，芯片 2、3 脚外接电阻 R_y 具有负反馈作用，其接入可以扩大输入电压 u_y 的动态范围。5.13（b）图中 R_c 为外接负载电阻。

同理，如果画出双平衡式模拟乘法器电路的交流通路，可仿照式（5.22）获得总输出电压 u_0 的表达式为

$$u_{\mathrm{o}} = \frac{2u_y}{R_y} R_c \tanh \frac{u_x}{2U_T} \tag{5.25}$$

由式（5.25）可见，只有满足 $U_{1m} \ll 52\mathrm{mV}$，才能使输出电压 $u_{\mathrm{o}} = \dfrac{R_e}{R_y U_T} u_x u_y = A_M u_x u_y$（$A_M$ 为乘积系数）。因此，这类模拟乘法器电路的线性动态范围仍然受限。

为了改善这一特性，模拟乘法器芯片 BG314 的内部增加了如图 5.17 所示的反双曲正切函数电路（称修正电路）。

图中的 AB 端与三差分对管模拟乘法器的 8、10 端对应连接），它的加入使输出电压表达式可以式（5.25）修正为

$$u_{\mathrm{o}} = -\frac{R_C}{R_E} u_y \tanh\left(\operatorname{arctanh}\frac{2u_x}{I_k R_{E1}}\right) = -\frac{4R_C}{R_E R_{E1} I_k} u_x u_y = -A_M u_x u_y \tag{5.26}$$

这样一来，就不必满足 $U \ll 52\mathrm{mV}$ 的苛刻条件了。目前，常用于线性频谱搬移的模拟芯片有 MC1496/1596、BG314、AD834 等。其中，MC1496 适用于频率较低的场合，一般工作在 1 MHz 以下。MC1596 的工作频率却可以达几十兆赫兹。由于内部加入了呈反正曲函数关系的修正电路，因此，BG314 的线性范围明显大于前两种芯片。这些模拟 IC 芯片的工作原理大同小异，指标略有差别。

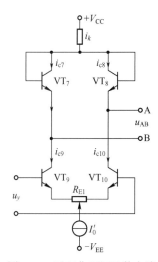

图 5.17　反双曲正切函数电路

综上所述，欲实现频谱的线性搬移，须使用具有相乘器功能的集成模拟乘法器电路或含有非线性元件的电路。另外，还必须加入具有滤波功能的带通滤波器或 LC 并联谐振回路等等，以保证调幅电路输出较为纯净的调幅波。

5.2.2　低电平调幅电路

在无线电通信中，按照电路输出信号功率电平的高低，有高电平和低电平两类调幅电路。所谓低电平调幅就是首先在发射机的末前级产生高频调幅信号，再经过线性高频功率放大器放大后达到所需要的发射功率。因低电平调幅的最大优点是：起调制作用的非线性器件工作在中、小信号状态，因此比较容易获得高度线性的调幅波。因而这种方式目前应用较为广泛，它可以用来产生 AM、DSB 和 SSB 等调幅信号。

低电平调幅可以采用二极管构成的平衡调制器和环形调制器等电路来实现。但是性能较完善且应用较多的是用集成模拟乘法器构成的低电平调幅电路，下面分别加以介绍。

1．二极管低电平调幅电路

由前述，因二极管伏安特性的非线性，使它可以和无源元器件一起构成具有频率变换作用的非线性电路。而图 5.18（a）所示的是由两只二极管及输入/输出变压器 Tr_1 和 Tr_2 连接而成的二极管平衡调制器。

该电路的元件挑选原则是：两只二极管应该具有完全相同伏安特性，变压器 Tr_1 的次级线圈以及 Tr_2 的初级线圈中心抽头的上下绕组匝数要求完全相等。下面就用大信号的开关函数分析法来分析该电路是否具有调幅功能。

设电路输入的调制电压 $u_\Omega(t) = U_{\Omega m} \cos \Omega t$，加在两抽头间的载波电压 $u_c(t) = U_{cm} \cos \omega_c t$，且设 $U_{cm} \gg U_{\Omega m}$，则两只二极管将工作在受高频正弦载波控制的开关状态下。为了便于分析输出信号电压 u_0 中含有的频率成分以及电路是否具有调幅功能，这里假设 VD_1 和 VD_2 处于正向偏置状态时的导通电阻 $r_{d1} = r_{d2} \approx 0$（即管子正向导通时两电极之间相当于短接）；而反向偏置状态时的截止电阻趋于无穷大（即管子处于反偏状态时两电极之间相当于断开）；并且，暂时不考虑输出端带通滤波器的作用。这样一来，二极管平衡调制器的等效电路如图 5.18（b）所示，它由两个闭合回路组成。根据回路电压定律，当作为控制信号的高频正弦载波为正半周（即 $u_c \geq 0$）时，两只二极管均因偏置为正而处于短接状态。

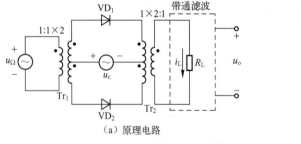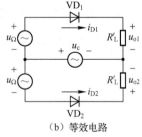

（a）原理电路　　　　　　　　　　　　　　（b）等效电路

图 5.18　二极管平衡调制器

则此时两等效负载电阻 R'_L 上的输出电压分别近似为 $u_{o1}(t) = u_c + u_\Omega$、$u_{o2}(t) = u_c - u_\Omega$。当控制信号电压为负半周（即 $u_c < 0$）时，两只二极管又同时处于截止断开状态，则两等

效负载 R'_L 上的输出电压分别近似为 $u_{o1}(t)=0$ 、 $u_{o2}(t)=0$ 。由此可见，因载波信号周而复始地变化，使两只二极管也随载波的周期变化时，而短接时而又断开，因此，可如此人为地表示两等效负载 R'_L 上的电压： $u_{o1}(t)=(u_c+u_\Omega)k_1(\omega_c t)$ 、 $u_{o2}(t)=(u_c-u_\Omega)k_1(\omega_c t)$ 。这样，输出变压器次级负载 R_L 上的总输出电压为

$$u_o=(u_o-u_{o2})k_1(\omega_c t)=(u_c+u_\Omega)k_1(\omega_c t)-(u_c-u_\Omega)k_1(\omega_c t)=2u_\Omega k_1(\omega_c t) \tag{5.27}$$

其中， $k_1(\omega_c t)$ 是周期与载波一致的单向开关函数（图 5.19），其表达式为

$$k_1(\omega_c t)=\begin{cases}1 & u_c\geq 0\\ 0 & u_c<0\end{cases}$$

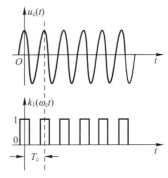

图 5.19　与载波对应的单向开关函数

因开关函数是波形为非正弦时间周期函数，因此可用傅里叶级数展开为

$$k_1(\omega_c t)=\frac{1}{2}+\frac{2}{\pi}\cos\omega_c t-\frac{2}{3\pi}\cos 3\omega_c t+\frac{2}{5\pi}\cos 5\omega_c t+\cdots \tag{5.28}$$

所以，将 $u_\Omega=U_{\Omega m}\cos\Omega t$ 以及式（5.28）代入式（5.27）并用积化和差公式展开，加以整理后可得

$$
\begin{aligned}
u_0 &= 2u_\Omega k_1(\omega_c t)\\
&= 2U_{\Omega m}\cos\Omega t\left(\frac{1}{2}+\frac{2}{\pi}\cos\omega_c t-\frac{2}{3\pi}\cos 3\omega_c t+\frac{2}{5\pi}\cos 5\omega_c t+\cdots\right)\\
&= U_{\Omega m}\cos\Omega t+\frac{4U_{\Omega m}}{\pi}\cos\Omega t\cos\omega_c t-\frac{4U_{\Omega m}}{3\pi}\cos\Omega t\cos 3\omega_c t+\cdots
\end{aligned}
\tag{5.29}
$$

由于式（5.29）第 2 项是调制信号和载波的乘积项，所以，该二极管电路具有乘法器功能。如果再用积化和差公式展开式（5.29），则不难发现：其输出电压中包含了上边频 $\omega_c+\Omega$ 、下边频 $\omega_c-\Omega$ 等有用分量，以及 $n\omega_c\pm\Omega$ （ n 为不小于的奇整数）等无用组合频率分量，其频谱图参见图 5.20。因此，如果在电路输出端接入带通型选频电路来滤除无用分量的话，则输出电压即为调幅波。

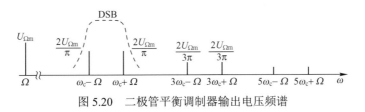

图 5.20　二极管平衡调制器输出电压频谱

图 5.21（a）示意的是由 4 只二极管和输入/输出变压器组成的二极管环形调制器的原理电路（未画输出端的带通型选频电路）。电路元件的挑选原则是：4 只二极管应具有完全相同伏安特性，两变压器中心抽头上下绕组的匝数也应完全相等。若调制信号电压 $u_\Omega(t)=U_{\Omega m}\cos\Omega t$ ，而载波电压 $u_c(t)=U_{cm}\cos\omega_c t$ ，则应满足 $U\gg U_{\Omega m}$ 的条件。这样一来，4 只二极管将工作在由高频载波控制的开关状态下。当 $u_c\geq 0$ 时，二极管 VD_1 和 VD_2 导通，而 VD_3 和 VD_4 却截止。 $u_c<0$ 时， VD_1 和 VD_2 截止，而 VD_3 和 VD_4 却导通，即两对二极管将在载波的正负半周轮流导通与截止，因而该电路可以人为视作是由两个二极管平衡调制

器级联而成的，它们的等效电路分别如图 5.21（b）、（c）所示。因图 5.21（b）等效电路与图 5.18（b）完全相同，因此，$u_c \geqslant 0$ 时的输出电压为

$$u'_0 = 2u_\Omega k_1(\omega_c t) \tag{5.30}$$

当 $u_c < 0$ 时的等效电路如图 5.21（c）所示，它也由两个回路组成。若 VD_3 和 VD_4 的正向导通电阻 $r_{d3} = r_{d4} \approx 0$，则由根据回路电压定律，两等效负载 R'_L 上的电压分别近似为 $u_{o3}(t) = -u_c + u_\Omega$；$u_{o4}(t) = -u_c - u_\Omega$。当控制信号电压 $u_c \geqslant 0$ 时，VD_3 和 VD_4 均又处于截止状态，两等效负载 R'_L 上的电压分别近似为 $u_{o3}(t) = 0$、$u_{o4}(t) = 0$。由此可见，因载波信号电压周而复始地变化，使 VD_3 和 VD_4 也随载波周期时而导通时而截止，因此，可以用下式表示两等效负载 R'_L 上的输出电压 $u_{o3}(t) = (-u_c + u_\Omega)k_2(\omega_c t)$；$u_{o4}(t) = (-u_c - u_\Omega)k_2(\omega_c t)$。其中，$k_2(\omega_c t)$ 是周期与载波一致的反向开关函数，其傅里叶级数展开式为

$$k_2(\omega_c t) = \frac{1}{2} - \frac{2}{\pi}\cos\omega_c t + \frac{2}{3\pi}\cos 3\omega_c t - \frac{2}{5\pi}\cos 5\omega_c t + \cdots \tag{5.31}$$

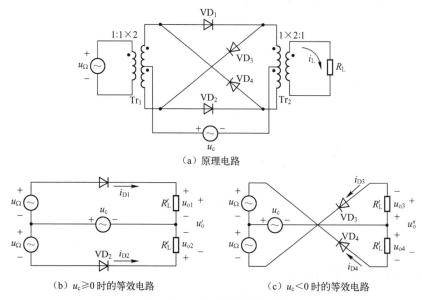

（a）原理电路

（b）$u_c \geqslant 0$ 时的等效电路　　　　　（c）$u_c < 0$ 时的等效电路

图 5.21　二极管环形调制器

由图 5.21（c）可见

$$u''_o = (u_{o4} - u_{o3})k_2(\omega_c t) = -2u_\Omega k_2(\omega_c t) \tag{5.32}$$

这样，输出变压器耦合到次级负载 R_L 两端的总输出电压为

$$u_o = u'_o + u''_o = 2u_\Omega[k_1(\omega_c t) - k_2(\omega_c t)] = 2u_\Omega k(\omega_c t) \tag{5.33}$$

其中，$k(\omega_c t) = k_1(\omega_c t) - k_2(\omega_c t)$ 称双向开关函数，其表达式及傅里叶级数展开式为

$$k(\omega_c t) = \begin{cases} +1 & u_c \geqslant 1 \\ -1 & u_c < 0 \end{cases} = \frac{4}{\pi}\cos\omega_c t - \frac{4}{3\pi}\cos 3\omega_c t + \frac{4}{5\pi}\cos 5\omega_c t + \cdots \tag{5.34}$$

所以，将 $u_\Omega = U_{\Omega m}\cos\Omega t$，$u_c = U_{cm}\cos\omega_c t$ 以及式（5.34）代入式（5.33）并用积化和差公式展开加以整理后可得

$$u_o = 2u_\Omega k(\omega_c t)$$

$$= 2U_{\Omega m} \cos \Omega t (\frac{4}{\pi} \cos \omega_c t - \frac{4}{3\pi} \cos 3\omega_c t + \frac{4}{5\pi} \cos 5\omega_c t + \cdots)$$

$$= \frac{8U_{\Omega m}}{\pi} \cos \Omega t \cos \omega_c t - \frac{8U_{\Omega m}}{3\pi} \cos \Omega t \cos 3\omega_c t + \cdots \tag{5.35}$$

$$= \frac{4U_{\Omega m}}{\pi} [\cos(\omega_c + \Omega)t + \cos(\omega_c - \Omega)t]$$

$$- \frac{4U_{\Omega m}}{3\pi} [\cos(3\omega_c + \Omega)t + \cos(3\omega_c - \Omega)t] + \cdots$$

由式（5.35）可见，由于输出电压中含有上边频 $\omega_c + \Omega$、下边频 $\omega_c - \Omega$ 以及无关的组合频率分量 $n\omega_c \pm \Omega$，并且有用的 $\omega_c \pm \Omega$ 分量振幅较平衡调制器的增大了 1 倍，因此，如果该二极管调幅电路的输出端接有带通滤波器的话，就可获得较为理想的调幅信号。这充分说明：该环形调制器具有相乘器功能，能够实现调幅。

目标 3　测评

两二极管电路如图 5.22（a）、（b）所示，其中 $u_c = U_{cm} \cos \omega_c t$ 为大信号，$u_\Omega = U_{\Omega m} \cos \Omega t$ 为小信号（即 $U_{cm} \gg U_{\Omega m}$），使两只性能完全相同的二极管工作在受 u_c 控制的开关状态下（注：假设两只二极管导通时的正向导通电阻 $r_d \approx 0$，截止时的反向电阻趋于无穷大）。

（1）试写出两电路输出电压 u_o 的表达式。

（2）问它们能否实现调幅？

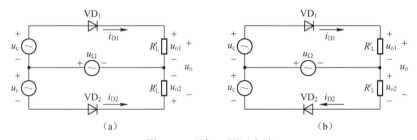

图 5.22　目标 3 测评电路

2. 模拟乘法器构成的低电平调幅电路

1）双边带调幅电路

图 5.10 说明，如果低频调制信号直接与高频载波信号相乘后滤除无用的频率分量，就可以实现 DSB 调幅。而低频调制信号电压先与直流电压相叠加，再与高频载波信号相乘后滤除无用的频率分量，就可以实现普通双边带（AM）调幅。

用变跨导模拟集成芯片 MC1596 构成的双边带调幅电路如图 5.23 所示。

在该电路中，接于 +12 V（U_{cc}）电源的电阻 R_{10}、R_{11}（即图 5.15 中的外围电阻 R_c）用来分压，以便为乘法器内部晶体管 $VT_1 \sim VT_4$ 提供静态基极偏置电压。电位器 R_W 和 R_6、R_8 以及 R_4、R_5 等电阻构成了调零电路，调节 R_W 使电路对称，可以达抑制无用载频分量输出幅度的目的，而接于芯片 2 与 3 端的电阻外接负反馈电阻 R_Y，它的接入可以扩充 $u_\Omega(t)$ 的线性动态范围。

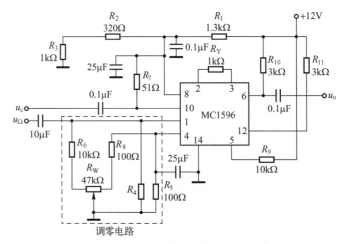

图 5.23　用 MC1596 搭建的 DSB 调幅电路

作为输入的载波信号电压 u_c 通过容量为 $0.1\mu F$ 的高频耦合电容及分压电阻 R_7 加到相乘器的 8 引脚和 10 引脚，作为另一输入的低频调制电压 $u_\Omega(t)$ 则通过 $10\mu F$ 的低频耦合电容等加至芯片的 1 脚和 4 脚，从 6 脚输出的调幅信号则由 $0.1\mu F$ 电容耦合至下级电路。

为了尽量抑制载波分量，使输出为真正意义下的 DSB 调幅信号，电路应该做到：当 $u_\Omega(t)=0$（即 1 端短路），而只有载波 u_c 输入时，调节 R_W 使相乘器输出电压等于零。事实上，由于模拟乘法器电路不可能完全对称，故调节 R_W 无法使输出电压完全为零，只能要求输出电压中含有的载频分量最小（毫伏数量级）。如果输出电压中含有的载频分量过大，则说明抑制载波分量的能力差，电路性能较差。

在该电路中，低频输入信号电压 $u_\Omega(t)$ 的幅度不能过大；否则会因其最大值受 $\dfrac{I_0}{2}$ 与 R_Y 的乘积的限制而使输出信号电压失真严重。

在实际应用中，常使载波信号振幅 $U_{cm} \geqslant 260\text{mV}$，这样做的好处在于可使双差分对管在 u_c 的作用下周期地工作在开关状态下，输出电压为

$$u_o = -\frac{2R_c}{R_Y}u_\Omega(t)u_c(t) \approx A_M u_\Omega(t)k(\omega_c t) \tag{5.36}$$

式中，$k(\omega_c t)$ 是载波电压对应的双向开关函数。其傅里叶级数展开式见式（5.34）。将 $u_\Omega(t)=U_{\Omega m}\cos\Omega t$ 及式（5.34）代入式（5.36）并用积化和差公式展开后可得

$$
\begin{aligned}
u_o &\approx A_M U_{\Omega m}\cos\Omega t\left(\frac{4}{\pi}\cos\omega_c t - \frac{4}{3\pi}\cos 3\omega_c t + \cdots\right)\\
&\approx \frac{4A_M U_{\Omega m}}{\pi}\cos\Omega t\cos\omega_c t - \frac{4A_M U_{\Omega m}}{3\pi}\cos\Omega t\cos 3\omega_c t + \cdots\\
&\approx \frac{2A_M U_{\Omega m}}{\pi}[\cos(\omega_c+\Omega)t + \cos(\omega_c-\Omega)t]\\
&\quad - \frac{2A_M U_{\Omega m}}{3\pi}U_{\Omega m}[\cos(3\omega_c+\Omega)t + \cos(3\omega_c-\Omega)t] + \cdots
\end{aligned} \tag{5.37}
$$

式（5.37）说明，因 $u_o(t)$ 中含有关于两输入信号的和频、差频分量 $\omega_c\pm\Omega$，以及无关的组合频率分量 $n\omega_c\pm\Omega$，因此，如果在该电路输出端接入具有带通特性的选频电路，即可获得抑制载波的双边带信号。

若调节 R_W 使相乘器输出的载波电压不为零，可以使 1、4 端直流电位不相等，相当于在输入端加了一个固定的直流电压 U_Q，使双差分对放大器电路不再对称，载波无法被抑制，即这种情况输出的将是普通双边带调幅波。

例 5.3 已知调制信号 $u_\Omega(t)$ 的频率取值域为（300，4000）Hz，载频为 560 kHz。现采用 MC1596 进行普通双边带调幅，载波和调制信号分别从 X、Y 通道输入。

（1）若 X 通道输入的是小幅度载波信号，则输出 $u_o(t) = A_M u_x u_y$。

（2）若 X 通道输入的是振幅很大的载波信号（即 $U_{cm} \geqslant 260\text{mV}$），则由式（5.41）得输出

$$u_o(t) = A_M u_y k(\omega_c t)$$

试分析这两种情况下输出信号的频谱。

解　由于是 AM 调幅，故应在 $u_\Omega(t)$ 上叠加一直流电压后作为 Y 端输入，即 $u_y(t) = U_Q + u_\Omega(t)$。显然，为使调制指数 $m_a \leqslant 1$，U_Q 应不小于 $u_\Omega(t)$ 的最大振幅，令 $u_x(t) = \cos\omega_c t$，则

（1）当 $u_x(t)$ 是小幅度载波信号时，输出信号为

$$u_o(t) = A_M u_x u_y = A_M [U_Q + u_\Omega(t)]\cos\omega_c t = A_M U_Q \cos\omega_c t + A_M u_\Omega(t)\cos\omega_c t$$

其中，第 1 项是载频分量，第二项是 DSB 信号（即上边带加下边带分量）。该 AM 调幅波的频谱如图 5.24（a）所示。

（2）当 $u_x(t)$ 的振幅 $U_{cm} \geqslant 260\text{mV}$ 时，它将使乘法器工作在受载波控制的开关状态下，这时，输出信号电压表述为

$$u_o(t) = A_M u_x u_y = A_M [U_Q + u_\Omega(t)]k(\omega_c t)$$

$$= A_M [U_Q + u_\Omega(t)]\left(\frac{4}{\pi}\cos\omega_c t - \frac{4}{3\pi}\cos 3\omega_c t + \cdots\right)$$

$$= A_M U_Q\left(\frac{4}{\pi}\cos\omega_c t - \frac{4}{3\pi}\cos 3\omega_c t + \cdots\right) + A_M u_\Omega(t)\left(\frac{4}{\pi}\cos\omega_c t - \frac{4}{3\pi}\cos 3\omega_c t + \cdots\right)$$

解析该式可见，输出电压中含有 nf_c 及 $nf_c \pm (300,4000)\text{Hz}$（$n = 1,3,5,\cdots$）等组合频率分量，其频谱如图 5.24（b）所示。

图 5.24　例 5.3 的输出信号频谱

显然这里面含有普通调幅信号的频谱。由于 $f_c = 560\text{kHz}$，$F_{max} = 4\text{kHz}$，$f_c \gg F_{max}$，所以用带通滤波器很容易取出其中的 AM 信号频谱而滤除 f_c 的 3 次及其以上奇次谐波周围的无用频率分量。从上面的分析可知，虽然两种情况下的输出频谱有所不同，但经过带通滤波后的频谱就一样了。必须说明的是，有些情况下就很难甚至不可能完全滤除无用分量。如在此例中，如果 $u_o(t)$ 的频谱为 $\omega_c \pm n(\Omega_{min}, \Omega_{max})$（$n = 1,2,\cdots$）的话，就会这样。读者可自行分析这种情况。

2）单边带调幅电路

SSB 信号可用滤波法或移相法来产生。只要将产生双边带信号电路输出端的带通型选

频电路换成通频带范围更窄的边带滤波器，就可从中提取一个边带（上边带或下边带）而获得 SSB 调幅信号。这就是滤波法产生 SSB 信号的基本道理，其方框图和对应的频谱见图 5.25。

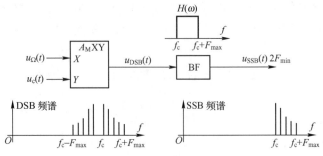

图 5.25　滤波法实现 SSB 调幅

然而，由于在双边带调幅信号中，上、下边带分量间的频率间隔一般为 $2F_{\min}$（对应的频率一般约为几百赫兹），欲滤除一个边带而完全保留另外一个边带，就要求边带滤波器具有接近矩形的滤波特性（即滚降系数为 0），如图 5.25 中 $H(\omega)$ 所示。又因为，一般 $f_c \gg F_{\max}$，所以边带滤波器的相对带宽很小，使这种滤波器的制作具有一定难度。这充分说明：当调制信号的下限频率 $F_{\min}$ 较低，尤其是 $F_{\min} \approx 0$ 时，用滤波法产生 SSB 信号就比较困难。

单音上边带和下边带 SSB 信号可以分别表示为

$$
\begin{aligned}
u_{\text{SSBH}}(t) &= kU_{\Omega m}U_{cm}\cos(\omega_c + \Omega)t \\
&= kU_{\Omega m}U_{cm}\cos\Omega t\cos\omega_c t - kU_{\Omega m}U_{cm}\sin\Omega t\sin\omega_c t
\end{aligned} \tag{5.38}
$$

$$
\begin{aligned}
u_{\text{SSBL}}(t) &= kU_{\Omega m}U_{cm}\cos(\omega_c - \Omega)t \\
&= kU_{\Omega m}U_{cm}\cos\Omega t\cos\omega_c t + kU_{\Omega m}U_{cm}\sin\Omega t\sin\omega_c t
\end{aligned} \tag{5.39}
$$

式（5.38）或式（5.39）说明，SSB 信号可视作两 DSB 信号之和（相加/相减），各自的调制信号和载频信号从相位上来讲，分别相差 90°。因此，解决滤波法存在问题的办法之一是采用图 5.26 所示的移相法来获得 SSB 信号。这种方法是利用移相器将无用的边带分量加以抵消来获得 SSB 信号的，也就不再需要制作滚降系数为 0 的边带滤波器。

应该指出，移相法也有缺陷，那就是它要求移相网络对 $u_\Omega(t)$ 中的所有频率分量都能够准确地移相 90°，这在实际中很难做到。由于滤波器的性能稳定可靠，因此，采用滤波法产生单边带信号仍是目前的主要方法。

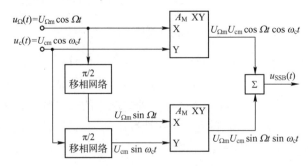

图 5.26　相移法产生 SSB 信号的模型

并且，当调制信号的下限频率 $F_{\min}$ 接近于零，高频段带通滤波器难以制作时，可以考虑采用图 5.27 所示的多次滤波法来获得 SSB 信号,由于该方式可以在低频段的载频 f_{c1}(它略大于 $F_{\max}$ 即可)附近进行第 1 次边带滤波,因此,这种方式降低了边带滤波器的制作难度。移相法一般用在性能要求不高的小型发射机上。

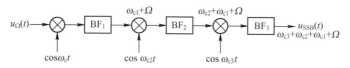

图 5.27　多次滤波法获得 SSB 信号的模型

思考:假设调制信号电压 $u_{\Omega}(t)$ 的频谱如图 5.24(a)所示,而图 5.27 中的 BF 分别为上边带滤波器,问各边带滤波器 BF_1、BF_2、BF_3 输出信号的频谱图是什么样?

目标 4　测评

图 5.28 所示原理框图中,已知 $f_{c1}=50\ \text{kHz}$,$f_{c2}=20\ \text{MHz}$,调制信号 $u_{\Omega}(t)$ 频谱如图 5.28 所示,其频率取值范围为($F_{\min}$　$F_{\max}$),试画图说明其频谱搬移过程,并说明总输出信号 $u_{o}(t)$ 是哪种调幅信号。

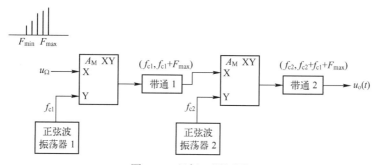

图 5.28　目标 4 测评图

5.2.3　高电平调幅电路

为了在发射机输出级获得较大的输出功率和较高的调制效率,高电平调幅电路一般直接利用调制信号去控制高频谐振功率放大器的输出功率来实现调幅。也就是说,它直接利用工作在乙类或丙类非线性工作状态下的高频功率放大器,来实现线性频谱搬移的。这种调幅电路只能用来产生普通双边带调幅波,其突出优点是整机效率高,适用于大型通信或广播设备的普通调幅发射机。根据调制信号所加电极的不同,分基极调幅和集电极调幅等高电平调幅电路。

图 5.29 所示的是高电平基极调幅器的原理电路,在此电路中,载波电压 $u_{c}(t)$ 和低频调制信号电压 $u_{\Omega}(t)$ 分别被高频变压器 Tr_1 及低频变压器 Tr_2 耦合到了晶体管的基极。C_2 为高频旁路电容,用来为高频电流提供通路,但它对低频调制信号呈现的容抗却很大;C_1 为低频旁路电容,用来为低频电流提供通路。在输出端,C 和 L 以及外接电阻 R 共同组成了通频带范围较宽的 LC 并联谐振回路,用来滤除集电极电流中无用的谐波分量,以便电路能够在功率放大高频正弦载波的同时,使其振幅按低频调制信号的规律变化,达调幅的目的。C_3 为高频旁路电容,用来为高频已调信号电流提供通路。C_4 为耦合电容,负责将电路产生的

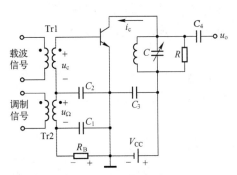

图 5.29 基极调幅电路

AM 调幅波耦合给下级电路。

由图 5.29 可见，若载波信号电压 $u_c(t) = U_{cm}\cos\omega_c t$，调制信号电压 $u_\Omega(t) = U_{\Omega m}\cos\Omega t$，则晶体管 BE 间电压 $u_{BE} = (V_{BB} + U_{\Omega m}\cos\Omega t) + U_{cm}\cos\omega_c t = V_{BB}(t) + U_{cm}\cos\omega_c t$。据 $u_{BE}(t)$ 的波形，可以对应折线化后的晶体管转移特性曲线逐点描迹地绘制 $i_c(t)$ 波形，详见图 5.30。由于基极工作点电压 $V_{BB}(t)$ 随调制信号变化，导致 i_c 的振幅也随着调制信号而起伏（为振幅随调制信号起伏的余弦脉冲）。因此，如果带宽受限的集电极谐振回路被调谐在 f_c 上，则 i_c 所含基波电流（振幅随 $u_\Omega(t)$ 变化的余弦波）在负载上建立的输出电压即为 AM 调幅信号。并且，欲减小调制失真并增强调制效率，应使这种调幅电路在调制信号动态范围内始终工作在丙类功率放大器的欠压状态下。所以，基极调幅电路的缺点是能量转换效率比较低。

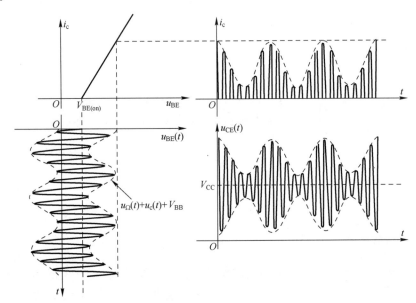

图 5.30 基极调幅各点波形图

图 5.31 所示的是集电极调幅电路，与基极调幅电路不同的是，调制信号通过低频变压器 Tr_2 被加至晶体管的集电极，这样，因晶体管 CE 间的工作点电压 $U_{\Omega m}\cos\Omega t V_{cc}(t) = V_{cc} + U_{\Omega m}\cos\Omega t$，它将随调制信号电压起伏，导致集电极电流为振幅随 $u_\Omega(t)$ 而缓变的余弦脉冲。因此，电路在放大高频正弦载波功率的同时，能够使载波的振幅也随低频调制信号而起伏，实现了调幅。并且，欲减小调制失真并增

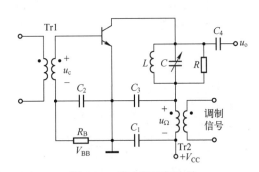

图 5.31 集电极调幅电路

强调制效率，应使集电极调幅电路在调制信号动态范围内始终工作在丙类功率放大器的过压状态下。所以，集电极调幅电路的能量转换效率较高，适用于较大发射功率的调幅发射机。

5.3　调幅波的解调

5.3.1　检波器基本介绍

接收机从接收到的高频已调信号中还原消息信号（即低频调制信号）的过程称解调。因调幅波的解调实质上是将寄载在高频已调波振幅上的消息信号还原出来，因而又被称作振幅检波，而实现这种功能的装置称为振幅检波器，简称检波器。

振幅检波方法有包络检波和同步检波两大类。包络检波器比较适合普通双边带调幅信号的解调；而同步检波器既可以用来解调普通双边带调幅信号，也可以用来解调抑制载波的双边带及单边带调幅信号。因同步检波电路比较复杂、成本高，所以主要用来解调 DSB 和 SSB 信号。

从频谱关系上看，检波器输入的是高频载波及边带分量，而输出的却是低频调制信号分量，因此检波过程也是一种频率变换过程（频谱反搬移），必须利用非线性元器件等构成的具有相乘功能的电路来实现检波。一般来讲，检波电路输出的有用成分应该是频率变换后的低频分量。

在正常情况下，对检波器的技术指标有以下要求：

（1）检波效率（又称电压传输系数）k_d 要高。检波效率是指检波器输出的低频电压振幅与输入的高频已调信号 u_i（含有调制分量）包络振幅之比，即

$$k_d = \frac{U_{om}}{m_a U_{im}} \leqslant 1$$

在相同输入电压下，如果 k_d 越高，则输出电压就越大，说明检波器对调幅波的解调能力越强。通常，二极管检波器的电压传输系数 $k_d < 1$。

（2）检波电路的输入电阻 R_i 要大。从检波器输入端看进去的等效电阻即为输入电阻 R_i，因检波电路通常作为中放级的负载，因此其输入电阻 R_i 越大，对前级电路的影响就越小。

（3）检波失真要小。如果接收机中检波器解调输出的调制信号波形与发送端消息信号波形不一致，就意味着有了失真。输出波形的失真程度和失真的产生原因随输入信号的大小和检波器工作状态的不同而有所不同，应当尽量避免或减少检波失真。

除了上述主要性能指标以外，还要求检波器的滤波性能要好，以便使无用的高频分量尽量不随同低频分量进入后级电路，形成负面影响。

5.3.2　二极管包络检波电路

二极管包络检波器的原理电路如图 5.32（a）所示。在该电路中，VD 为检波二极管，R 是检波器的直流负载电阻，电容器 C 起高频旁路作用，R 和 C 实际上组成了低通滤波电路。该电路既可用于小信号检波，又可用于大信号检波。如果输入信号幅度大于 0.5 V，则它将工作在大信号包络检波状态。大信号包络检波分峰值包络检波和平均值包络检波两类，

由于前者具有电路简单，性能良好而获得广泛地应用，并且适用于普通调幅信号的解调。为此下面主要介绍这种大信号峰值包络检波器的工作原理。

1. 工作原理

在图 5.32 所示电路中，来自中放的普通双边带调幅电压可通过互感变压器耦合到本级，即电路输入的是 AM 调幅波。电路中，R 为检波器的直流负载电阻，其数值较大，当低频电流流过 R 时将获得低频电压；C 为滤波电容，对无用高频信号起旁路作用，使高频信号电压全部降在二极管上，提高检波效率。

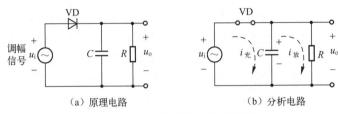

(a) 原理电路　　　　　　　　(b) 分析电路

图 5.32　二极管峰值包络检波器

大信号检波与小信号检波工作原理的区别在于检波二极管所处状态有所不同。小信号检波时，二极管 VD 在偏置电压作用下始终处于导通状态。而大信号检波时，则利用二极管加正向电压（即 $u_i \geq 0$ 时）导通，加反向电压（即 $u_i < 0$ 时）截止的非线性特性来实现频率变换的。在这种情况下，由于输入信号幅度一般比较大，可以使二极管工作在受 u_i 控制的开关状态下，因此，其等效电路如图 5.32（b）所示。工作在开关状态下的二极管特性曲线可以用分段的折线特性来近似，这使得输出检波电流与输入高频信号电压的振幅呈线性关系，所以这种检波方式属于线性检波。当然，线性检波是指用检波电流代表的检波特性是线性的，但实际检波仍然利用二极管截止与导通的非线性伏安特性来完成。下面就对照图 5.33 来说明这种检波原理。

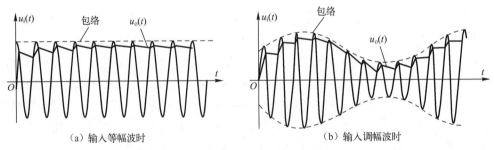

(a) 输入等幅波时　　　　　　　　(b) 输入调幅波时

图 5.33　两种情况下检波器的波形

首先假设输入的高频信号电压 $u_i = U_{im}\cos\omega_c t$（等幅正弦波），当它被加至电路时，最初，因电容上的电压 u_c 为零，故 u_i 被直接加在二极管 VD 两端。当 $u_i \geq 0$（正半周）时，VD 导通并对电容C充电。充电速度取决于充电时间常数 $r_d C$（r_d 为二极管的正向导通电阻）。由于 r_d 很小，i_d 很大，所以电压 u_c 就会因充电很快而迅速接近输入信号的峰值。

电容上的电压 u_c 建立起来后，通过信号源反向加至二极管 VD，使 $u_D = u_i - u_0$，这时VD 的导通与否由 u_c 与 u_i 共同决定。一旦输入信号电压减小至 $u_i < u_C$，VD 就会截止。电容C 上贮存的电荷就要通过电阻 R 放电，放电速度取决于电路的时间常数 RC。由于 $R \gg r_d$，

所以放电时间常数大于充电时间常数，形成快充慢放。由于 $u_i = U_{im} \cos \omega_c t$ 会每隔一个周期重复变化一次，导致电容时而被充电时而又放电，因而输出电压 $u_o = u_c = u_i - u_D$ 随时间的变化图形为图 5.33（a）所示的锯齿状波形。该波形的变化规律非常接近输入高频正弦波的包络（即 u_i 的振幅 U_{im}）。

如果检波电路的输入信号电压是普通调幅波，即 $u_i = u_{AM}(t) = U_{cm}(1 + m_a \cos \Omega t) \cos \omega_c t$。则当 $u_{AM} \geq 0$（正半周）时，VD 导通并对电容 C 充电。由于充电时间常数中的 r_d 很小，所以 u_c 会迅速地接近输入信号的峰值。

同样，u_c 建立起来后，通过信号源反向加至 VD，使 $u_D = u_{AM} - u_0$，这时 VD 的导通与否由 u_c 与 u_i 共同决定。一旦输入信号电压减小至 $u_{AM} < u_c$，VD 就会截止。电容 C 上贮存的电荷通过电阻 R 缓慢地放电，形成快充慢放。当调幅信号电压变换至下一个周期时，只要电压超过 u_0，VD 又导通，C 又充电，这样周而复始地变化，使电容电压（即输出电压 u_o）重现了输入调幅信号包络的形状，完成了峰值包络检波，见图 5.33（b）。

以上分析是粗略的，只是简单地证明了该包络检波器可以完成 AM 调幅波的解调任务。下面对照图 5.34 用折线分析法来对电路进行较为详尽的分析，从而进一步证明该电路确实能够实现对普通调幅波的解调，并由此而得知流过检波管的电流成分等。折线化后的检波管伏安特性如图 5.34（a）所示，其中 $U_{BE(on)}$ 为转折电压，它将管子的工作区分成了导通区和截止区。另外，原理电路中的电容 C 对高频电流的旁路作用，使 $u_D \approx u_i$。这样一来，若输入信号电压为等幅高频余弦波，则当 $u_i \geq U_{BE(on)}$ 时，检波管导通，电流 i_D 将随 u_i 线性变化。

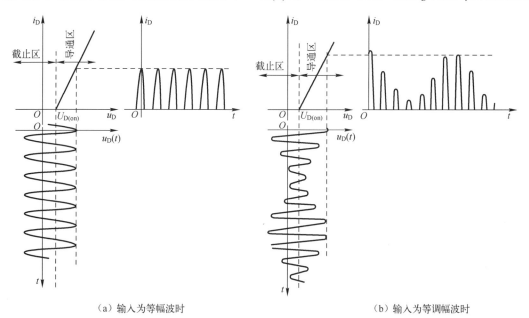

（a）输入为等幅波时　　　　　　　　　　　　　（b）输入为等调幅波时

图 5.34　检波器的压流波形

当 $u_i < U_{BE(on)}$ 时，管子截止，$i_c \approx 0$。因此，流过检波管的电流 i_D 的波形见图 5.34（a），它为周期余弦脉冲，可以用傅里叶级数展开为

$$i_D = I_0 + I_{1m} \cos \omega_c t + I_{2m} \cos 2\omega_c t + I_{3m} \cos 3\omega_c t \tag{5.40}$$

式（5.40）说明，当输入为高频等幅正弦波时，流过 VD 的电流中含有直流分量、基

波分量以及二次谐波等高频分量，因此，只要低通滤波电路的元件 R 和 C 等选择合适，就能滤除高频分量，使输出电压 $u_o = I_0R = U_0 \approx U_{cm}$（即近似等于输入信号的包络）。

同理，当输入为 AM 调幅波时，由图 5.34（b）可见，检波电流 i_D 波形呈调幅余弦脉冲状（即 i_D 振幅输入信号包络形状相对应）。若用傅里叶级数展开分析可知，它含有 3 种频率成分：直流、低频调制信号（与输入包络变化规律近似）、高频载波的基波或谐波或组合频率分量。致使输出电压 u_o 中既含有低频信号（有用成分）又含有直流分量（它可以反映接收信号的强弱），同时还含有与载波有关的高频分量（无用成分）。由于电容 C 上的波动电压略小于载波电压的峰值，只要设法把波动电压的高频成分滤除掉，就可获得有用的检波输出电压。因此，适当地选择 RC 时间常数，使 $RC \gg T_c = 2\pi/\omega_c$，可提高输出低频分量、抑制高频分量，可认为电容 C 上的电压将按调幅波的包络规律起伏。说明该二极管电路具有解调 AM 调幅波，重建调制信号的功能。

2．主要性能指标

二极管大信号包络检波器有电压传输系数、输入电阻和失真等 3 个主要性能指标，下面分别加以讨论。

1）电压传输系数 k_d

由图 5.35 可见，当 $u_i = U_{im}\cos\omega_c t$ 时，检波器输出电压 $u_o = U_0$ 接近于输入电压的振幅 U_{cm}。因此，这种检波方式的电压传输系数可达 0.9 以上。k_d 是不随信号电压而变化的一个常数，其大小由二极管的内阻 r_d 和直流负载电阻 R 等决定。R 值越大，则 k_d 越高，但电阻值要受其他因素的制约。

2）输入电阻 R_i

电路理论表明，对于串联型检波电路（指输入信号、检波二极管和负载三者呈串联关系）而言，在大信号检波时，因负载电阻 r_d（二极管正向导通电阻），所以检波器的输入电阻 $R_i \approx \dfrac{1}{2}R$。因此，R 越大，则检波器输入电阻就越大，前级电路的负担就越轻。

3）检波失真

检波器输出电压波形与输入信号包络之间最好只有时间上的延迟或幅度上的线性比例变化，而不能出现非线性或线性失真。但是，当某些条件无法满足时，会导致以下失真：

（1）惰性失真。如上所述，要想提高检波效率或具有良好的滤波效果，应该选用比较大的 RC 值。但是，如果 RC 时间常数过大，则电容 C 的放电速度就比较慢，致使在输入信号包络的下降时期，检波管始终处于截止状态，导致输出电压无法跟随输入信号包络的变化，而是按电容 C 的放电规律变化，与输入无关，如图 5.35 中 $t_1 \sim t_2$ 期间波形所示。只有当输入信号振幅重新超过输出电压时（譬如 $t_1 > t_2$ 时），电路才恢复正常。这种失真称"惰性失真"（有时也叫"对角切割失真"或"放电失真"）。

为了防止惰性失真，在任何一个高频 AM 调幅信号的周期内，必须在输入信号包络下降较快的时期内，保证电容 C 通过电阻 R 放电的速度大于包络的下降速度。如果对电路进一步

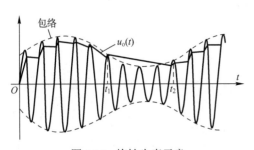

图 5.35　惰性失真示意

定量分析，可以发现，为了确保在调制信号的最大角频率 $\Omega_{\max}$（调制信号频率高意味着包络变化速度快）时也不产生惰性失真，必须满足

$$RC \leqslant \frac{\sqrt{1-m_a^2}}{m_a \Omega_{\max}} \tag{5.41}$$

式（5.41）表明，如果 m_a 和 $\Omega_{\max}$ 数值如果越大，则容许的 RC 值就越小；否则就越容易引起惰性失真。但是，从提高检波器的电压传输系数和高频滤波能力来看，RC 值又应尽可能地大，所以，其最小值当满足

$$RC \geqslant \frac{5 \sim 10}{\omega_c} \tag{5.42}$$

式（5.42）是一个源于实践的经验公式。而综合式（5.41）和式（5.42），可得不至于产生惰性失真的 RC 可供选用数值范围为

$$\frac{5 \sim 10}{\omega_c} \leqslant RC \leqslant \frac{\sqrt{1-m_a^2}}{m_a \Omega_{\max}} \tag{5.43}$$

（2）负峰切割失真。为了只将检波器输出的有用低频信号传送给负载 R_L，需在电路中接入一个大容量隔直耦合电容 C_c，如图 5.36 所示。由该电路图可见，因电容 C 对高频的旁路作用以及 C_c 的隔直通低频交流作用，所以，理想情况下，图中二极管的负载电阻 $Z(j\omega)$ 随检波电流中频率成分而有如下变化，即

对于直流负载电阻，有　　　　　　　　$Z(0) = R$ $\qquad$ (5.44a)

对于低频交流负载电阻，有

$$Z(\Omega) = R_\Omega = \frac{RR_L}{R + R_L} \tag{5.44b}$$

对于高频交流负载电阻，有

$$Z(\omega_c) \approx 0 \quad （电容 C 对高频的旁路作用） \tag{5.44c}$$

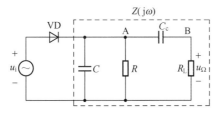

图 5.36　有载二极管峰值包络检波器

正是由于交直流负载电阻的不等，才会引起输出低频交流电压的底部可能被切割，从而产生所谓负峰切割失真，现分析如下：

假设检波器输入电压，$u_i = u_{AM}(t) = U_{cm}(1 + m_a \cos\Omega t)\cos\omega_c t$，二极管导通电压可以忽略，电压传输系数 $k_d \approx 1$。则图 5.36 电路 A 点对地电压 $u_A = U_{cm}(1 + m_a \cos\Omega t)$；B 点对地电压 $u_\Omega = m_a U_{cm} \cos\Omega t$。由于隔直电容很大，因此在 C_c 两端建立电压 $u_c = U_{cm}$，且它在包络的一个周期内维持不变。u_c 在 VD 截止期间将在电阻 R 上建立分压 u_R，其值为

$$u_R = u_c \frac{R}{R + R_L} = U_{cm} \frac{R}{R + R_L} \tag{5.45}$$

电压 u_R 对二极管 VD 来讲是一静态反向偏压，可用 U_R 表示。在输入调幅波振幅最小

值附近，若电压数值小于 u_R ，则该期间内 VD 截止，使电容 C 只放电不充电。因 $C_c \gg C$ ，且在包络的一个周期内 u_c 保持不变，这使 C 放电后 u_R 被维持在 u_R 上，造成输出电压波形的底部如同被切割，如图 5.37 所示。

由上述分析可见，欲避免产生负峰切割失真，要让输入调幅波最小振幅值满足

$$U_{cm}(1-m_a) \geqslant u_R = U_{cm}\frac{R}{R+R_L} \tag{5.46}$$

而由式（5.46）推导可得

$$m_a \leqslant \frac{R_L}{R+R_L} = \frac{R_\Omega}{R} \tag{5.47}$$

式（5.47）说明，调幅系数 m_a 一定时，如果低频交流负载电阻 R_Ω 越接近直流电阻 R ，则出现负峰切割失真的可能性就越小。R_Ω 的表达式见式（5.44b），由该式可见，欲加大 R_Ω ，需提升负载 R_L 。提升的办法有很多，譬如：①在检波电路与下级放大器之间接入射极跟随器，使前后级电路相互隔离，以减轻后级电路的影响。②可以将直流负载电阻 R 一分为二后再与下级电路级连，如图 5.38 所示，这样也可以减小交、直流负载的差别，减小产生负载切割失真的概率。

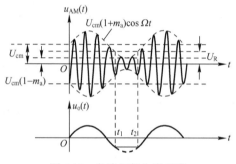

图 5.37　负峰切割失真示意

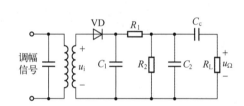

图 5.38　可减小负峰切割失真的包络检波器

在图 5.38 所示电路中，交直流负载电阻分别为

$$Z(0) = R = R_1 + R_2 \tag{5.48}$$

$$Z(\Omega) = R_\Omega = R_1 + \frac{R_2 R_L}{R_2 + R_L} \tag{5.49}$$

由式（5.48）可见，当 R 一定时，R_1 越大，则交、直流负载的差别就越小，负峰切割失真产生的可能性就越小。但是，因 R_1 、R_2 的分压作用，通常会使有用的低频输出电压有所减小，因此通常取 $R_1 = (0.1 \sim 0.2)R_2$ （经验关系式）。此外，为了进一步滤除无用的高频分量，通常在 R_2 上并接一个高频旁路电容 C_2 （见图 5.38）。

（3）频率失真。除上述的非线性失真外，还要考虑电容 C 对调制信号上限频率 Ω_{max} 以及电容 C_c 对下限频率 Ω_{min} 的影响，必须保证 $R \ll \dfrac{1}{\Omega_{max}C}$ 和 $R_L \gg \dfrac{1}{\Omega_{min}C_c}$ ，才能避免检波器的频率失真。

例 5.4　已知 AM 调幅波载频 $f_c = 465\text{kHz}$ ，调制信号频率范围为 $(0.3 \sim 3.4)\text{kHz}$ ，$m_a = 0.3$ ，$R_L = 10\text{k}\Omega$ ，试确定图 5.38 所示二极管峰值包络检波器有关元器件的参数。

解　各元件参数选择一般按以下步骤进行：

（1）选择检波二极管。

因为电路属于大信号的峰值包络检波器，因此目前阶段一般选用正向电阻小、反向电阻大、结电容很小而开关速度却很快的肖特基开关二极管。

（2）RC 时间常数应同时满足无惰性失真和频率失真的条件：

① 电容 $C_1 = C_2 = C$ 应该对载频及其谐波分量近似短路（旁路作用），故应有 $\dfrac{1}{\omega_c C} \ll R$

即 $RC \gg \dfrac{1}{\omega_c}$，通常取 $RC \gg \dfrac{5 \sim 10}{\omega_c}$（经验公式）。

② 将已知条件代入避免惰性失真条件（式（5.41））得
$$(1.7 \sim 3.4) \times 10^{-6} \leqslant RC \leqslant 0.15 \times 10^{-3}$$

（3）应满足无底部切割失真条件。

设 $\dfrac{R_1}{R_2} = 0.2$，则 $R_1 = \dfrac{R}{6}$，$R_2 = \dfrac{5R}{6}$。为避免底部切割失真，应有 $m_a \leqslant \dfrac{R_\Omega}{R}$，其中：

$R_\Omega = R_1 + \dfrac{R_2 R_L}{R_2 + R_L}$。代入已知条件可得 $R \leqslant 63\,\text{k}\Omega$。因为检波器的输入电阻 R_i 不应太小，而

$R_i \approx \dfrac{R}{2}$，所以 R 不能太小。取 $R = 6\,\text{k}\Omega$，另取 $C = 0.01\,\mu\text{F}$，这样，$RC = 0.06 \times 10^{-3}$，满足上一步对时间常数的要求。因此，$R_1 = 1\,\text{k}\Omega$，$R_2 = 5\,\text{k}\Omega$。

（4）C_c 的取值应使低频信号能有效地耦合到负载电阻 R_L 上，即满足 $\dfrac{1}{\Omega_{\min} C_C} \ll R_L$ 或

$C_c \gg \dfrac{1}{R_L \Omega_{\min}}$，取 $C_c = 47\,\mu\text{F}$。

目标 5　测评

二极管峰值包络检波电路如图 5.39 所示，已知输入调幅波的中心载频 $f_c = 465\,\text{kHz}$，单音调制信号频率 $F = 4\,\text{kHz}$，调幅系数 $m_a = \dfrac{1}{3}$，直流负载电阻 $R = 5\,\text{k}\Omega$，试确定滤波电容 C 的大小，并求出检波器的输入电阻 R_i。

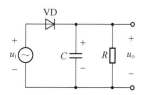

图 5.39　二极管峰值包络检波电路 1

目标 6　测评

二极管峰值包络检波电路如图 5.40 所示，已知输入调幅信号电压为

$$u_i(t) = [2\cos(2\pi \times 465 \times 10^3 t) + 0.4\cos(2\pi \times 469$$
$$\times 10^3 t) + 0.4\cos(2\pi \times 461 \times 10^3 t)]$$

试问：

① 该电路会不会产生惰性失真和负峰切割失真？

② 如果检波效率 $k_d \approx 1$，试按对应关系画出图 5.40

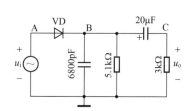

图 5.40　二极管峰值包络检波电路 2

中 A、B、C 各点电压的时域波形。

5.3.3 同步检波器

由于抑制载波的双边带 DSB 及单边带 SSB 调幅信号的包络无法直接反映调制信号的变化规律，因此，解调这两种信号不能采用包络检波法，只能采用同步检波法。

实现同步检波的方法有两种，一种是乘积型同步检波器；另一种是叠加型同步检波器。不管是哪一种，都必须为检波器提供一个与发送载波同频同相（即同步）的本地相干载波信号 $u_r(t)$。本地相干载波与调幅波相乘，就能产生含有低频调制信号分量在内的新频率成分，再经低通滤波器取出低频调制信号分量，就可重建消息信号。这种检波方式用来解调 DSB 或 SSB 等调幅信号最为合适。当然，它也可以用来解调 AM 调幅信号，这时相干载波的作用是加强输入信号中的载波分量。

1．乘积型同步检波电路的结构与解调原理

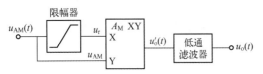

图 5.41　乘积型 AM 检波原理电路

1）普通调幅波的解调电路

利用乘法器构成的 AM 调幅波的同步检波器原理框图如图 5.41 所示。

图 5.41 中，调幅信号电压 $u_{AM}(t)$ 被加至乘法器的 Y 输入端，而经限幅放大后的信号可作为同步参考电压（即本地载波信号）$u_r(t)$，被加至乘法器的 X 输入端。

设输入调幅电压：$u_{AM}(t) = U_{cm}(1 + m_a \cos \Omega t) \cos \omega_c t$；则其经限幅器后的输出电压可以表示为 $u_r(t) = U_{rm} \cos(\omega_c t + \varphi)$。可见，它是一个等幅正弦波。其中 φ 是限幅器引起的相移，显然 φ 越小越好，最好等于 0，使输入到乘法器的两个信号同频同相，满足同步检波的要求。这时，乘法器输出电压 $u_0'(t)$ 为

$$
\begin{aligned}
u_0'(t) &= A_M u_{AM}(t) u_r(t) = A_M U_{cm} U_{rm}(1 + m_a \cos \Omega t) \cos^2 \omega_c t \\
&= A_M U_{cm} U_{rm}(1 + m_a \cos \Omega t)(\frac{1}{2} + \frac{1}{2} \cos 2\omega_c t) \\
&= \frac{1}{2} A_M U_{cm} U_{rm} + \frac{1}{2} A_M U_{cm} U_{rm} m_a \cos \Omega t + \frac{1}{2} A_M U_{cm} U_{rm} \cos 2\omega_c t \\
&\quad + \frac{1}{4} A_M U_{cm} U_{rm} m_a \cos(2\omega_c + \Omega)t + \frac{1}{4} A_M U_{cm} U_{rm} m_a \cos(2\omega_c - \Omega)t
\end{aligned}
\tag{5.50}
$$

由式（5.50）可见，该信号经低通滤波器后，可获得低频调制信号 $u_0 = U_{\Omega m} \cos \Omega t$（即保留式中第 2 项，去除其他项）。因输出信号幅度 $U_{\Omega m} = \frac{1}{2} A_M m_a U_{cm} U_{rm}$ 正比于调幅波的包络变化幅度 $m_a U_{cm}$，因此，该检波方式线性良好，不会引起包络失真。并且，即使输入电压 $u_{AM}(t)$ 小到几十毫伏的数量级时，也不至于产生失真。这就大大降低了对中放增益的要求。从式（5.50）还可看到，因 $u_0'(t)$ 中没有载频分量，因而不会造成检波级的中频辐射，提高了中频放大器的工作稳定性。因此，用乘法器构成的同步检波电路现已经得到广泛的应用。

另外，从图 5.42 所示的乘积型 AM 检波器的各点时域波形及频谱图也可以证明该法解调调幅波的可行性。

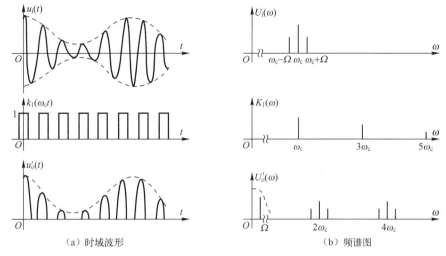

（a）时域波形　　　　　　　　　（b）频谱图

图 5.42　乘积型检波器的波形及频谱

2）DSB 或 SSB 信号的解调

解调 DSB 或 SSB 信号的乘积型同步检波器原理框图见图 5.43。图中的本地载波 $u_r(t)$ 的频率与相位须与输入调幅波中的载波同步（即同频同相），而这种同步载波要用专门的载波提取电路来获得。

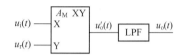

图 5.43　乘积型 DSB 检波原理框图

设单音 DSB：$u_{DSB}(t) = m_a U_{cm} \cos\Omega t \cos\omega_c t$；同步载波：$u_r(t) = U_{rm}\cos\omega_c t$；则相乘器输出电压为

$$u_0'(t) = A_M u_{DSB}(t) u_r(t) = A_M m_a U_{cm} U_{rm} \cos\Omega t \cos^2\omega_c t$$
$$= \frac{1}{2} A_M m_a U_{cm} U_{rm} \cos\Omega t + \frac{1}{2} A_M m_a U_{cm} U_{rm} \cos\Omega t \cos 2\omega_c t \qquad (5.51)$$

由式（5.51）可见，相乘器输出再经低通滤除高频分量（第 2 项）后，即可获得有用的低频调制信号（第 1 项）。

同理，该原理电路也可以实现单边带信号的解调，请读者自行推导证明。

利用模拟乘法器构成的检波器对双边带或单边带信号进行解调的优点是检波线性好，即使是输入信号很小，检波失真也会很小。同时，模拟乘法器对本地载波信号的幅度大小也无严格要求，即使相干载波幅度较小，同样也能够实现线性检波。

由模拟集成芯片 MC1496 及外围元件构成的同步检波电路如图 5.44 所示，在该电路中，高频调幅信号电压 u_i 和本地载波电压 u_r 分别通过两个 0.1μF 耦合电容加至芯片的输入端置 10 引脚和 1 引脚，芯片 12 引脚输出的乘积项再经输出端的π型 RC 低通滤波器滤除无用高频分量后，将重建低频调制信号通过 1μF 的电容耦合给下级电路。外围元件还包括了高频旁路电容、增加线性动态范围的负反馈电阻、直流偏置电阻以及分压电阻等。

2．叠加型同步检波电路的解调原理

抑制载波的 DSB 或 SSB 信号除了可以采用乘积型同步检波电路解调外，还可用图 5.45 所示的叠加型同步检波器来解调。假设该电路输入为 $u_i(t) = U_{im}\cos\Omega t\cos\omega_c t$（单音 DSB 信号）；$u_r(t) = U_{rm}\cos\omega_c t$（本地相干载波），则相加器输出电压为

$$u'_o(t) = U_{im} \cos \Omega t \cos \omega_c t + U_{rm} \cos \omega_c t = U_{rm}(1 + \frac{U_{im}}{U_{rm}} \cos \Omega t) \cos \omega_c t \qquad (5.52)$$

$$= U_{rm}(1 + m_a \cos \Omega t) \cos \omega_c t$$

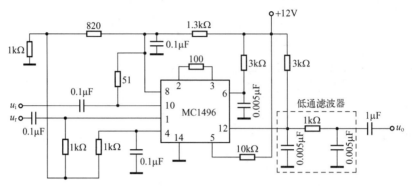

图 5.44　用 MC1496 搭建的同步检波器

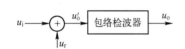

图 5.45　叠加型同步检波原理框图

由式（5.52）可见，只要 $m_a = \dfrac{U_{im}}{U_{rm}} \leqslant 1$，则相加器输出的就是无过调失真的 AM 调幅波，再用包络检波器就能实现最终的解调。

目标 7　测评

已知理想模拟相乘器中的乘积系数 $A_M = 0.1\,(1/V)$，若两输入信号分别为 $u_X = 3\cos \omega_c t$、$u_Y = \left[1 + \dfrac{2}{3}\cos \Omega_1 t + \dfrac{1}{2}\cos \Omega_2 t\right]\cos \omega_c t$。试写出相乘器输出电压表达式，如果该相乘器后面再接一低通滤波器，问整个电路将实现何种功能？

5.4　混频电路

5.4.1　混频原理

1. 混频器的作用

在接收机前置放大器中，电压增益、工作频带、选择性等重要性能参数的选择往往是相互矛盾而又无法兼顾的，故接收机要从天线感应到的众多干扰和信号中筛选出有用信号并加以高增益放大，存在很多困难。另外，还很容易在整个接收频段内造成性能不够均匀、工作也不够稳定的现象。因此，通常在接收机前端接入一种能够将收到的已调信号中心载频（这里设为 f_s）转换成另一固定载频（称作"中频"，用 f_i 表示）的线性频谱搬移电路，并且要求这种电路在频率变换过程中，不改变原来的调制类型（如调幅或调频等）和调制参数（如调制频率或调制指数等）。这种电路就是混频器或变频器。由于中频频率是固定的，因而设计和制作对性能参数要求颇高的中频放大器变得容易多了。再者，由于高放级、变频级和中放级的工作频率各不相同，因此放大电路不易自激，相互影响和制约会有所减弱，且后级解调器电路的设计制作也变得相对容易些。

2．混频器的组成

既然混频过程也是一种频谱的线性搬移过程，这种变换能够在保持信号频谱形状及包络变化规律不变之前提下，将输入已调波中心载频由原来的 f_s 变成固定中频 f_i。因此，可用与振幅调制解调类似的方法来实现混频。

由 5.1 节已知，若两个不同频率的正弦波作用到非线性器件，则流经该器件的电流中就会含有很多组合频率分量。同样，如果这样两个信号作为模拟乘法器的输入信号，则乘法器的输出电压中也会含有许多组合频率分量。再用带通滤波器筛选出有用的中频分量，即可实现混频。因此，完整的混频电路中，除了必须含有非线性器件或模拟乘法器、带通滤波器外，还必须有一个能够提供参考信号 $u_L(t) = U_{Lm}\cos\omega_L t$ 的本地振荡器（简称本振）。而 $f_L = \dfrac{\omega_L}{2\pi}$ 称本振频率。图 5.46 所示为混频器的组成及其频谱（注：其中带通滤波器称为中频滤波器，而混频器加本地振荡器称为变频器）。

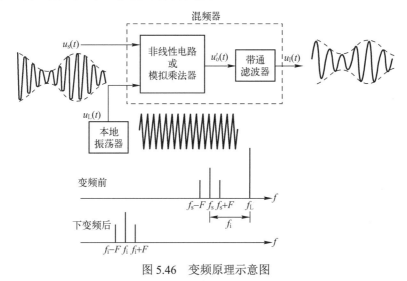

图 5.46　变频原理示意图

这里假设输入为单音调幅波：$u_s = u_{AM}(t) = U_{sm}(1 + m_a\cos\Omega t)\cos\omega_s t$，则混频后的中频信号应该是

$$u_i(t) = U_{im}(1 + m_a\cos\Omega t)\cos(\omega_L - \omega_s)t = U_{im}(1 + m_a\cos\Omega t)\cos\omega_i t \tag{5.53}$$

或

$$u_i(t) = U_{im}(1 + m_a\cos\Omega t)\cos(\omega_L + \omega_s)t = U_{im}(1 + m_a\cos\Omega t)\cos\omega_i t \tag{5.54}$$

由式（5.53）和式（5.54）可见，混频器的输出仍然是单音 AM 调幅波（维持了原来调制信号的变化规律），只是原来的载频 f_s 被变成了中频 $f_i = f_L - f_s$ 或 $f_i = f_L + f_s$（注：$f_L \neq f_s$）。并且，$f_i > f_s$ 时的变频称上变频，$f_i < f_s$ 时的变频称下变频。

另外，根据混频电路所用非线性器件的不同，混频器有二极管混频器、晶体管混频器、场效应管混频器和集成混频器等。

3．混频器的主要性能指标

1）混频增益 A_u

混频增益是指混频器输出的中频电压振幅与输入高频电压振幅之比，即

$$A_u = \frac{U_i}{U_s} \tag{5.55}$$

并且接收机灵敏度一般与混频增益成正比。

2）噪声系数 F

噪声系数 F 被定义为混频器输出信噪比 r_1 与其输入信噪比 r_s 之比，即

$$F = \frac{r_1}{r_s} = \frac{S_1/N_1}{S_s/N_s} \tag{5.56}$$

因混频器一般位于接收机的前端，其噪声大小将直接影响整机性能，因此要求混频器的噪声系数要尽量小。

3）选择性

混频电路输出端一般接有中频谐振回路或滤波电路，以保证其输出中仅有中频信号。但是，诸多原因会使实际输出中混杂有很多种干扰。为了抑制这些干扰，要求中频回路具有良好的选择性，即中频回路的矩形系数应尽量接近于 1。

4）失真与干扰

除了频率失真和非线性失真之外，混频器还会产生各种非线性干扰。因此要求混频器件最好工作在其特性曲线的平方项区域，使之既能完成频率变换，又能防止失真，抑制各种干扰。

5.4.2　二极管混频电路

5.2 节介绍过的二极管平衡调幅器及环形调幅器属典型线性频谱搬移电路，而同样具有线性频谱搬移功能的电路还有二极管混频器，其原理电路如图 5.47（a）所示。

这里，假定 4 只二极管具有完全相同的伏安特性，且都是理想的（即它们的正向导通电阻 $r_d \approx 0$，而反向电阻趋于无穷大）；假设输入的高频已调信号 $u_s(t)$ 振幅很小，本振电压 $u_L(t)$ 却很大，即 $U_{Lm} \gg U_{sm}$。这样，4 只二极管将在大信号本振电压控制下工作在开关状态。因此，本振电压对二极管的控制作用可用下述开关函数表示，即

$$k_1(\omega_L t) = \begin{cases} 1 & U_{Lm}\cos\omega_L t \geqslant 0 \\ 0 & U_{Lm}\cos\omega_L t < 0 \end{cases} \tag{5.57}$$

由式（5.57）可见，$k_1(t)$ 是幅度为 1、频率为 ω_L 的单向方波脉冲，可用傅里叶级数展开为

$$k_1(\omega_L t) = \frac{1}{2} + \frac{2}{\pi}\cos\omega_L t - \frac{2}{3\pi}\cos 3\omega_L t + \cdots \tag{5.58}$$

为了简化分析，在图 5.47（a）中，设输入/输出变压器 Tr_1 和 Tr_2 的匝比均为 1∶1，本振电压 $u_L(t)$ 被接至 Tr_1 和 Tr_2 中心抽头上，且假设两变压器中心抽头上下绕组的圈数完全相同。下面分两种情况进行近似分析。

当本振电压 $u_L \geqslant 0$（即正半周）时，二极管 VD_1 和 VD_2 导通，VD_3 和 VD_4 截止，等效

电路如图 5.47（b）所示，它由两个回路组成。根据回路电压定理并忽略 R'_L 上电压的反作用力，则两等效负载 R'_L 上的电压分别为

$$u_{o1} \approx (u_L + u_s)k_1(\omega_L t)$$

$$u_{o2} \approx (u_L - u_s)k_1(\omega_L t)$$

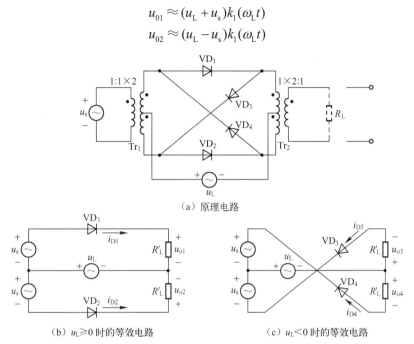

（a）原理电路

（b）$u_L \geqslant 0$ 时的等效电路　　　　　（c）$u_L < 0$ 时的等效电路

图 5.47　二极管环形混频器

因此，这时 Tr_2 的次级电压为

$$u'_o = u_{o1} - u_{o2} \approx 2u_s k_1(\omega_L t) \tag{5.59}$$

当本振电压 $u_L < 0$（即负半周）时，二极管 VD_1 和 VD_2 截止，VD_3 和 VD_4 导通，等效电路如图 5.47（c）所示，它也由两回路组成。根据回路电压定理并忽略 R'_L 上电压的反作用，则两等效负载 R'_L 上的电压分别为

$$u_{o3} \approx (-u_L + u_s)k_2(\omega_L t)$$

$$u_{o4} \approx (-u_L - u_s)k_2(\omega_L t)$$

因此，这时 Tr_2 的次级电压为

$$u''_o = u_{o3} - u_{o4} \approx 2u_s k_2(\omega_L t) \tag{5.60}$$

式（5.60）中 $k_2(\omega_L t)$ 是与本振电压 $u_L(t)$ 负半周对应的开关函数，它与 $k_1(\omega_L t)$ 的波形完全相同，只在时间上相差半个周期而已，其傅里叶级数展开式参见式（5.31）。

因此，这时输出变压器次级负载 R_L 上获得的输出电压为

$$u_o = u'_o - u''_o \approx 2u_s k(\omega_L t) \tag{5.61}$$

式（5.61）中 $k(\omega_L t) = k_1(\omega_L t) - k_2(\omega_L t)$ 为双向开关函数，其傅里叶展开式为

$$k(\omega_L t) = \frac{4}{\pi}\cos\omega_L t - \frac{4}{3\pi}\cos 3\omega_L t + \cdots \tag{5.62}$$

将 $u_s(t) = U_{sm}\cos\omega_s t$ 以及式（5.62）代入式（5.61）可得

149

$$u_o = 2u_s(\frac{4}{\pi}\cos\omega_L t - \frac{4}{3\pi}\cos 3\omega_L t + \cdots)$$

$$= \frac{4}{\pi}U_{sm}[\cos(\omega_L + \omega_s)t + \cos(\omega_L - \omega_s)t] \qquad (5.63)$$

$$+ \frac{4}{3\pi}aU_{sm}[\cos(3\omega_L + \omega_s)t + \cos(3\omega_L - \omega_s)t] + \cdots$$

由式（5.63）可见，u_o 中只含有 $[(2n-1)\omega_L \pm \omega_s]$ 等频率分量，其中 n=1，2，3，$\cdots$。显然，混频器输出的无用分量大大减少，从而使由组合频率引起的混频干扰（概念见 5.4.4 节）也大大减少。

由以上分析可见，欲实现混频，必须使用具有频谱搬移作用的非线性电路。而利用二极管开关特性实现的大信号混频，输出中含有的无用高频分量少，并且这些无用高频分量的频率均远离有用信号的频率，比较容易用滤波器滤除，从而提高了混频电路的性能。

5.4.3　三极管混频电路

1. 基本电路

与二极管混频器相比，三极管混频电路具有一定的混频电压增益，因此，除了在超短波段会因三极管噪声较大而使用二极管混频器外，在较低频段一般可以采用三极管混频电路。三极管混频器与二极管混频器的结构及分析方法肯定不同，下面首先引出其基本电路，然后在此基础上对其作近似分析。

鉴于电路组态和本振电压的注入方式不同，晶体三极管混频器交流通路有图 5.48 所示的 4 种基本形式。其中，图 5.48（a）是基极输入，发射极注入（即信号电压 u_s 由基极输入，本振电压 u_L 由发射机注入）；图 5.48（b）是基极输入，基极注入；图 5.48（c）为发射极输入，基极注入；图 5.48（d）是发射极输入，发射极注入。

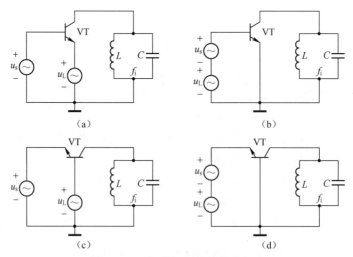

图 5.48　三极管混频器的基本形式

由图 5.48 可见，在这些交流通路中，无论本振电压如何注入，u_s 和 u_L 都被加在了晶体管的基极或者发射极，相当于利用晶体管发射结（PN 结）的非线性特性来实现混频，而输出端调谐于中频 f_i 的 LC 回路（简易中频滤波器，又称中频回路）用来选择中频信号、滤除其他无用组合频率分量。

2. 三极管混频电路的工作原理

图 5.49 所示是晶体三极管混频器的原理电路，其交流通路参见图 5.48（a）。这种非线性电路一般采用时变参量分析法（一种近似分析法）来分析，以便推导出其混频跨导表达式等。

由图 5.49 可见：$u_{BE} = u_s + u_L + U_{BB} = u_s + U_{BB}(t)$，其中 $u_L(t) = U_{Lm}\cos\omega_L t$。因 U_{Lm} 比接收信号 $u_s(t)$ 大得多，因而晶体管 VT 的基极偏置电压 $U_{BB}(t) = U_{BB} + u_L(t)$ 将随时间、随 $u_L(t)$ 而变化，使晶体管工作点及其跨导函数 $g(t)$（转移特性曲线上不同工作点对应的斜率）也随 $u_L(t)$ 变化而成为

$$g(t) = \frac{\partial i_c}{\partial u_{BE}}\bigg|_{u_{BE}=U_{BB}(t)}$$

由于 VT 集电极电流可表示为 $i_c = g(t)u_s(t)$，因此，若晶体管跨导函数 $g(t)$ 随本振电压 $u_L(t)$ 作线性变化，则 $g(t)$ 与 $u_L(t)$ 成正比，使 i_c 正比于 $u_L(t)$ 与 $u_s(t)$ 的乘积，从而实现两信号的相乘，得到混频所需要的差频分量或者和频分量。

但是，通常 $g(t)$ 与本振电压很难以保持线性关系，所以，若本振电压 $u_L(t)$ 为单频正弦信号，则时变参数 $g(t)$ 必为周期非正弦函数，如图 5.50 所示，可用傅里叶级数展开为

$$g(t) = g_0 + g_1(t) + g_2(t) + g_3(t) + \cdots \tag{5.64}$$

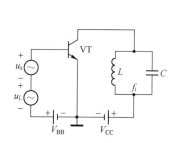

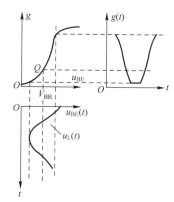

图 5.49 晶体管混频器原理电路　　　图 5.50 晶体管跨导随基-射极电压变化的示意图

在式（5.64）中，$g_1(t) = g_1\cos\omega_L t$ 是基波分量。这时，i_c 中肯定含有下项，即

$$i_{c1} = g_1(t)u_s(t) = g_1\cos\omega_L t\, U_{sm}\cos\omega_s t$$
$$= \frac{1}{2}g_1 U_{sm}[\cos(\omega_L - \omega_s)t + \cos(\omega_L + \omega_s)t] \tag{5.65}$$

式中，下变频对应的中频电流为 $i_i = \frac{1}{2}g_1 U_{sm}\cos(\omega_L - \omega_s)t$，其振幅为 $I_i = \frac{1}{2}g_1 U_{sm}$。该式表明，输出中频电流振幅与输入高频信号 $u_s(t)$ 的振幅 U_{sm} 成正比。如果 $u_s(t)$ 是振幅随时间变化的调幅波，则中频电流振幅也会如此变化。混频结果只是改变了信号的中心载频，其包络变化规律维持不变。令 $g = \dfrac{I_i}{U_{sm}} = \dfrac{1}{2}g_1$，则 g 为混频跨导，并且 g 越大，则混频器输出的中频电压 U_{im} 就越大，混频增益也就越高。

应该指出，虽然本振电压振幅越大混频跨导也越大。但是，若 $u_L(t)$ 过大，将使 $u_L(t)$ 与 g 之间的非线性关系更加显著，即式（5.64）中的 $g_2(t)$、$g_3(t)$、…将增大，致使集电极电流 i_c 中的 $2\omega_L \pm \omega_s$、$3\omega_L \pm \omega_s$ 等无用组合频率分量增加，混频干扰就会增加。因此，本振电压 $u_L(t)$ 大小的选择，对混频器性能指标影响很大。同时，静态工作点的高低也会影响混频器的性能指标。经验说明，混频管的静态工作点电流 $I_{eQ}=1\text{mA}$ 左右，小功率高频管的本振电压有效值取 $100\,\text{mV}$ 左右，就可在无用分量较小的情况下获得较高的混频增益。

某中晶体管调幅收音机混频电路如图 5.51 所示。在该电路中，天线感应到的信号经 22pF 电容耦合到 $L_1 C_{A1}$ 等构成的输入谐振回路，经筛选得到的高频已调信号由互感变压器耦合至变频管 VT 的基极。而由共基组态变压器耦合振荡器产生的本振信号经 2200pF 电容加至变频管发射极。因此，该电路是基极输入和发射极注入的变频电路。

由图 5.51 可见，因混频和本振共用一个晶体管，所以它被称作自激式变频电路。正是由于这种电路用同一只晶体管来实现两种功能，因此，其最大缺陷是无法确保振荡和混频都处于最佳工作状态，并且该电路混频增益小、振荡频率稳定性较差，故多用于成本要求低廉的便携式接收机中。在他激式混频电路中，用两只晶体管分别承担混频和本地振荡的工作。这样两只管子均可工作在最佳状态，可以获得最大混频增益。

在图 5.52 所示的发射极注入式混频电路中，由 VT_2 等元器件构成的本振信号经本振输出变压器耦合到混频管 VT_1 发射极，而由天线接收到的高频已调信号被加至 VT_1 基极；两信号在 VT_1 中实现频率变换后，再由中周变压器初级回路选出中频信号（465 kHz）后送至后面的中放级。在本电路中，本振属于电感三点式振荡器，其中 22 pF 电容与 5/20 pF 的微调电容串联后与双联的第二联电容 C_{1B} 并联作为回路电容。变压器的 1、4 端接的电感为回路电感，它们将共同决定本振频率 f_L。 2.2kΩ 电阻对高次谐波起衰减作用，以减小高频谐波辐射的影响。

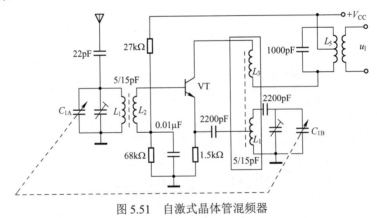

图 5.51　自激式晶体管混频器

该电路的本振电压和信号电压分别由 VT_1 的发射极和基极注入，使信号回路与本振回路耦合较弱，这样可以减少频率牵引现象的发生。频率牵引是指本振频率受输入信号频率牵引，出现本振频率 ω_L 趋于信号频率 ω_s 的现象，这样将导致电路无法正常地输出中频电压，破坏电路的正常工作。同时，其中的本振电路属于输入阻抗较小的共基组态电路。

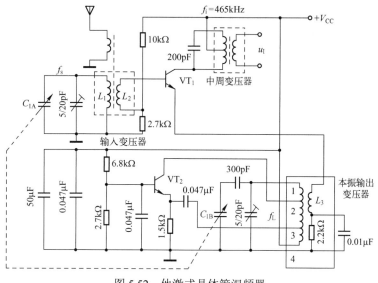

图 5.52　他激式晶体管混频器

5.4.4　乘积型混频器

乘积型混频器由模拟乘法器和中频滤波器（或中频回路）组成，其实现模型如图 5.53 所示。设输入信号为普通调幅波，即 $u_{AM}(t) = U_{sm}(1 + m_a \cos \Omega t)\cos \omega_s t$。设乘法器的增益系数为 A_M，则其输出电压为

$$u_o(t) = A_M u_L(t) u_{AM}(t) = \frac{A_M}{2} U_{sm} U_{Lm}(1 + m_a \cos \Omega t)[\cos(\omega_L - \omega_s)t + \cos(\omega_L + \omega_s)t] \quad (5.66)$$

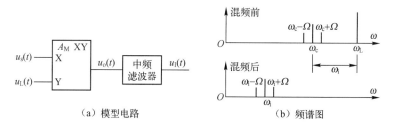

（a）模型电路　　　　　　　　（b）频谱图

图 5.53　乘积型混频原理

若带通滤波器调谐于差频 $\omega_L - \omega_s$，且有 $BW \geqslant 2\Omega$ 的带宽，则滤除和频等无用频率分量后，输出的差频电压可写为 $u_i(t) = U_{im}(1 + m_a \cos \Omega t)\cos \omega_i t$。式中，$U_{im}$ 与 $\frac{1}{2}A_M U_{sm} U_{Lm}$ 及带通滤波器的传输特性有关。

乘积型混频器中乘法器输出的无用频率分量相对来讲较少，说明对滤波器滚降特性的要求不是很高。也说明这种混频电路因组合频率分量产生的各种干扰也较少。另外，这种混频器还具有体积小、调整容易、稳定性和可靠性都较高等优点。

图 5.54 是用集成模拟乘法器 MC1596 搭建的实用型混频电路。图中，振幅约 20 mV 的信号电压 u_s 以及振幅约 100 mV 的本振电压 u_L 分别从芯片的 1 引脚和 8 引脚送入。而 6 引脚送出的是关于 u_L 和 u_s 的乘积项，它再经输出端的中心频率约 9 MHz，3 dB 带宽约 450 kHz 的 π 型 LC 回路（即中频滤波器）选频后，就可得到中频信号 u_i。

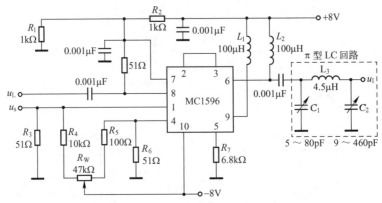

图 5.54 用 MC1596 搭建的乘积型混频器

5.4.5 混频干扰

外来信号加干扰以及混频器件本身的非线性作用，使混频电路输出中增加了许多新的组合频率分量。如果这些分量的频率与中频一致或者近似等于中频的话，则将与有用信号一起通过中频回路或中频滤波器而进入中频放大器和解调器，并在输出级引起啸叫、干扰或串音，影响有用信号的质量。那么，混频干扰究竟有哪些呢？下面分别加以介绍。

1．外来有用信号和本振信号间的组合频率干扰

混频过程中产生的组合频率成分，可用式（5.67）表示，即

$$\left|\pm pf_L \pm qf_s\right| \approx f_i \tag{5.67}$$

式中的 p 和 q 为任意正整数，分别代表本振频率和信号频率的谐波次数。这些组合分量中，只有与 $p=q=1$ 对应的频率为 $f_L - f_s$ 分量是有用中频信号分量。由于混频电路输出端一般接有谐振频率为中频 f_i、通频带为 BW 的中频滤波器(或中频回路)，因此，只要组合频率为 f_k 的干扰一旦满足 $f_k = \pm pf_L \pm qf_s \approx f_i$ 的条件，它就会通过中频放大器，在接收机输出级形成干扰啸叫。譬如，若用超外差式收音机接收 $f_s = 927\text{kHz}$ 的调幅广播信号，假设中频 $f_i = 465\text{kHz}$，则本振频率 $f_L = 927 + 465 = 1392\text{kHz}$。这时，混频过程中产生的诸多组合频率中的 $2f_s - f_L = 462\text{kHz}$ 分量因接近中频而落在中频回路的工作频带之内，致使中频回路无法滤除此分量；从而在检波电路与 465 kHz 的有用中频信号产生差拍检波，形成 $465 - 462 = 3\text{kHz}$ 的低频啸叫声。

由于一般 $f_L \gg f_s$，且频率均为正值，因此，这时组合频率可表示为

$$pf_L - qf_s \approx f_i \qquad \text{或} \qquad qf_s - pf_L \approx f_i$$

将关系 $f_i = f_L - f_s$ 代入，可得

$$f_s \approx \frac{p-1}{q-p}f_i \text{ 和 } f_s \approx \frac{p+1}{q-p}f_i$$

合并二式可得

$$f_s \approx \frac{p \pm 1}{q-p}f_i \tag{5.68}$$

式（5.68）说明：只要输入信号频率 f_s 满足该式算出的数值并落在混频器工作频段内，就会产生相应的干扰和啸叫。

2．外来干扰经混频产生的副波道干扰

假设收到的有用信号频率为 f_s，本振频率为 f_L，混频器输出中频 $f_i = f_L - f_s$，且设接收机输入回路和高频放大器的选择性能不佳而混入了频率为 f_n 的干扰，则干扰频率与本振频率的谐波相混频，也会形成接近于中频的组合频率干扰而产生干扰啸叫。

假设干扰与本振信号形成的组合频率满足

$$|\pm pf_L \pm qf_n| \approx f_i \tag{5.69}$$

式中的 p 和 q 分别表示本振信号和干扰信号的谐波次数，且它们为任意正整数，则该组合频率成分就会通过中放级及解调器，从而形成干扰啸叫。这样一来，接收信号中除了含有主波道的有用信号外，还含有频率为 f_n 的寄生副波道干扰。这类干扰又分中频干扰、镜像干扰和组合副波道干扰等。

通常，$f_n \gg f_i$，且频率不可能为负值，式（5.69）可以写成 $pf_L - qf_n \approx f_i$ 或 $qf_n - pf_L \approx f_i$，即

$$f_n \approx \frac{1}{q}(pf_L \pm f_i) \tag{5.70}$$

1）中频干扰

如果 $p = 0$、$q = 1$，则由式（5.70）可知，$f_n \approx f_i$，这种外来频率近似等于中频的干扰将直接进入中放而形成强烈干扰。要想扼制这种负面影响较大的中频干扰，应该提高混频器前级电路的选择性或者在前级电路中接入中频陷波支路（如中频串联谐振回路）。

2）镜像干扰

如果 $p = 1$，$q = 1$，则由式（5.70）可知，$f_n \approx f_L + f_i = f_s + 2f_i$。因 f_n 与 f_s 镜像对称于 $f = f_i$ 的直线，故此情况下 f_n 乃 f_s 的镜像频率，对应的干扰就是镜像干扰。一旦镜像干扰进入混频器，就会和本振信号相混合输出一中频干扰信号，它与有用的中频信号在检波过程中产生差拍后形成低频啸叫声，或者会听到干扰源的低频调制信号声。欲抑制镜像干扰，须提高前级电路的选择性或提升中频频率，让 $f_n = f_s + 2f_i$ 距离 f_s 遥远些，便用滤波器予以滤除。

3）组合副波道干扰

若 $p > 1$，$q > 1$（如 $f_n - 2f_L = \pm f_i$），则频率为 f_n 的干扰就可能与本振谐波相混合而形成对有用信号不利的组合副波道干扰。由于 $2f_n - 2f_L = 2f_n - 2(f_s + f_i) = \pm f_i$，因而使两种频率的外来干扰可能产生组合副波道干扰，它们是

$$f_{n1} = f_s + \frac{1}{2}f_i \qquad f_{n2} = f_s + \frac{3}{2}f_i$$

由于 f_{n1} 距离有用信号频率 f_s 很近，不易滤除，因而其危害较大。并且，也只能靠提高前级电路的选择性来抑制这类干扰。

例 5.5　假设某超外差收音机的中频 $f_i = 465\text{kHz}$，分析以下产生干扰的原因。

（1）在收听 $f_s = 591\text{kHz}$ 电台节目的同时还可听到 $f_{n1} = 1521\text{kHz}$ 强电台的声音。

（2）收听 $f_{s2} = 1530\text{kHz}$ 电台节目时，还可听到 $f_{n2} = 765\text{kHz}$ 强电台的声音。

解　（1）因为 $f_{n1} = f_{s1} + 2f_i = 591 + 2 \times 465 = 1521\text{kHz}$，显然产生的是镜像干扰。

（2）因为 f_{n2} 的二次谐波恰好等于信号频率 f_{s2}，使 $f_L - 2f_{n2} = f_i$，因此在输出端就能听到干扰台 f_{n2} 的声音，存在副波道干扰。

3．交调干扰和互调干扰

这两类干扰分别是干扰对有用信号的调制或者是由两个干扰信号相互调制所产生的（器件的非线性特性造成），它们的产生均与本振电压无关。其中，干扰信号对有用信号的调制又称交调干扰。两个干扰信号之间的相互调制称为互调干扰，而减小交调干扰和互调干扰的基本办法有以下 3 个：

（1）提高混频级前级电路的选择性。

（2）适当调整混频级的工作状态，以使晶体管转移特性的应用区域不出现高于二次项的非线性部分，即使之工作于平方律区域，以减少可能产生的组合频率成分。

（3）具体混频电路可考虑使用抗干扰能力较强的二极管平衡混频器或环形混频器。

5.5 技 术 实 践

前述调幅广播系统中，因其主要任务是发送与接收语音信号，因而需使用调制器将频率较低的声音信号转换成高频已调信号发送，还需使用解调器将收到的高频信号还原成低频语音信号。此外，有时候还需要用混频器来提升或降低已调信号的中心频率。

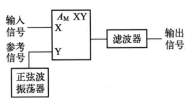

图 5.55 线性频谱搬移电路原理框图

本章主要涉及调幅器、检波器及混频器等 3 种电路，它们均属线性频谱搬移电路，可用图 5.55 所示原理框图（相乘器+滤波器）来统一表述。典型相乘器电路有 DBM 电路（如二极管平衡调制器/环形调制器等）、MC1496/1596、BG314，AD834 等模拟乘法器芯片加外围元件构成的电路及三极管电路等。由于乘法器一般是含有非线性器件的电路，因而乘法器的输出信号中除有用的频率分量以外，还含有许多无用的组合频率分量和谐波分量，需要用滤波器来滤除无用分量。

其实，模拟电路的设计过程不仅包括电路选择和元件参数的计算，还必须通过实验环节来验证所选电路的可行性，确定元件参数乃至优化整个电路。作为系统性较强的频谱搬移电路（往往包括相乘器、滤波器、射极跟随器、放大器等），更是需要反复实验以获得满意的结果电路。

5.5.1 调幅电路设计

1．调幅电路的原理框图

因调幅功能是将低频信号频谱线性搬移到高频端，形成中心频率位于载频附近的带通型信号。而乘法器电路的非线性作用使其输出信号中除了有用的上下边带等分量以外，还会含有许多无用的组合频率分量和谐波分量，因此，应使用"带通滤波器"（如并联谐振回路等）来滤除无用成分以及不需要的边带分量。

2．电路设计要点

1）载波频率的选择

既然调幅是将代表消息的调制信号频谱线性地搬移到载波频率附近，因而载频应根据实际需要来选择。那就是说，往往需要将消息信号频谱搬移到中波、短波、超短波等频段（这里统称高频段）内，以便通过相关信道传送消息信号，这就意味着待定载波频率应属于这些频段。

另外，为了减小相对误差（$\delta = 1 - \cos\dfrac{\pi}{n} = \dfrac{1}{2}\left(\dfrac{\pi}{n}\right)^2$），载波频率 f_c 和调制信号频率 F 之间应满足

$$f_c = nF \quad n \text{ 为整正数}$$

并且，实践经验表明，欲使相对误差 $\delta < 0.01$，则 $n > 23$；欲使 $\delta < 0.001$，则 $n > 71$。

2）核心电路——乘法器设计要点

乘法器电路中一般含有二极管/三极管/模拟乘法器芯片等器件。如果基于 IC 芯片设计制作乘法器电路，因生产厂家一般会给出完整的芯片外围电路结构图以及相关元件的参数，因而，设计者只需要按厂家给的结构图搭建电路，具体的元件参数值等可根据实际要求通过实验或者仿真来确定。实践证明，模拟乘法器芯片加外接元件构成的调幅电路是简单可行的。而用作模拟乘法器的集成芯片除了前述 MC1496/1596 之外，常用来构成线性频谱搬移电路的芯片还有 AD834、BG314 等。

高电平调幅电路基于高频谐振功率放大器，只是在其基础上增加了低频调制信号的输入端置。另外，因输出信号是具有一定频率范围的双边带调幅波，所以应设法增加 LC 输出回路的通频带范围。另外，调制信号和载波信号宜采用变压器耦合的方式注入，输出信号也宜使用变压器耦合方式传送给负载。当然，因这种电路除了完成调幅任务外，还能够对信号实现功率放大，因此，电路设计时还需考虑高频谐振功率放大器的各项性能指标及工作状态的要求等。

着手用二极管来构成相乘器时，为了使电路非线性作用产生的无用分量被尽量地平衡掉，就要保证所有二极管具有完全相同的伏安特性并满足 $U_{cm} \gg U_{\Omega m}$ 的条件。由于互感变压器具有阻抗变换和交流电压耦合等作用，因此，采用变压器分别将调制信号和载波注入这类电路较为合适。这就意味着，应该合理地设置变压器初、次级的圈数，使两输入信号该大的振幅足够大，该小的振幅微弱，致使二极管周而复始地随着强载波信号电压变化，工作在开关状态下，成为能够产生上下边带等组合频率分量的非线性电路。

设计乘法器电路时除了注意以上问题外，还应注意下列各点：

（1）保证输入输出端置的阻抗匹配。

如果设计时不考虑输入/输出端置的匹配问题，将产生反射波而致使乘积型电路的平衡性遭到破坏，增加不必要的辐射。因此，在可能出现不匹配的进出端口处，插入专门用来减小辐射的器件（如垫枕等），以降低不必要的辐射。

（2）选择特性一致且性能优异的高频二极管。

虽然工作在开关状态下的二极管最好是正向导通电阻为零，反向截止电阻为无穷大的管子。但是，如此理想的二极管是不可能存在的。因此，实际中通过让所有二极管的正向特性达到一致来接近理想开关特性（正向电压低且 PN 结极间电容小的二极管比较容易达此效果）。而 NEC 公司生产的模块电路 ND487C1-3R（用 4 只肖特基势垒二极管按环形结构搭成）这方面性能较好，可用它来作为二极管环形调制器中的非线性器件。

（3）耦合信号电压用的变压器。

变压器宜使用环状磁铁芯或电视机中使用的 UHF 磁铁芯。前者是用直径为 26 mm 的聚氨酯线在环状磁铁上绕制成图 5.18 或图 5.21 中的变压器 Tr_1 和 Tr_2，确保信号电压的耦合以及阻抗变换等功能。

3）设计滤波电路须知

调幅电路一般用带通滤波器来滤除因器件非线性作用所产生的无用组合频率分量或者多余的边带分量，确保输出信号的纯净。而 LC 并联谐振回路是最简单的带通滤波器，其缺点是滚降系数较大，通频带范围窄，且选频性能也较理想特性相差甚远。在第 3 章还介绍过 L/T/π 型滤波网络，它们同时具备阻抗变换和滤波的作用，如果使用这类滤波器，则负载电路的接入对调幅电路的影响相对比较小且滤波效果也比较好。另外，如果用石英谐振器（JT）来设计带通滤波器的话，则会因为 JT 可以等效为高 Q 值电感而使它与电容搭成的 LC 滤波网络的特性更加接近理想带通特性。这类滤波器可用于滤波法产生 SSB 信号等对滤波器性能要求较高的系统。另外，目前市面上也有专门设计滤波器的公司，要求较高时，可求助于这类公司。

5.5.2 振幅检波电路设计

1. 检波原理描述

由于振幅检波器是线性频谱反搬移电路，因此，除了可使用二极管包络检波器来解调 AM 调幅波外，还可按图 5.55 所示的道理来实现乘积型同步检波，另外，还可利用图 5.45 所示的叠加型同步检波器来解调调幅波。故振幅检波电路的基础电路有二极管包络检波器、乘法器+滤波器构成的乘积型检波器等。振幅检波器的任务是检测出频率相对载频更低的调制信号（消息信号），滤除无用的高频成分，故滤波器自然使用低通滤波器。

2. 电路设计要点

在设计大信号条件下工作的二极管峰值包络检波器时，欲避免发生惰性失真和负峰切割失真，一般以图 5.38 作为设计蓝本，而元件的选择原则大致如下：

为了更好地实现频率变换，将有用的低频电压有效地传送给负载，检波管最好采用正向导通电阻和结电容都比较小的肖特基二极管（简称 SBD），SBD 的特点是工作速率高，反向电压和正向电压都很低，无论是大信号应用还是小信号应用的性能，都比早期用过的硅检波管和锗检波管要好（也可用条件类似的三极管替代）。滤波电容 C_1 和 C_2 以及耦合电容 C_c 的选择要考虑减小频率失真等问题；电阻 R_1 和 R_2 的大小要合适，既要避免惰性失真，又要将检出的低频电压尽量送给负载电路。另外，因 R_1 和 C_1、C_2 实质上组成了的低通滤波电路，因而参数选择要符合低通截止频率的要求。再者，欲确保信号的振幅大小及阻抗匹配等因素，来自中放的调幅信号一般用互感变压器耦合至本级。另外，欲保证检波效果，实际中一般都要进行电路仿真甚至搭建实际电路做实验，通过实验来选择元件参数，以获得令人满意的检波结果。

设计同步检波器关键技术之一是本地同步载波的获得。可以证明，若接收端的本地载波与发送端载波不同步，则这类检波器的输出波形就会失真。而本地同步载波的获得方式有多种，通信领域中常采用锁相环法。接收端有了本地相干载波，就可以利用乘法器和低通滤波器实现对调幅波的解调，或者将抑制载波的调幅波与本地载波相加，将其变换成 AM 调幅波后再用包络检波器实现解调。乘积型同步检波器同样可以使用模拟乘法器芯片如 MC1496/1596 或 BG314、AD834 等作为相乘器的基本器件。

5.6　计算机辅助分析与仿真

在此将对典型的乘法电路进行计算机仿真分析，希望读者通过本节内容的学习，能更好地理解和预测各种线性频谱搬移电路的行为，学会优化这类电路的结构和参数，能对多种情形进行仿真实验，对难以测量的电路属性进行深入的探索和研究。

5.6.1　仿真电路

计算机辅助分析仿真的电路包括由二极管、模拟乘法器芯片等构成的各种典型调幅电路和检波电路等。必须指出的是，为了使示波器展示的波形清晰易辨，仿真过程中用到的高频正弦载波频率选得较低，且调制信号（消息信号）以低频正弦波（单音频信号）代替。

5.6.2　仿真内容

1. 调幅器的电路仿真

典型调幅电路由相乘器加带通滤波器组成，而二极管平衡调制器（DBM）及 MC1596 芯片+外围器件构成的电路具有相乘器功能。仿真时除了考虑电路结构及元器件参数的选择外，还需考虑相乘器两输入信号参数（如频率、波形、振幅）的选择。此外，带通滤波器一般使用选频网络或选频放大器，它们的主要参数包括谐振频率和通频带范围等。真实调幅电路仿真内容包括：搭建电路、加入合适频率和振幅的两种信号；用示波器等测试仪测量获得相关结果，对结果进行分析，调整电路元器件参数，直至逼近理想结果。

2. 检波器的电路仿真

检波器主要有二极管峰值包络检波器和模拟乘法器芯片等构成的同步检波器等。该类电路的仿真实验可以帮助初学者更好地理解这一类电路的行为、产生非线性失真的原因及解决办法。同样，利用相关测试仪测试获得相关结果，对结果进行分析，调整元器件参数并与理想结果进行对比，以便对电路加以改进和完善。

5.6.3　仿真调试

1. 二极管调幅器的电路仿真

1）仿真电路

在 Multisim 平台下，二极管平衡调制器（仿照图 5.18 制作）的仿真电路截图见图 5.56。

而图 5.57（a）是将输出回路的 L 和 C 去掉后（负载变成电阻），用示波器观察到的载波、调制信号和输出电压波形。图 5.57（b）则是仿真电路输出端接有 LC 回路时的各点波形。

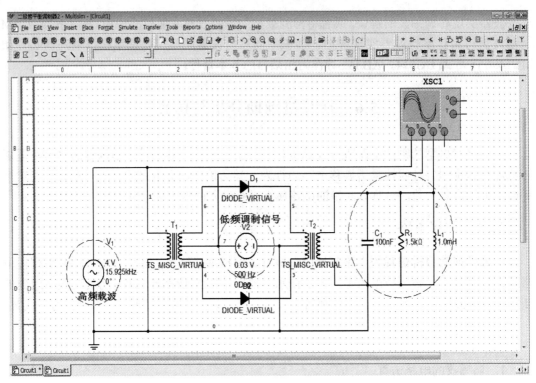

图 5.56 二极管调制器仿真电路

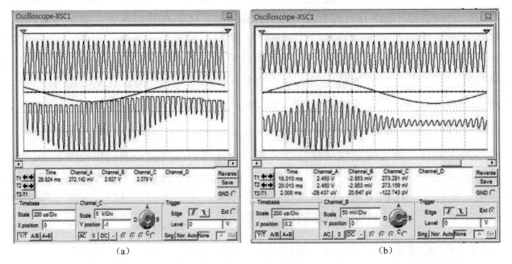

(a) (b)

图 5.57 仿真波形

$U_{\Omega m}=0.03V$（满足 $U_{cm} \gg U_{\Omega m}$ 的条件，以使二极管工作在由载波控制的开关状态下）

2）回路参数

因为 $f_0=f_c$；BW=2F=1kHz；

所以由 $f_0=\dfrac{1}{2\pi\sqrt{LC}} \approx 16\text{kHz}$ 得 L=1mH；C=0.1μF（回路并接电阻可增宽通频带）。

3）结果分析

（1）由图 5.57（a）C 波形可见，负载为电阻（无选频功能）时输出电压波形失真。意味着电路产生了许多新的频率成分，说明二极管一类非线性电路确实具有频率变换作用。

（2）由图 5.57（b）C 波形见，完整电路（二极管平衡调制器+并联谐振回路）具有调幅功能。但由于元器件不够对称，且谐振回路的谐振曲线呈钟形，不够理想，因而输出电压是残留着些许载频分量的 AM 调幅波。

思考：在图 5.56 中，载频改为 30 kHz，问含有回路的输出电压波形将发生何种变化？

2．DSB 调幅器+同步检波器的电路仿真

1）仿真电路

为了更好地理解 MC1596 等模拟乘法器芯片等构成的 DSB 调幅器及乘积型同步检波器的电路行为，特以 Multisim 8.0 为平台进行了仿真，系统仿真主界面图（图层数>3）如图 5.58 所示。

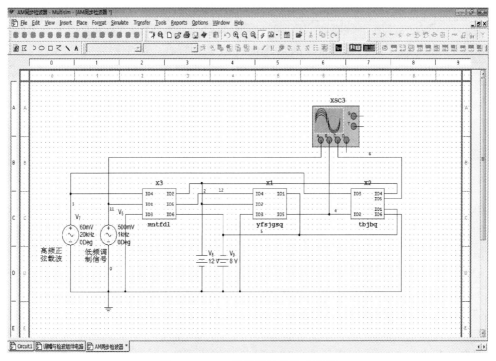

图 5.58　DSB 及其检波的仿真电路

图中包括：

（1）DSB 调幅电路（即组件电路 X3），它由 MC1596（内部电路仿照图 5.13 搭建，具体见图 5.59）+外围元件仿照图 5.23 搭建而成。

（2）射极跟随器（即组件电路 X1，内部由运放等构成），用于提高前级电路的带负载能力。

（3）乘积型同步检波器（即组件电路 X2），其内部由 MC1596 芯片+外围元件仿照图 5.44 搭建而成。

2）参数选择

（1）载波源：f_c=20kHz，U_{cm}=60mV；调制信号源（以正弦波替代）F=1kHz $U_{\Omega m}$=500mV。

（2）低通滤波器：采用 RC 的π型低通，截止频率只要不小于 1 kHz 即可滤除无用高频分量。

3）结果分析

图 5.60 所示了示波器测出的 DSB 系统主要波形，由上至下顺序是：低频调制信号；X3 输出的 DSB 调幅波；X2 输出的解调波形。

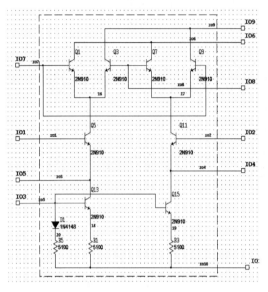

图 5.59　MC1596 内部电路　　　　　　　　图 5.60　仿真波形

（1）由图 5.60 所示的 B 波形可见，只要输入信号振幅不超过 260 mV，由 MC1596 等构成的 DSB 调幅电路就能获得无失真的 DSB 调幅波（因大信号使器件工作于开关状态，而小信号可减少非线性失真），且该图说明 DSB 波形确实有 180°的相位突变现象。

（2）发送载波与同步检波器处的本地载波使用了同一信号源，满足收、发载波同步的要求。

（3）虽然简易 RC 低通滤波器未能完全抑制高频分量，但解调波形与调制信号的变化趋势相一致，说明乘积型同步检波器能够解调 DSB 调幅波。

思考：若将图 5.58 中同步检波器的本地载波使用另外一个正弦信号源（与发送载波频率有所不同），检波器的输出波形会发生什么变化？

3．二极管包络检波器的电路仿真

1）仿真电路

二极管峰值包络检波器能否解调 AM 调幅波，它是否因元件参数选择不当而出现非线性失真。为了弄清这些问题，特意进行了图 5.61 所示电路的仿真。

（1）简易 AM 调幅电路（使用仿真软件中的模块器件等搭建）。

（2）普通包络检波器（仿照图 5.36 搭建）。

注：图中的 R_4/R_2 为直流负载电阻 R；C_{14} 为高频滤波电容；C_1 为低频隔直耦合电容；R_1/R_3 为负载电阻。

2）主要元件参数选择

因为由图 5.61 中的 AM 调幅电路可得调幅波标准表达式为

$$u_{AM}(t)=5(1+0.5\cos2\pi\times10^3t)\cos2\pi\times1.5\times10^4t$$

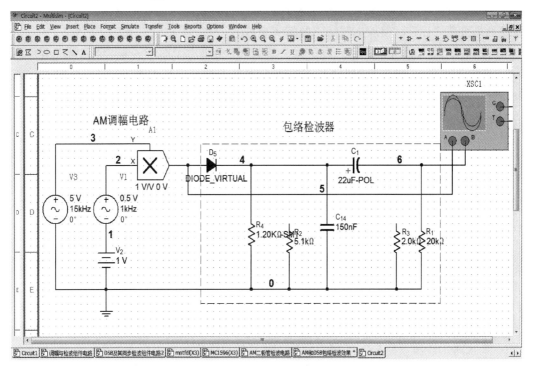

图 5.61　二极管检波仿真电路

所以调幅系数：m_a=0.5

再将 f_c=15kHz；F=1kHz；m_a=0.5 代入经验公式 5.46 算得

$$R=1.2k\Omega;\quad C=0.15\mu F$$

3）结果分析

结果波形如图 5.62（a）、（b）所示。

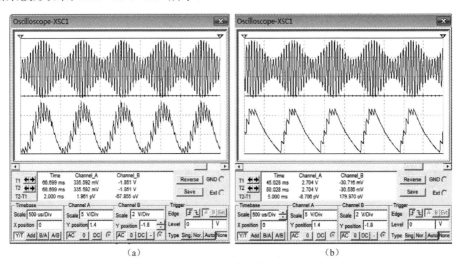

（a）　　　　　　　　　　　　　　　（b）

图 5.62　仿真波形

（1）图 5.62（a）中的 B 波形（锯齿波）与输入 A 波形（单音 AM 信号）的包络很接

近，说明达到了检波目的。

（2）图 5.62（b）中的 B 波形与输入 A 波形的包络相比，出现了惰性失真现象（原因：R 由 1.2kΩ 变为 5.1kΩ，使放电时间常数增大造成）。

以上结果表明：选择包络检波器的元件参数时，必须考虑诸多因素。使它既能解调 AM 信号（输出波形接近 AM 波的包络），避免惰性及底部切割失真的发生，又保证输入阻抗大而对前级电路的负面影响小等。

本 章 小 结

振幅调制和解调是将消息信号转换成高频已调信号的过程或反过程。混频是把已调波载频变成另一载频的过程。因 3 种频谱搬移电路都能将输入信号频谱线性搬移到指定频率点，因而相乘器加滤波器是它们共同的电路模型。

调幅电路有低电平和高电平两种，低电平调幅主要用来实现双边带和单边带调幅，被广泛应用的有二极管环形调幅器和变跨导集成模拟乘法器芯片等构成的模拟调幅电路。高电平调幅电路通常基于丙类谐振功率放大器实现。

二极管包络检波器和同步检波器是振幅检波电路的两大基本类型。前者用来解调普通双边带调幅信号。后者主要用来解调不含载波的 SSB 和 DSB 信号，为了获得良好的检波效果，要求本地载波严格与发端载波同步，故其较包络检波电路更为复杂。

广泛应用的混频器有二极管环形混频电路和模拟乘法器芯片组装的混频电路。混频干扰是混频电路存在的重要问题，实际中要注意采取必要的措施，选择合适的电路和工作状态，尽量减小混频干扰。

为了巩固所学知识点，最后两节针对主要线性频谱搬移电路进行了设计和技术实践方面的引导，并对典型电路进行了计算机辅助分析与仿真。

习 题 5

5.1 已知普通双边带（AM）调幅信号电压 $u(t) = 5[1 + 0.5 \times \cos(2\pi \times 10^3 t)]\cos(2\pi \times 10^6 t)$，试画出其时域波形图以及频谱图，并求其带宽 BW。

5.2 已知调幅波表达式 $u(t) = 3\cos(2\pi \times 10^5 t) + \frac{1}{3}\cos[2\pi(10^5 + 2 \times 10^3) t] + \frac{1}{3}\cos[2\pi(10^5 - 2 \times 10^3) t]$，试求其调幅系数及带宽，画出该调幅波的时域波形和频谱图。

5.3 题 5.3 图（a）、（b）分别示意的是调制信号和载波的频谱图，试分别画出普通双边带（AM）调幅波、抑制载波的双边带（DSB）调幅波以及上边带（SSB）调幅波的频谱图。

5.4 已知调幅波表达式 $u(t) = [10 + 5\cos(2\pi \times 500 t)]\cos(2\pi \times 10^5 t)$，假设比例常数 $k_a = 1$。试求该调幅波的载波振幅 U_{cm}、调制信号频率 F、调幅系数 m_a 和带宽 BW。

5.5 已知 AM 调幅波的频谱如题 5.5 图所示，试写出信号的时域数学表达式。

5.6 已知如题 5.6 图示意的模拟乘法器的乘积系数 $A_M = 0.1$（1/V），载波 $u_c(t) = 4\cos$

$(2\pi \times 5 \times 10^{6}\, t)$，调制信号 $u_{\Omega}(t) = 2\cos(2\pi \times 3.4 \times 10 t) + \cos(2\pi \times 300\, t)$，试画出输出调幅波的频谱图，并求其频带宽度。

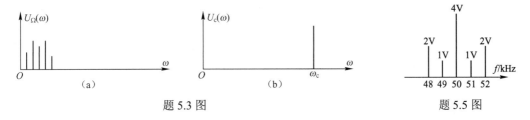

题 5.3 图　　　　　　　　　　　题 5.5 图

5.7　二极管环形相乘器如题 5.7 图所示，其中 $u_{c} = U_{\Omega m}\cos\omega_{c}t$ 为大信号，$u_{\Omega} = U_{\Omega m}\cos\Omega t$ 为小信号（即 $U_{cm} \gg U_{\Omega m}$），使 4 只性能完全相同的二极管工作在受 u_{c} 控制的开关状态下，试写出输出电压 u_{0} 的表达式并分析其含有的频率成分（注：假设 4 只二极管导通时的正向导通电阻 $r_{d} \approx 0$，截止时的反向电阻趋于无穷大）。

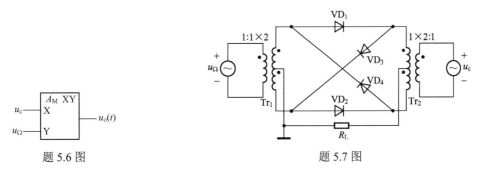

题 5.6 图　　　　　　　　　　　　题 5.7 图

5.8　二极管构成的电路如题 5.8 图（a）、（b）所示，其中 $u_{c} = U_{\Omega m}\cos\omega_{c}t$ 为大信号，$u_{\Omega} = U_{\Omega m}\cos\Omega t$ 为小信号（即 $U_{cm} \gg U_{\Omega m}$），使两只性能完全相同的二极管工作在受 u_{c} 控制的开关状态下，试分析两电路输出电压中的频谱成分，说明它们是否具有相乘功能？（注：假设几只二极管导通时的正向导通电阻 $r_{a} \approx 0$，截止时的反向电阻趋于无穷大）。

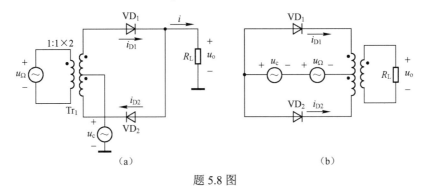

题 5.8 图

5.9　已知理想模拟相乘器中的乘积系数 $A_{M} = 0.1\,(1/\mathrm{V})$，若两输入信号分别为 $u_{X} = 3\cos\omega_{c}t$，$u_{Y} = [1 + \dfrac{2}{3}\cos\Omega_{1}t + \dfrac{1}{2}\cos\Omega_{2}t]\cos\omega_{c}t$，试写出相乘器输出电压表达式，说明如果该相乘器后面再接一低通滤波器，问它将实现何种功能？

5.10　二极管峰值包络检波电路如题 5.10 图所示，已知调制信号频率 $F = 300 \sim 3400\mathrm{Hz}$，

载波频率 $f_c = 10\text{MHz}$，最大调幅系数 $m_{a\max} = 0.8$，要求电路不产生惰性失真和负峰切割失真，试求满足上述要求的 C 和 R_L 的值。

5.11 电路模型如题 5.11 图所示，其中，u_x 为输入信号，u_y 为参考信号，假设相乘特性和滤波特性都是理想的，且相乘系数 $A_M = 1$。

（1）如果输入信号 $u_x = U_{\Omega m}\cos\Omega t$，参考信号 $u_y = U_{cm}\cos\omega_c t$，试写出 $u_o = (t)$ 的表达式并说明电路功能及滤波器的类型。

（2）如果输入信号 $u_x = U_{sm}\cos\Omega t\cos\omega_c t$，参考信号 $u_y = U_{rm}\cos\omega_c t$，试写出 $u_o = (t)$ 的表达式并说明电路功能及滤波器的类型。

（3）如果输入信号 $u_x = U_{sm}\cos\Omega t\cos\omega_c t$，参考信号 $u_y = U_{Lm}\cos\omega_L t$；试写出 $u_o = (t)$ 的表达式并说明电路功能及滤波器的类型。

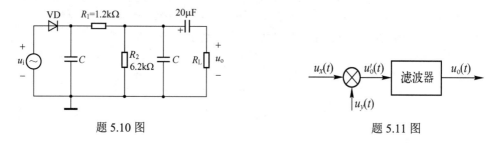

题 5.10 图   题 5.11 图

5.12 假设混频电路的输入信号 $u_s(t) = U_{sm}[1 + k_a u_\Omega(t)]\cos\omega_c t$，本振信号 $u_L(t) = U_{Lm}\cos\omega_L t$，输出端的带通滤波器调谐在 $\omega_i = \omega_L - \omega_c$ 上，试写出混频输出中频电压 $u_I(t)$ 的表达式。

5.13 晶体三极管混频电路如题 5.13 图所示，已知中频 $f_I = 465\,\text{kHz}$，输入信号 $u_s(t) = 10[1 + \dfrac{1}{2}\cos(2\pi \times 10^3 t)] \times \cos(2\pi \times 10^6 t)\,\text{mV}$。试画出 A、B、C 这 3 点对地电压波形并指出其特点，并说明 L_1C_1、L_2C_2、L_3C_3 这 3 个 LC 回路分别调谐在什么频率上。

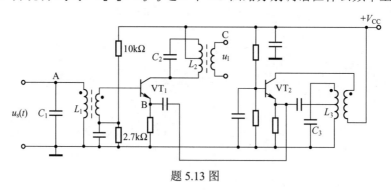

题 5.13 图

第6章 角度调制与解调电路

角度调制是用调制信号来控制高频信号的频率或相位的偏移，即调频或调相。这两种方法的调制结果是类似的，最终都将体现为高频信号获得了附加相位，这就是角度调制概念的由来。角度调制是频率的非线性搬移过程。一般而言，角度调制实现就是电路特殊参数受调制信号控制而变化，结果体现为信号的频率或相位的偏移；而角度解调电路是角度调制的逆过程，它包括鉴频和鉴相，角度解调实现相对较为复杂。

本章目标

知识：

- 掌握调角信号概念的由来，能够辨析调频波与调相波的异同，能够根据调制信号写出调角波的表达式，掌握影响最大频偏的因素，了解调角波的频谱特征，掌握有效带宽的概念及其表达式。
- 理解变容二极管的特性，理解直接调频电路的工作原理，了解为何间接调频电路需要包含调相电路，掌握调相电路的两种实现方法，即矢量合成法及可变相移法，了解扩展最大频偏的方法。
- 掌握斜率鉴频器原理，理解乘积型相位鉴频器和叠加型相位鉴频器原理。
- 了解限幅器工作原理。

能力：

- 能够读懂直接调频电路的直流、低频和高频通路，分析具体直接调频电路的工作机制和各个元件参数选取的影响。
- 能够分析间接调频电路的各部分情况（包括积分电路和调相电路的分析以及调相电路的直流、低频和高频等各部分的分析）。
- 能够分析调频、混频、倍频等单元电路的元件参数或电路参数的改变对调频波最大频偏的影响，进而完整分析调制信号参数（包括振幅和频率）和电路参数的改变对调频波带宽的影响。
- 能够读懂各种鉴频器电路，并定性分析元件参数的改变对于鉴频输出的影响。
- 能够使用仿真软件对所学调频电路和鉴频电路进行仿真。

应用实例 车载 MP3 FM 发射器

车载 MP3 FM 发射器（FM Transmitter）可以将 MP3 音乐信号通过调频电路转换成 FM 调频信号，再通过汽车收音机将调频信号接收鉴频解调后播放出来。作为一款小巧方便的车载附件，它可以方便地利用车载收音机收听 MP3 音乐。具体地说，在 MP3 播放器或外置设备上装备这样一个 FM 调频发射器，通过无线发射的形式，将主机的音频内容以电磁波的形式并以特定的频率发送出来。周围的接收器（收音机）只要调谐到相应的频率，即可收听到发射的 MP3 音乐。

车载 MP3 FM 发射器（源自 Internet）

6.1　调角波的概念表述

6.1.1　调角信号的由来

第 5 章学习的调幅波是高频载波的振幅受到低频信号的调制，或者说低频信息以变化的调幅波振幅的形式蕴含在调幅波中。沿着同一思路，引入调角波的概念。

对于没有受到调制的高频余弦信号 $u(t)=U_\mathrm{m}\cos\omega_c t$ 而言，相位 $\omega_c t$ 随着时间的变化以固定的比例 ω_c 匀速地增长，而信号本身是以固定的周期 $\dfrac{2\pi}{\omega_c}$ 在 $-U_\mathrm{m}$ 与 U_m 之间周而复始地变化，如果相位或频率受到调制，最终的结果将是相位不再随时间的变化而匀速增长，在这种情况下，受到调制的等幅高频信号应一般性地表达为

$$u(t)=U_\mathrm{m}\cos\left[\varphi(t)\right] \tag{6.1}$$

式（6.1）中相位随时间的变化关系 $\varphi(t)$ 与未调制前相比应该是比较复杂的，这时的角频率仍应反映相位变化的快慢，且频率与相位为一阶导数关系，故称为瞬时角频率 $\omega(t)$，它满足

$$\omega(t)=\frac{\mathrm{d}\varphi(t)}{\mathrm{d}t} \tag{6.2}$$

反之，有

$$\varphi(t)=\int_0^t \omega(t)\mathrm{d}t+\varphi_0 \tag{6.3}$$

相应地，$\varphi(t)$ 可称为瞬时相位。而调角波的形式即为 $u(t)=U_\mathrm{m}\cos\left[\varphi(t)\right]$，其特点是瞬时角频率 $\omega(t)$ 或瞬时相位 $\varphi(t)$ 受到调制，因而可相应地称为调频波(FM)或调相波(PM)。无论是调频波还是调相波，其意义在于它们携带了低频信息，具体表现在瞬时角频率 $\omega(t)$ 或瞬时相位 $\varphi(t)$ 的变化情况应与低频调制信号 $u_\Omega(t)$ 的变化情况一致。换句话说，$\omega(t)$ 或 $\varphi(t)$ 是缓变的，但 $\omega(t)$ 或 $\varphi(t)$ 都不是信号，而只是调角信号 $u(t)=U_\mathrm{m}\cos\left[\varphi(t)\right]$ 的特征性变量，这种调角信号则是快变的或者说是高频的。另外，在解调电路中，输出信号的变化又受到 $\omega(t)$ 或 $\varphi(t)$ 的控制，能够反映 $\omega(t)$ 或 $\varphi(t)$ 的变化情况，进而与原来的低频调制信号的变化情况一致，也就恢复了低频信号。这一过程即是解调电路对调频波或调相波的

解调。

6.1.2　调角波波动规律的数学表达

1．调频信号

对于调频波而言，调制的对象是瞬时角频率，低频调制信号 $u_\Omega(t)$ 的作用是产生瞬时角频率 $\omega(t)$ 相对于未调时角频率 ω_c（称为载波角频率）的偏移，而这种瞬时角频率偏移的大小与调制信号的大小有关。在理想情况下，两者为正比例关系（线性调频），即

$$\omega(t) - \omega_c = \Delta\omega(t) = k_f u_\Omega(t) \tag{6.4}$$

式中，比例系数 k_f 称为调频灵敏度，其单位为 $\mathrm{rad/(s \cdot V)}$，由调频电路决定。因而

$$\omega(t) = \omega_c + \Delta\omega(t) = \omega_c + k_f u_\Omega(t) \tag{6.5}$$

式（6.5）说明调频波的瞬时角频率的变化形式与低频调制信号的变化形式相同，或者说低频信息体现在高频调频波的瞬时角频率的变化上。将式（6.5）代入式（6.3），得到

$$\varphi(t) = (\omega_c t + \varphi_0) + k_f \int_0^t u_\Omega(t)\mathrm{d}t = (\omega_c t + \varphi_0) + \Delta\varphi(t) \tag{6.6}$$

式中，$\Delta\varphi(t) = k_f \int_0^t u_\Omega(t)\mathrm{d}t$，是由于调频而产生的瞬时相位偏移。它的存在表明了调频时虽然调制的对象是瞬时角频率，但实际上瞬时相位也会相应变化，引起相位的偏移，这是因为瞬时角频率和瞬时相位有着密切的联系。

调频信号 $u_{\mathrm{FM}}(t)$ 的表达式由 $\varphi(t)$ 的形式决定（为表达方便，取 $\varphi_0 = 0$），即

$$u_{\mathrm{FM}}(t) = U_m \cos\left[\omega_c t + k_f \int_0^t u_\Omega(t)\mathrm{d}t\right] \tag{6.7}$$

对于单音调制（即调制信号为简谐信号）的情况，设 $u_\Omega(t) = U_{\Omega m}\cos\Omega t$，则有

$$\omega(t) = \omega_c + k_f U_{\Omega m}\cos\Omega t = \omega_c + \Delta\omega_m\cos\Omega t \tag{6.8}$$

$$\varphi(t) = \omega_c t + \frac{k_f U_{\Omega m}}{\Omega}\sin\Omega t = \omega_c t + m_f\sin\Omega t \tag{6.9}$$

$$u_{\mathrm{FM}}(t) = U_m\cos\left(\omega_c t + m_f\sin\Omega t\right) \tag{6.10}$$

式中

$$\Delta\omega_m = k_f U_{\Omega m} \tag{6.11}$$

是最大角频率偏移。式（6.11）表明，角频率偏移的最大值由调制信号的最大值（即调制信号的振幅）决定，正如瞬时角频率偏移由调制信号的瞬时值决定。而

$$m_f = \frac{\Delta\omega_m}{\Omega} \tag{6.12}$$

是最大相位偏移（又称为调频指数）。显然，最大角频率偏移 $\Delta\omega_m$ 增大，最大相位偏移 m_f 也会变大。但为什么调制信号的频率变大时，最大相位偏移 m_f 会减小呢？这是因为瞬时相位偏移是瞬时角频率偏移的积分，当瞬时角频率偏移作简谐波动（这种波动的角频率就是调制信号频率）时，瞬时相位偏移也同样作简谐波动。

当调制信号为 $u_\Omega(t) = U_{\Omega m}\cos\Omega t$ 时，调频信号的各个变化量的波形如图 6.1 所示。从中可以看到，调频波的瞬时角频率的波动情况与低频调制信号的波动情况一致，但瞬时相位偏移的波动情况与调制信号的波动情况不完全一致。由于瞬时角频率的大小体现了相位变化的快慢，因此瞬时角频率较大时，调频信号频率波动加快，表现为调频波的波形变得更

加密集，反之亦然。

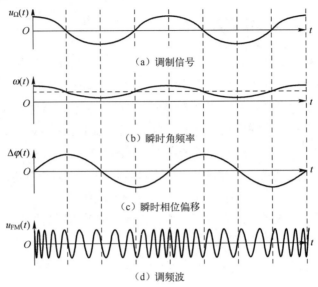

图 6.1　调频波相关变化量波形

2．调相信号

对于调相波而言，调制的对象是瞬时相位，低频调制信号 $u_\Omega(t)$ 的作用是产生瞬时相位 $\varphi(t)$ 相对于未调时相位 $\omega_c t$ 的偏移（或称附加相移），而这种瞬时相位偏移的大小与调制信号的大小有关。在理想情况下，两者为正比关系（线性调相），即

$$\varphi(t) - \omega_c t = \Delta\varphi(t) = k_p u_\Omega(t) \tag{6.13}$$

式中，比例系数 k_p 称为调相灵敏度，其单位为 rad/V，由调相电路决定。因而

$$\varphi(t) = \omega_c t + \Delta\varphi(t) = \omega_c t + k_p u_\Omega(t) \tag{6.14}$$

式（6.14）说明，低频信息通过对高频调频波的瞬时附加相移的影响而被高频调频波所携带。将式（6.14）代入式（6.2），得到

$$\omega(t) = \omega_c + \Delta\omega(t) = \omega_c + k_p \frac{du_\Omega(t)}{dt} \tag{6.15}$$

式中，$\Delta\omega(t) = k_p \dfrac{du_\Omega(t)}{dt}$，是由于调相而产生的瞬时角频率偏移，它表明了调相时虽然调制的对象是瞬时相位，但实际上也会对瞬时角频率的值造成影响，引起角频率的偏移。这是因为瞬时角频率和瞬时相位有着密切的联系。

调相信号 $u_{PM}(t)$ 的表达式由 $\varphi(t)$ 的形式决定，即

$$u_{PM}(t) = U_m \cos\left[\omega_c t + k_p u_\Omega(t)\right] \tag{6.16}$$

对于单音调制的情况，设 $u_\Omega(t) = U_{\Omega m}\cos(\Omega t)$，则有

$$\varphi(t) = \omega_c t + k_p U_{\Omega m}\cos(\Omega t) = \omega_c t + m_p\cos(\Omega t) \tag{6.17}$$

$$\omega(t) = \omega_c - m_p\Omega\sin(\Omega t) = \omega_c - \Delta\omega_m\sin(\Omega t) \tag{6.18}$$

$$u_{PM}(t) = U_m \cos\left[\omega_c t + m_p\cos(\Omega t)\right] \tag{6.19}$$

以上表示式中

$$m_p = k_p U_{\Omega m} \tag{6.20}$$

是最大相位偏移（又称调相指数）。式（6.20）表明，相位偏移的最大值由调制信号的最大值（即调制信号的振幅）决定，正如瞬时相位偏移由调制信号的瞬时值决定。而最大角频率偏移满足

$$\Delta\omega_m = m_p \Omega \tag{6.21}$$

式（6.21）与调频时的最大相位偏移和最大角频率偏移的关系式（6.12）是一致的。

当调制信号为 $u_\Omega(t) = U_{\Omega m}\cos\Omega t$ 时，调相信号的各个变化量的波形如图 6.2 所示。需要注意的是，调相波波形的疏密情况仍然由瞬时角频率的大小决定。

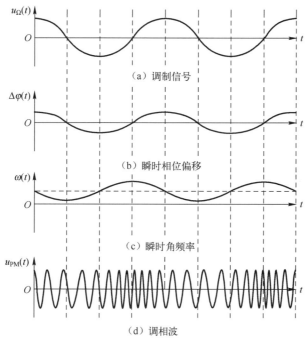

图 6.2　调相波相关变化量波形

调频波与调相波的比较如下：

调频波与调相波都是高频等幅波动，对它们而言，无论是角频率还是相位都与简谐波动的角频率和相位不同，都存在着角频率偏移和相位偏移，偏移量的大小又与低频调制信号有关。调频波与调相波的区别在于，调频波的瞬时角频率偏移与调制信号成简单正比例关系，而调相波的瞬时相位偏移与调制信号成简单正比例关系，比例系数由各自调制电路的调制灵敏度决定。瞬时量的相互关系如下：

对于调频波，有

$$u_\Omega(t) \Rightarrow \omega(t) = \omega_c + k_f u_\Omega(t) \Rightarrow \varphi(t) = \int_0^t \omega(t)\mathrm{d}t \Rightarrow u(t) = U_m \cos[\varphi(t)]$$

对于调相波，有

$$u_\Omega(t) \Rightarrow \varphi(t) = \omega_c t + k_p u_\Omega(t) \begin{cases} \Rightarrow \omega(t) = \dfrac{\mathrm{d}\varphi(t)}{\mathrm{d}t} \\ \Rightarrow u(t) = U_m \cos[\varphi(t)] \end{cases}$$

相应地,最大值之间的关系如下:

对于调频波,有

$$U_{\Omega m} \Rightarrow \Delta\omega_m = k_f U_{\Omega m} \Rightarrow m_f = \frac{\Delta\omega_m}{\Omega}$$

对于调相波,有

$$U_{\Omega m} \Rightarrow m_p = k_p U_{\Omega m} \Rightarrow \Delta\omega_m = m_p \Omega$$

调频时,最大角频率偏移与调制信号角频率无关;调相时,最大相位偏移与调制信号角频率无关。

6.1.3 调角波的频谱与带宽

1. 调角波的频谱

由于调频波与调相波具有相似的信号形式,因此它们的频谱是类似的。下面以调频波为例进行讨论。

$$\begin{aligned}
u_{FM}(t) &= U_m \cos\left(\omega_c t + m_f \sin\Omega t\right) \\
&= U_m \left[\cos(\omega_c t)\cos(m_f \sin\Omega t) - \sin(\omega_c t)\sin(m_f \sin\Omega t)\right]
\end{aligned} \tag{6.22}$$

式中的 $\cos(m_f \sin(\Omega t))$ 与 $\sin(m_f \sin(\Omega t))$ 均可展开为傅里叶级数(其角频率成分都是 Ω 的整数倍),代入式(6.22)中与 $\cos(\omega_c t)$ 或 $\sin(\omega_c t)$ 相乘后就得到一系列频率为 $\omega_c \pm n\Omega$ ($n = 0,1,2,\cdots$)的简谐波成分。即

$$\begin{aligned}
u_{FM}(t) = U_m \big[&J_0(m_f)\cos\omega_c t && \text{载频} \\
&+ J_1(m_f)\cos(\omega_c + \Omega)t - J_1(m_f)\cos(\omega_c - \Omega)t && \text{第一对边频} \\
&+ J_2(m_f)\cos(\omega_c + 2\Omega)t + J_2(m_f)\cos(\omega_c - 2\Omega)t && \text{第二对边频} \\
&+ J_3(m_f)\cos(\omega_c + 3\Omega)t - J_3(m_f)\cos(\omega_c - 3\Omega)t && \text{第三对边频} \\
&+ J_4(m_f)\cos(\omega_c + 4\Omega)t + J_4(m_f)\cos(\omega_c - 4\Omega)t && \text{第四对边频} \\
&+ \cdots \big]
\end{aligned} \tag{6.23}$$

式中, $J_n(m_f)$ ($n = 0,1,2,\cdots$)是以 m_f 宗数的 n 阶第一类贝塞尔函数,其具体形式在此不详述。不过从应用的角度看, $J_n(m_f)$ 可以视为一个函数族, m_f 是自变量, n 只不过是函数簇中不同函数的标记而已。 $J_n(m_f)$ 的值既与调频指数 m_f 有关,也与贝塞尔函数的 n 值有关,而 n 实际上也正是边频对的编号。取 $U_m = 1$,针对不同的调频指数 m_f 取值,作出相应的频谱,如图 6.3 所示。

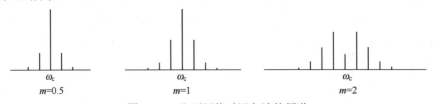

图 6.3 m 取不同值时调角波的频谱

第 n 对边频 $\omega_c \pm n\Omega$ 的谱线高度为 $|J_n(m_f)|$ 。可以看到,即使对于单音调制,调频后 $u_{FM}(t) = U_m \cos(\omega_c t + m_f \sin\Omega t)$ 的谱线结构也是足够复杂的,除载频外还存在着无限多对边频。第 n 对边频 $\omega_c \pm n\Omega$ 的谱线高度为 $|J_n(m_f)|$ 。而调幅时如果采用单音调制,只会产生一

对边频，这一对频率就是参与调幅过程的两个信号频率的和频与差频，因而实现了对于调制信号频谱的不失真搬移。调频波的频谱则不具备这一特性，它在 ω_c 的两侧以 Ω 为间距分布着无限多的边频。调频指数 m_f 越大，振幅较大的边频个数越多，因此调频（以及调相）过程是非线性频率变换过程。

2. 调角波的频带宽度

既然调角波的边频分量是无限多的，其频谱就是无限宽的。但实际上并非所有边频分量都有同等的重要性。一般而言，如果将第 n 对边频和距离 ω_c 更远的边频全部丢掉，将剩下的边频分量与载波叠加，其结果与原来的调角波相比是有失真的，失真的大小与所丢掉的边频的总能量有关。如果这些丢掉的边频振幅都很小，则它们的总能量就很小，丢掉它们后调角信号的失真也会很小，这样一来，剩下的频率成分就形成了调角波的有效带宽。一般认为，调角波的有效带宽 $\mathrm{BW_{CR}}$ 应取

$$\mathrm{BW_{CR}} = 2(m+1)\Omega = 2(\Delta\omega_m + \Omega) \tag{6.24}$$

式中，m 是调角波的最大相位偏移，也就是 m_f（调频指数）或 m_p（调相指数），统称调制指数；$\Delta\omega_m$ 是最大角频率偏移。

与普通调幅波的带宽 2Ω 相比，调角波的带宽要宽一些，而且调制的程度越深（体现在调制指数 m 或最大频偏 $\Delta\omega_m$ 变大），则有效带宽越宽。不过，当 $m \ll 1$（工程上取 $m < \left(\dfrac{\pi}{12}\right)\mathrm{rad}$）时，$\mathrm{BW_{CR}} \approx 2\Omega$，相当于普通调幅波的带宽，即边频只有一对，这种情况称为窄带调角；而在 $m \gg 1$ 时，$\mathrm{BW_{CR}} \approx 2m\Omega$，此时为宽带调角。

窄带调角波与调幅波的比较如下：

如上所述，对于窄带调角波，除载频外需要考虑的边频只有一对，其频谱结构与普通调幅波相同。但为何一个成为调角波，另一个却是普通调幅波呢？

设调制信号为 $u_\Omega(t) = U_{\Omega m}\cos\Omega t$，若进行调相，则有

$$u_{\mathrm{PM}}(t) = U_m\cos\left(\omega_c t + m_p\cos\Omega t\right)$$
$$= U_m\left[\cos\omega_c t\cos(m_p\cos\Omega t) - \sin\omega_c t\sin(m_p\cos\Omega t)\right]$$

对于窄带调相（$m_p < \left(\dfrac{\pi}{12}\right)\mathrm{rad}$），有

$$\cos(m_p\cos\Omega t) \approx 1, \quad \sin(m_p\cos\Omega t) \approx m_p\cos\Omega t$$

因而窄带调相信号可简化为

$$u_{\mathrm{PM}}(t) = U_m\left[\cos\omega_c t - m_p\cos\Omega t\sin\omega_c t\right]$$
$$= U_m\cos\omega_c t + U_m m_p\cos\Omega t\cos\left(\omega_c t + \frac{\pi}{2}\right) \tag{6.25}$$

从频域的角度看，式（6.25）说明窄带调相信号确实由 ω_c 和 $\omega_c \pm \Omega$ 这 3 个成分组成。另外，式（6.25）又可直观地表达为图 6.4 所示的相图。第二项 $U_m m_p\cos\Omega t\cos(\omega_c t + \frac{\pi}{2})$ 所对应的相量 $\boldsymbol{AB}$ 为振幅缓慢变化的相量，与第一项 $U_m\cos\omega_c t$ 所对

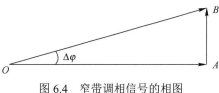

图 6.4　窄带调相信号的相图

应的相量 $\boldsymbol{OA}$ 之间相互垂直。两者叠加得到调相波 $u_{\mathrm{PM}}(t)$ 所对应的相量 $\boldsymbol{OB}$。其振幅为

$$|\boldsymbol{OB}| = |\boldsymbol{OA}|\sqrt{1+\frac{|\boldsymbol{AB}|^2}{|\overrightarrow{OA}|^2}} = U_m\sqrt{1+\left(m_{\mathrm p}\cos\varOmega t\right)^2} \approx U_m\left[1+\frac{1}{2}\left(m_{\mathrm p}\cos\varOmega t\right)^2\right]$$

上式说明，叠加后信号振幅的变化是 $m_{\mathrm p}\cos(\varOmega t)$ 的二阶小量，或者说振幅基本上是不变的。而 $\boldsymbol{OB}$ 相对于 $\boldsymbol{OA}$ 的相位偏移（即在 $\omega_c t$ 的基础上的相位偏移）为

$$\Delta\varphi(t) = \arctan\left(m_{\mathrm p}\cos\varOmega t\right) \approx m_{\mathrm p}\cos\varOmega t$$

所以此信号是振幅不变的调相信号。

用同样的调制信号，如果进行普通调幅，则有

$$u_{\mathrm{AM}}(t) = U_{\mathrm m}\left(1+m_{\mathrm a}\cos\varOmega t\right)\cos\omega_c t = U_{\mathrm m}\cos\omega_c t + U_{\mathrm m}m_{\mathrm a}\cos\varOmega t\cos\omega_c t$$

从频域的角度看，上式说明调幅信号也由 ω_c 和 $\omega_c\pm\varOmega$ 这 3 个成分组成。另外，上式同样可直观地表达为相图，如图 6.5 所示。第二项 $U_{\mathrm m}m_{\mathrm p}\cos\varOmega t\cos\omega_c t$ 所对应的相量 $\dot{A}\dot{B}$ 为振幅缓慢变化的相量，与第一项所对应的相量 $\dot{O}\dot{A}$ 同在一条直线上。两者叠加后 $\dot{O}\dot{B}$ 的振幅为 $U_{\mathrm m}\left(1+m_{\mathrm a}\cos\varOmega t\right)$，其变化形式与调制信号相同；与此同时，叠加后并不产生相位的偏移。

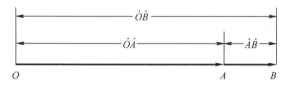

图 6.5　调幅信号的相图

总之，正是由于参与叠加的 ω_c 和 $\omega_c\pm\varOmega$ 这 3 个成分相位关系不同，导致了叠加后可以得到调相波、调频波、调幅波等不同的信号形式。

3. 调角信号涉及的频率概念辨析

以角频率为 $\varOmega$ 的调制信号对载波角频率为 ω_c 的高频信号进行调频，调制后瞬时角频率的最大偏移 $\Delta\omega_{\mathrm m}$ 由调制信号的振幅决定，与 $\varOmega$ 无关；瞬时角频率在 $\omega_c-\Delta\omega_{\mathrm m}$ 和 $\omega_c+\Delta\omega_{\mathrm m}$ 之间波动，这种波动仍有角频率，这个角频率就是 $\varOmega$。瞬时角频率变化区间的长度为 $2\Delta\omega_m$，但这并不是由分立谱线形成的有效带宽，故带宽为 $2(\Delta\omega_{\mathrm m}+\varOmega)$。

以角频率为 $\varOmega$ 的调制信号对载波角频率为 ω_c 的高频信号进行调相，调制后瞬时相位的最大偏移 $m_{\mathrm p}$ 由调制信号的振幅决定，与 $\varOmega$ 无关；但瞬时角频率的最大偏移 $\Delta\omega_{\mathrm m}=m_{\mathrm p}\varOmega$ 与 $\varOmega$ 有关，而且瞬时角频率在 $\omega_c-\Delta\omega_{\mathrm m}$ 和 $\omega_c+\Delta\omega_{\mathrm m}$ 之间波动，这种波动仍有角频率，这个角频率就是 $\varOmega$。瞬时角频率的变化区间长度为 $2\Delta\omega_{\mathrm m}$，但这并不是由分立谱线形成的有效带宽，故带宽为 $2(\Delta\omega_{\mathrm m}+\varOmega) = 2(m_{\mathrm p}+1)\varOmega$。

4. 调频、调相和调幅的比较

研究表明，无论采用调幅还是调频或调相，调制指数 m 越大，则调制后信号的信噪比越大，抗干扰能力越强。由此可知，对调幅波而言，由于其调幅指数 $m_{\mathrm a}$ 不能大于 1，调幅波的信噪比当然就较低，抗干扰性能不高；而调频波和调相波的调制指数 $m_{\mathrm f}$、$m_{\mathrm p}$ 的取值

则不收限制，其抗干扰能力也相应地得以提高。不过，虽然调频波或调相波具有较高的抗干扰能力，但是它们却占用了较宽的频带，这是为改进抗干扰性能而付出的代价。

那么，同是调角波，采用调频波还是调相波更为可取呢？

对于实际的调频系统或调相系统，其调制信号的频率和振幅都有一定的限制范围，最大角频率和最大振幅分别记为 Ω_{max} 和 $U_{\Omega m\,max}$。考虑这种信号在最不利的情况下所可能占据的最大带宽，在调频时最大带宽是 $2(k_f U_{\Omega m\,max} + \Omega_{max})$，在调相时最大带宽是 $2(k_p U_{\Omega m\,max} + 1)\Omega_{max}$，两种调制方式下的最大带宽可以统一地写为 $2(m_0 + 1)\Omega_{max}$ 的形式，式中的 m_0 在调频时应为 $\dfrac{k_f U_{\Omega m\,max}}{\Omega_{max}}$，在调相时应为 $k_p U_{\Omega m\,max}$。如果两种情况的 m_0 相同（此时应有 $\dfrac{k_f}{\Omega_{max}} = k_p$），则得到的调角波的最大带宽相同，或者说两种调制方式占据的频带资源是一样的。当调制信号的角频率正好为 Ω_{max}，同时振幅正好为 $U_{\Omega m\,max}$ 时，两种调制方式所得到的调制指数都是 m_0，这时两种调制方式所具有的信噪比是一样的。但是在实际应用系统中，两个调制指数是不同的，或者说两种调制方式所具有的信噪比是不同的，因此实际应用中可根据带宽消耗和信噪比大小综合选择。

目标 1　测评

在其他条件不变的情况下，用两个振幅相同、频率不同的低频信号分别进行调频，请问两种情况下得到的最大频偏是否相同？如果改为调相，又会得到什么样的结论？

6.2　调 频 电 路

6.2.1　调频电路的主要性能指标

1．调频特性

调频电路是使低频信号控制或调制高频信号的频率，从而产生瞬时频偏。在理想情况下，瞬时频偏应与调制信号成正比，这时调频特性为线性的。但实际电路的调频特性总是有一定的非线性失真的，对此应尽量设法减小。

2．最大线性频偏

虽然实际电路的调频特性从整体上看是非线性的，但当调制信号较小时，它仍可以近似地视为线性的。调频特性线性部分所能实现的最大频偏称为最大线性频偏。

3．调频灵敏度

调频特性线性部分的斜率称为调频灵敏度。

4．载频稳定度

载频是调频波的中心频率，如果载频发生漂移，将会对相邻信道造成干扰；而且如果接收机的通带中心频率不能随载频的漂移及时变化，则接收机将无法很好地对调频波进行接收与放大。因此对各种调频系统都有一定的载频稳定度要求。例如，调频广播系统要求载频漂移不超过±2 kHz,调频电视伴音系统要求载频漂移不超过±500 Hz。

6.2.2 直接调频电路

利用 LC 振荡器可以产生高频信号,LC 振荡器的振荡频率大致等于 LC 谐振回路的谐振频率,由谐振回路电抗元件的参数决定。如果某个电抗元件的参数发生变化,则振荡器的振荡频率会相应地有所变化;而如果电抗元件参数的变化又是受低频信号控制的,则最终的效果将是低频信号的变化控制了振荡器振荡频率的变化,因而输出信号就是调频波。这种调频方法称为直接调频。换句话说,直接调频指的就是在振荡器中直接调频;直接调频电路也就只是一种频率可控的振荡器而已。

1. 变容二极管

如上所述,直接调频电路中需要一个比较特殊的电抗元件,这种电抗元件的元件参数会受到外加电压的影响,称为可变电抗元件(可变电容或可变电感),是非线性元件。这种用于实现直接调频的可变电抗元件种类很多,目前使用最多的是变容二极管。

与普通二极管尽量减少结电容的制造要求不同,变容二极管在制造时将获得相对来说比较大的结电容,以突出二极管的电容效应。而且变容二极管一般工作在反偏状态下,这就保证了变容二极管只能等效为电容。再考虑到二极管结电容与结电压有关的特点,所以变容二极管在反偏工作时应视为电压控制可变电容。变容二极管的电路符号及其反偏时的等效电容见图 6.6。

（a）电路符号　　　　　（b）高频等效电容

图 6.6　变容二极管的电路符号及其高频等效电容

根据二极管理论,二极管结电容 C_j 与外加电压 u 之间的关系为

$$C_j = \frac{C_{j0}}{(1-\frac{u}{U_B})^\gamma} \tag{6.26}$$

式中,U_B 是 PN 结的内建电压,C_{j0} 是无外加电压时的结电容,γ 是依赖于 PN 结工艺结构的一个无量纲参数,称为变容指数,其值在 $1/3 \sim 6$。

考虑到变容二极管正常工作时处于反偏状态,并且所加电压一般为静态偏压 U_Q 与调制信号 $u_\Omega(t)$ 之和,所以一般有

$$u = -\left[U_Q + u_\Omega(t) \right] \tag{6.27}$$

式(6.2)代入式(6.26)中,C_j 的形式可转化为

$$C_j = \frac{C_{jQ}}{(1+x)^\gamma} \tag{6.28}$$

式中，$C_{jQ} = \dfrac{C_{j0}}{\left(1+\dfrac{U_Q}{U_B}\right)^\gamma}$ 是施加反向静态偏压 U_Q 时所获得的结电容，称为静态结电容；

$x = \dfrac{u_\Omega(t)}{U_B + U_Q}$ 是归一化的调制电压。

2. 变容二极管直接调频电路原理分析

为了达到直接调频的目的，在 LC 振荡器的谐振回路中引入了变容二极管这种可变电抗元件，使调制信号通过影响变容二极管的结电容进而影响到谐振回路的谐振频率。与一般振荡器的谐振回路不同，直接调频电路的谐振回路要能正常工作，必须对变容二极管采用控制电路施加静态偏压和调制电压。考虑了控制电路后，谐振回路的典型结构如图 6.7（a）所示。图中 C_1 和 C_2 的取值应满足低频开路、高频短路的要求；L_1 的取值应满足低频短路、高频开路的要求，或者说 L_1 是高频扼流圈。考虑到这些电容和电感的频率特性后，直流和低频信号的通路如图 6.7（b）所示，高频通路如图 6.7（c）所示。从直流和低频通路图 6.7（b）中可以看到，变容二极管的外加电压正是 $-\left[U_Q + u_\Omega(t)\right]$，这说明变容二极管获得了适当的反向静态偏压，同时调制信号也能够有效地加入；而高频通路图 6.7（c）显示的是高频谐振回路，它是由 L 和 C_j 构成的并联谐振回路。

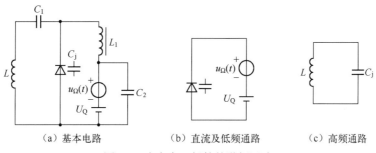

（a）基本电路　　　　　（b）直流及低频通路　　　　（c）高频通路

图 6.7　含变容二极管的谐振回路

如果振荡器的谐振回路具有图 6.7（c）所示的形式（即 L 和 C_j 并联），则振荡角频率可近似写为

$$\omega(t) = \frac{1}{\sqrt{LC_j}} \tag{6.29}$$

将式（6.28）代入式（6.29），得到

$$\omega(t) = \omega_c (1+x)^{\frac{\gamma}{2}} \tag{6.30}$$

式中，ω_c 是施加静态偏压时的振荡角频率，即未受调制时的振荡角频率，也就是载波角频率，其大小为

$$\omega_c = \frac{1}{\sqrt{LC_{jQ}}}$$

在式（6.30）中，若变容指数 $\gamma = 2$，则有

$$\omega(t) = \omega_c(1+x) = \omega_c\left[1 + \frac{u_\Omega(t)}{U_B + U_Q}\right]$$

在这种情况下，瞬时角频率偏移 $\omega(t) - \omega_c$ 与调制信号 $u_\Omega(t)$ 成正比，为线性调频；反之，当变容指数 $\gamma \neq 2$ 时，调频特性为非线性的。但在调制信号 $u_\Omega(t)$ 较小时，仍然可以得到近似为线性的调频特性。显然，变容指数 γ 越接近于 2，近似为线性调频的区间越宽。

由于调制信号 $u_\Omega(t)$ 较小时，$(1+x)^{\frac{\gamma}{2}} \approx 1 + \frac{\gamma}{2}x$，所以有

$$\omega(t) \approx \omega_c\left(1 + \frac{\gamma}{2}x\right) = \omega_c\left[1 + \frac{\gamma}{2}\frac{u_\Omega(t)}{U_B + U_Q}\right] = \omega_c + \frac{\gamma}{2}\frac{\omega_c}{U_B + U_Q}u_\Omega(t) \quad （6.31）$$

式（6.31）描述了变容指数 γ 为任意值时小信号调制下的线性调制关系。从中可知，调频灵敏度为

$$k_f = \omega_c\frac{\gamma}{2}\frac{1}{U_B + U_Q} \quad （6.32）$$

最大角频率偏移为

$$\Delta\omega_m = \omega_c\frac{\gamma}{2}\frac{U_{\Omega m}}{U_B + U_Q} \quad （6.33）$$

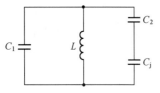

图 6.8　变容二极管部分接入谐振回路

由式（6.33）可见，对于直接调频电路而言，因调制而产生的最大角频偏与载波角频率成正比。这一点与间接调频电路是不同的。

在实际电路中，谐振回路通常并不是只由 L 和 C_j 构成，或者说 C_j 在谐振回路中是部分接入的，如图 6.8 所示。在这种情况下，施加到变容二极管的调制电压对整个谐振回路的影响会减小，因而调频灵敏度将降低，但非线性失真及频率不稳定性也会有所削弱。

式（6.32）显示，变容二极管直接调频电路的调频灵敏度的符号是正的，这一点可以定性地分析如下：

调制信号 $u_\Omega(t)$ ↑ →变容二极管结电容 C_j ↓ →LC_j 谐振回路的谐振角频率 ω_0 ↑ →振荡器的振荡角频率 $\omega(t) \approx \omega_0$ ↑。

3. 电路实例

图 6.9（a）是变容二极管部分接入回路的直接调频电路，图 6.9（b）是其高频交流通路，可以看出这是一个电容三点式振荡器。

变容二极管调频电路的电路简单，工作频率较高，能够得到比较大的最大线性频偏。但其载频即是施加静态偏压时的振荡频率，容易受到外界因素的影响而发生漂移，因而中心频率的稳定性不高。

图 6.10（a）是变容二极管晶体振荡器直接调频电路，图 6.10（b）是其高频交流通路，它是一个电容三点式振荡器，同时又是一个并联型晶体振荡器。

由于晶体振荡器的振荡频率不容易受外界影响，所以晶体振荡器调频电路的载频稳定

性较高，但调频灵敏度也因此比较小。

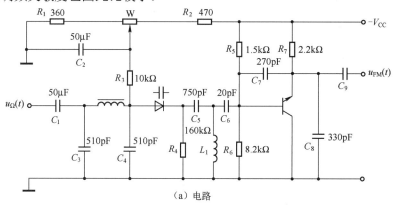

（a）电路

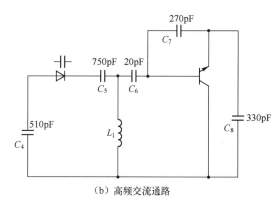

（b）高频交流通路

图 6.9　变容二极管部分接入回路的直接调频电路

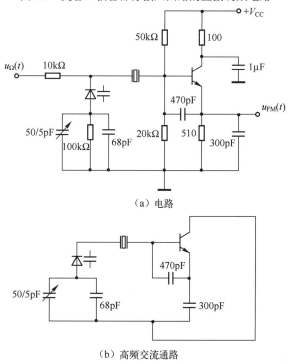

（a）电路

（b）高频交流通路

图 6.10　变容二极管晶体振荡器直接调频电路

6.2.3 间接调频电路

1. 间接调频原理

考虑以下调制过程：先对调制信号 $u_\Omega(t)$ 进行积分，得到低频信号 $u'_\Omega(t)=k_1\int_0^t u_\Omega(t)\mathrm{d}t$，再利用 $u'_\Omega(t)$ 对高频载波 $U_\mathrm{m}\cos(\omega_c t)$ 进行调相，最后得到的输出电压 $u_\mathrm{o}(t)=U_\mathrm{m}\cos\left[\omega_c t+k_\mathrm{p}u'_\Omega(t)\right]=U_\mathrm{m}\cos\left[\omega_c t+k_\mathrm{p}k_1\int_0^t u_\Omega(t)\mathrm{d}t\right]$。$u_\mathrm{o}(t)$ 相对于 $u'_\Omega(t)$ 是调相波，但 $u_\mathrm{o}(t)$ 相对于 $u_\Omega(t)$ 却是调频波。这是因为用 $u_\Omega(t)$ 调频，调频波的标准形式为 $U_\mathrm{m}\cos\left[\omega_c t+k_\mathrm{f}\int_0^t u_\Omega(t)\mathrm{d}t\right]$，与 $u_\mathrm{o}(t)$ 一致。由此可见，调频电路可以由积分电路和调相电路构成，这种调频电路称为间接调频电路，其原理框图如图 6.11 所示。间接调频电路的调频灵敏度为

$$k_\mathrm{f}=k_1 k_\mathrm{p}$$

为积分器的积分系数 k_1（其单位是 1/s）与间接调频电路的调相灵敏度 k_p 之积。

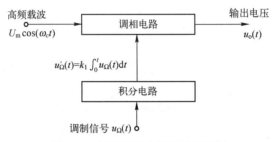

图 6.11 间接调频电路的原理框图

无论将输出电压 $u_\mathrm{o}(t)$ 视为调相波还是调频波，其最大角频偏的大小都是一样的。如果将 $u_\mathrm{o}(t)$ 视为调相波，则其调制信号 $u'_\Omega(t)$ 的振幅 $U'_{\Omega\mathrm{m}}=\dfrac{k_1 U_{\Omega\mathrm{m}}}{\Omega}$，最大角频偏表示为 $\Delta\omega_\mathrm{m}=k_\mathrm{p}U'_{\Omega\mathrm{m}}\Omega$；而将 $u_\mathrm{o}(t)$ 视为调频波时，其调制信号 $u_\Omega(t)$ 的振幅为 $U_{\Omega\mathrm{m}}$，最大角频偏表示为

$$\Delta\omega_\mathrm{m}=k_\mathrm{f}U_{\Omega\mathrm{m}}=k_1 k_\mathrm{p}U_{\Omega\mathrm{m}} \tag{6.34}$$

同样，无论将输出电压 $u_\mathrm{o}(t)$ 视为调相波还是调频波，其最大相位偏移（即调制指数）的大小是一样的。将 $u_\mathrm{o}(t)$ 视为调相波时，调相指数表示为 $m_\mathrm{p}=k_\mathrm{p}U'_{\Omega\mathrm{m}}$；而将 $u_\mathrm{o}(t)$ 视为调频波时，调频指数为 $m_\mathrm{f}=\dfrac{k_1 k_\mathrm{p}U_{\Omega\mathrm{m}}}{\Omega}$。

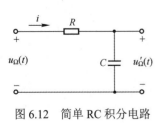

图 6.12 简单 RC 积分电路

间接调频并不在振荡器中实现调频，而是另外由振荡器产生高频载波，因而容易采取措施稳定中心频率，但间接调频一般不易获得较大的频偏。

实现间接调频所需的积分电路可以采用图 6.12 所示的简单 RC 积分电路。与 R 相比，C 的容抗应足够小，即 $RC\Omega\gg1$，使输入电压 $u_\Omega(t)$ 的绝大部分加在 R 上，于是 $u_\Omega(t)\approx Ri$，而

$u'_\Omega(t) = \dfrac{1}{C} \displaystyle\int i\mathrm{d}t \approx \dfrac{1}{RC}\int u_\Omega(t)\mathrm{d}t$。此电路的输出电压 $u'_\Omega(t)$ 的大小虽然远小于输入电压 $u_\Omega(t)$ 的大小，但两者之间确实近似存在着积分关系，此积分器的积分系数为

$$k_1 = \frac{1}{RC} \qquad (6.35)$$

下面着重讨论调相电路的实现方法。

2. 矢量合成法调相电路

当调制信号为 $u_\Omega(t) = U_{\Omega m}\cos\Omega t$ 时，窄带调相信号的简化表示式为式（6.25），再次写出为

$$
\begin{aligned}
u_{PM}(t) &= U_m\left(\cos\omega_c t - m_p\cos\Omega t\sin\omega_c t\right) \\
&= U_m\cos\omega_c t + U_m m_p\cos\Omega t\cos\left(\omega_c t + \frac{\pi}{2}\right)
\end{aligned} \qquad (6.36)
$$

由式（6.36）可知，窄带调相信号可以通过对调制信号 $u_\Omega(t) = U_{\Omega m}\cos\Omega t$ 与高频载波 $U_m\cos(\omega_c t)$ 的适当运算而实现。用单元电路达成相应的运算，就得到窄带调相电路，如图 6.13 所示。这种窄带调相电路称为矢量合成法调相电路。

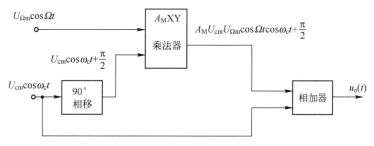

图 6.13　矢量合成法调相电路框图

3. 可变相移法调相原理

根据线性系统理论，一般而言，当角频率固定为 ω_c 的高频输入信号 $X(t) = X_m\cos\omega_c t$ 作用在图 6.14 所示传输函数为 $H(\mathrm{j}\omega_c) = |H(\mathrm{j}\omega_c)|\mathrm{e}^{\mathrm{j}\phi_H(\omega_c)}$ 的线性网络上，则高频输出信号的形式应为 $Y(t) = Y_m\cos(\omega_c t + \Delta\phi)$，而且输出信号振幅 Y_m 与输入信号振幅 X_m 之比正是传输函数的模 $|H(\mathrm{j}\omega_c)|$，输出信号与输入信号的相位差 $\Delta\phi$ 正是传输函数的相角 $\phi_H(\omega_c)$，即

$$Y_m = |H(\mathrm{j}\omega_c)|X_m \qquad (6.37)$$

$$\Delta\phi = \phi_H(\omega_c) \qquad (6.38)$$

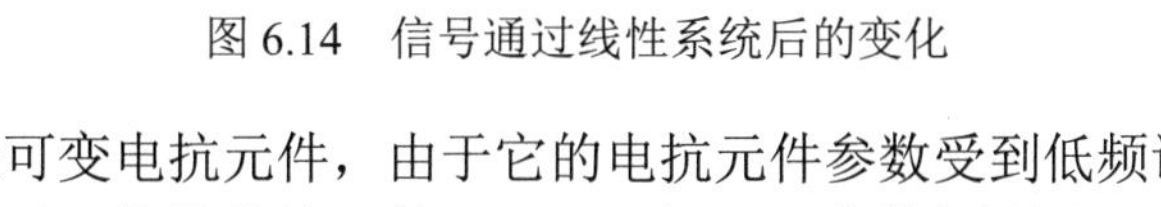

$$X(t)=X_m\cos\omega_c t \longrightarrow \boxed{H(\mathrm{j}\omega_c)=|H(\mathrm{j}\omega_c)|\mathrm{e}^{\mathrm{j}\phi_H(\omega_c)}} \longrightarrow Y(t)=Y_m\cos(\omega_c t+\Delta\phi)$$

图 6.14　信号通过线性系统后的变化

如果网络中存在可变电抗元件，由于它的电抗元件参数受到低频调制信号的控制，因而低频调制信号控制了网络的传输函数 $H(\mathrm{j}\omega_c) = |H(\mathrm{j}\omega_c)|\mathrm{e}^{\mathrm{j}\phi_H(\omega_c)}$ 的变化，最终将使高频输出信号振幅 Y_m 和相位 $\omega_c t + \Delta\phi$ 都受到低频调制信号的控制，成为调相-调幅波。这一过程涉及的控制关系为

$$u_\Omega(t) \Rightarrow \text{网络中可变电抗元件} \Rightarrow \text{网络传输函数} H(j\omega_c) \begin{cases} \Rightarrow |H(j\omega_c)| \Rightarrow \text{输出信号振幅} \\ \Rightarrow \phi_H(\omega_c) \Rightarrow \text{输出信号相位} \end{cases}$$

注意，通常将传输函数抽象地写为 $H(j\omega_c)$ 的形式，但这一形式并没有直接体现可变电抗元件参数对传输函数 $H(j\omega_c)$ 的影响。读者应该了解，将传输函数写成 $H(j\omega_c)$，其中的 ω_c 为固定的载波角频率，而真正可以改变的电抗元件参数却没有直接出现在这个抽象式中。

如果选择适当的网络元件参数，并对调制信号的变化范围进行一定限制，可以使网络传输函数的模 $|H(j\omega_c)|$ 基本不变，于是输出信号的振幅基本上不随调制信号的变化而变化，输出信号就成为调相波。此网络就成为调相电路，称为可变相移法调相电路，又称可控相移网络。

4. 变容二极管调相电路

从以上分析可知，一个好的可变相移法调相电路应具有以下特点：当受调制信号控制的可控元件参数变化时，网络传输函数的模 $|H(j\omega_c)|$ 基本不变，而传输函数的相角（或称网络的附加相移）$\phi_H(\omega_c)$ 却会产生比较大的变化。

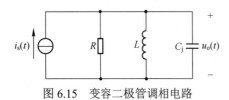

图 6.15　变容二极管调相电路

RLC 并联谐振回路是一个线性网络，当它的激励信号是载波电流时，传输函数 $H(j\omega_c)$ 就是阻抗 $Z(j\omega_c)$。如果将其中的并联电容取为变容二极管（图 6.15），并且适当选取元件参数，此网络就成为可变相移法调相电路，具体分析如下：

谐振回路的幅频特性和相频特性分别为

$$|Z(j\omega_c)| = \frac{R_e}{\sqrt{1 + \left[2Q_e \dfrac{(\omega_c - \omega_0)}{\omega_c} \right]^2}} \approx R_e \left\{ 1 - \frac{1}{2} \left[2Q_e \frac{(\omega_c - \omega_0)}{\omega_c} \right]^2 \right\} \qquad (6.39)$$

$$\varphi_z(\omega_c) = -\arctan \left[2Q_e \frac{(\omega_c - \omega_0)}{\omega_c} \right] \approx -2Q_e \frac{(\omega_c - \omega_0)}{\omega_c} \qquad (6.40)$$

在当前讨论的问题中，ω_c 为固定的载波角频率，式（6.39）与式（6.40）中的自变量为 ω_0，相应的函数变化曲线如图 6.16 所示。未加调制信号时，变容二极管的静态结电容记为 C_{jQ}，与之相应的谐振角频率为

$$\omega_{0Q} = \frac{1}{\sqrt{LC_{jQ}}} \qquad (6.41)$$

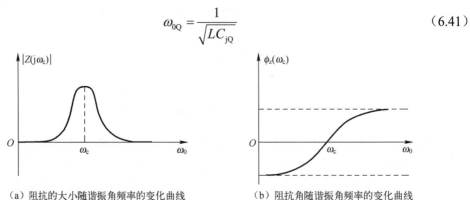

（a）阻抗的大小随谐振角频率的变化曲线　　　（b）阻抗角随谐振角频率的变化曲线

图 6.16　在输入信号频率不变时谐振回路特性随谐振角频率的变化规律

调节相关的元件参数，可以使未加调制信号时的谐振角频率 $\omega_{0Q} = \omega_c$，这时回路处于谐振状态，$\dfrac{(\omega_c - \omega_0)}{\omega_c} = 0$，阻抗的模 $|Z(j\omega_c)|$ 达到最大值 R_e，同时阻抗角 $\phi_z(\omega_c)$ 为 0。加调制信号之后，C_j 随调制信号的变化而变化，导致谐振角频率 ω_0 的变化，进而使 $|Z(j\omega_c)|$ 变小，$\phi_z(\omega_c)$ 也不等于 0。

当 $\dfrac{(\omega_c - \omega_0)}{\omega_c}$ 较小时，$|Z(j\omega_c)|$ 的变化是 $\dfrac{(\omega_c - \omega_0)}{\omega_c}$ 的二阶小量，而 $\phi_z(\omega_c)$ 的变化是 $\dfrac{(\omega_c - \omega_0)}{\omega_c}$ 的一阶小量。换句话说，在调制信号的作用下，阻抗的模 $|Z(j\omega_c)|$ 变化很小，因而输出信号的振幅基本上不随调制信号的变化而变化，输出为调相波。所以此电路是可变相移法调相电路，它又称为变容二极管调相电路。

下面计算变容二极管调相电路的调相灵敏度和调相指数。

根据式（6.28），变容二极管的结电容为 $C_j = \dfrac{C_{jQ}}{(1+x)^\gamma}$，L 和 C_j 构成的谐振回路的谐振角频率为 $\omega_0 = \dfrac{1}{\sqrt{LC_j}} = \omega_{0Q}(1+x)^{\frac{\gamma}{2}}$，式中 ω_{0Q} 为未加调制信号时的谐振角频率，其表达式为式（6.41）。由于 $\omega_{0Q} = \omega_c$，故有

$$\omega_0 = \omega_c(1+x)^{\frac{\gamma}{2}} \approx \omega_c\left(1 + \frac{\gamma}{2}x\right) \tag{6.42}$$

代入式（6.40），就得到

$$\varphi_z(\omega_c) \approx -2Q_e \frac{(\omega_c - \omega_0)}{\omega_c} \approx \gamma Q_e x = \gamma Q_e \frac{u_\Omega(t)}{U_B + U_Q} \tag{6.43}$$

由式（6.43）可知，变容二极管调相电路的调相灵敏度为

$$k_p = \gamma Q_e \frac{1}{U_B + U_Q} \tag{6.44}$$

最大相位偏移（即调相指数）为

$$m_p = \gamma Q_e \frac{U_{\Omega m}}{U_B + U_Q} \tag{6.45}$$

注意，式（6.45）中的调制信号振幅 $U_{\Omega m}$ 是指调相电路输入信号的振幅，对于间接调频电路而言，这是积分后的信号振幅，而不是原始的输入信号振幅。

为实现近似线性的调相特性，需要对 m_p 规定一个最大限定值 $m_{p\max}$，称为相位偏移限定值，$m_{p\max}$ 通常取为 30°（即 $\dfrac{\pi}{6}$ rad）。可见，变容二极管调相电路的调制程度是不高的。这样一来，对变容二极管调相电路本身输入信号振幅 $U_{\Omega m}$ 的大小也就构成了限制，即 $\gamma Q_e \dfrac{U_{\Omega m}}{U_B + U_Q} < \dfrac{\pi}{6}$。

式（6.44）显示变容二极管调相电路的调相灵敏度的符号是正的，这一点可以定性地分析如下：

调制信号 $u_\Omega(t)\uparrow \to$ 变容二极管结电容 $C_j\downarrow \to LC_j$ 谐振回路的谐振角频率 $\omega_0\uparrow \to$ 谐振回

路的相移 $\varphi_z(\omega_c)\uparrow$。

5. 变容二极管间接调频电路

采用图 6.12 所示的简单 RC 积分电路（积分系数为 $k_1=\dfrac{1}{RC}$）与变容二极管调相电路构成间接调频电路（称为变容二极管间接调频电路）。如果将积分前的调制信号振幅记为 $U_{\Omega m}$，根据式（6.34），最大角频偏可表示为

$$\Delta\omega_m = k_1 k_p U_{\Omega m} = \frac{1}{RC}\gamma Q_e \frac{U_{\Omega m}}{U_B + U_Q} \tag{6.46}$$

显然，变容二极管间接调频电路的最大角频偏 $\Delta\omega_m$ 与载波角频率 ω_c 没有关系。然而，如果采用变容二极管直接调频电路，根据式（6.33），最大角频偏为

$$\Delta\omega_m = \omega_c \frac{\gamma}{2}\frac{U_{\Omega m}}{U_B + U_Q}$$

即直接调频电路的最大角频偏 $\Delta\omega_m$ 与载波角频率 ω_c 成正比。

由于在简单 RC 积分电路中，与 R 相比，电容 C 的容抗应足够小，即 $RC\Omega \gg 1$，所以 $\dfrac{1}{RC} \ll \Omega$，而 $\Omega \ll \omega_c$，由此可见，在相同的调制信号作用下，变容二极管间接调频所得到的最大角频偏远小于变容二极管直接调频的情况。换句话说，间接调频的调频灵敏度远小于直接调频的情况。

根据调频波的 m_f 与 $\Delta\omega_m$ 的关系，变容二极管间接调频电路的最大相位偏移（即调频指数）为

$$m_f = \frac{\Delta\omega_m}{\Omega} = \frac{1}{RC}\gamma Q_e \frac{U_{\Omega m}}{U_B + U_Q}\frac{1}{\Omega}$$

另外，在变容二极管调相电路中，考虑到式（6.45）：$m_p = \gamma Q_e \dfrac{U_{\Omega m}}{U_B + U_Q}$ 中，$U_{\Omega m}$ 是积分后的信号振幅，它实际上是 $U'_{\Omega m} = \dfrac{k_1 U_{\Omega m}}{\Omega}$，因而调相电路的调相指数 m_p 应写为

$$m_p = \gamma Q_e \frac{U'_{\Omega m}}{U_B + U_Q} = k_1\gamma Q_e \frac{U_{\Omega m}}{U_B + U_Q}\frac{1}{\Omega} = \frac{1}{RC}\gamma Q_e \frac{U_{\Omega m}}{U_B + U_Q}\frac{1}{\Omega}$$

可以看到，无论输出电压 $u_o(t)$ 看成调频波还是调相波，整个电路的最大相位偏移是一样的，它可以记为 m_f，也可以记为 m_p。为了实现线性调相，调相电路的最大相位偏移 m_p 会受到限制：$m_p = \gamma Q_e \dfrac{U'_{\Omega m}}{U_B + U_Q} = \dfrac{1}{RC}\gamma Q_e \dfrac{U_{\Omega m}}{U_B + U_Q}\dfrac{1}{\Omega} < \dfrac{\pi}{6}$，而这一限制实际上也可以理解为对整个间接调频电路的最大相位偏移 m_f 的限制，由此得到对于间接调频电路最大角频偏 $\Delta\omega_m$ 或调制信号振幅 $U_{\Omega m}$ 的限制：$\Delta\omega_m = \dfrac{1}{RC}\gamma Q_e \dfrac{U_{\Omega m}}{U_B + U_Q} = k_f U_{\Omega m} < \dfrac{\pi}{6}\Omega$，即 $\dfrac{k_f U_{\Omega m}}{\Omega} = \dfrac{\Delta\omega_m}{\Omega} < \dfrac{\pi}{6}$。这说明，虽然间接调频时 $\Delta\omega_m$ 表达式中的 $U_{\Omega m}$ 是一个独立变量，但由于线性调相的限制，导致 $U_{\Omega m}$ 的取值有一个上限，这个上限与调制信号角频率 Ω 有关。Ω 越大，能够实现线性调制的 $U_{\Omega m}$ 取值上限就越大，最大角频偏 $\Delta\omega_m$ 的取值上限也就越大。

图 6.17 是变容二极管间接调频电路的实际结构。输入载波信号经放大后，使并联谐振回路获得电流激励；C 对于高频是短路的，并且对于调制信号而言它的容抗也足够小，因而 R 和 C 构成积分器。

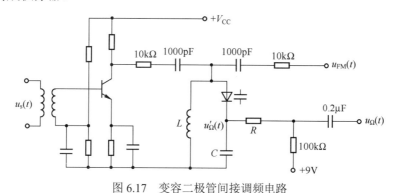

图 6.17 变容二极管间接调频电路

6.2.4 扩展最大频偏的方法

在实际调频设备中，常常使用倍频器和混频器来改变调频波的载频和最大频偏。

n 倍频器的作用是将瞬时角频率为 $\omega(t)$ 的输入信号转化为瞬时角频率为 $n\omega(t)$ 的输出信号。如果输入信号是瞬时角频率为 $\omega(t) = \omega_c + \Delta\omega_m \cos\Omega t$ 的调频信号，则输出信号就是瞬时角频率为 $n\omega(t) = n\omega_c + n\Delta\omega_m \cos\Omega t$ 的调频信号。也就是说，倍频器能够改变载波角频率和最大角频偏，使这两者同时增大到原值的 n 倍，但相对角频偏 $\dfrac{\Delta\omega_m}{\omega_c}$ 不变。而且倍频器不会影响调制信号的角频率 Ω，不会改变所携带的低频信息的性质。

当调频波通过本振角频率为 ω_L 的混频器时，输出信号将是瞬时角频率为 $\omega(t) = \omega_c - \omega_L + \Delta\omega_m \cos\Omega t$ 的调频波。也就是说，混频器能够改变载波角频率，但不会对最大角频偏产生影响。由此可见，混频后相对角频偏 $\dfrac{\Delta\omega_m}{\omega_c}$ 会增大。

一般而言，利用调频电路产生调频波后，可以先用倍频器扩展其最大角频偏，然后再用混频器将载波角频率降低到需要的数值。

对于直接调频电路而言，相对角频偏 $\dfrac{\Delta\omega_m}{\omega_c}$ 只与调频电路的元件选取有关，见式（6.33）。如果调频电路的载波角频率提高，就可直接提高 $\Delta\omega_m$，而无须再用倍频器。对于间接调频电路而言，角频偏 $\Delta\omega_m$ 只与调频电路的元件选取有关，见式（6.46）。调频时载波角频率的提高无助于提高 $\Delta\omega_m$，因而可以在调频时采用角频率较低的载波，以获得较大的相对角频偏，然后再利用倍频器，可提升 $\Delta\omega_m$。

以图 6.18 所示的调频设备框图为例，$f_{c1} = 100\text{kHz}$，$\Delta f_{m1} = 100\text{Hz}$。两次倍频后，中心频率为 2 MHz，最大频偏为 2 kHz；经下混频后，中心频率为 0.5 MHz，最大频偏为 2 kHz；再经倍频后，中心频率为 5 MHz，最大频偏为 20 kHz。放大器的带宽如果足够宽的话，它不会改变调频信号的频率。

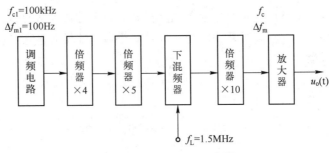

图 6.18 调频设备组成框图

目标 2 测评

在直接调频电路中，如果高频谐振回路的电感值变大，请问这会对调频输出信号的带宽产生什么影响？

6.3 鉴 频 电 路

6.3.1 鉴频电路的主要性能指标

调频波的解调过程称为频率解调或鉴频，就是从调频波中恢复出原调制信号，具体地说，就是将调频波瞬时频率的变化转化为输出信号的变化，从而使输出信号的变化情况与原调制信号一致。鉴频电路的主要性能指标如下所述。

1. 鉴频特性

鉴频电路的功能是使电路输出信号的变化受到调频波瞬时频率的控制。在理想情况下，输出信号 $u_o(t)$ 应与调频波的瞬时频偏 $\Delta f(t)$ 成正比，即鉴频特性为线性的。但实际电路的鉴频特性总是有一定的非线性失真的，对此应尽量设法减小。典型的鉴频特性曲线如图6.19 所示。

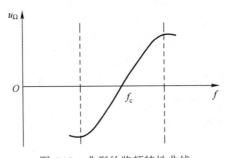

图 6.19 典型的鉴频特性曲线

2. 线性范围

虽然实际电路的鉴频特性从整体上看是非线性的，不过如果将调频波的瞬时频偏限定在一定范围内，鉴频特性可以近似视为线性的。鉴频特性线性部分的频率变化范围称为线性范围。

3. 鉴频灵敏度

鉴频特性线性部分的斜率称为鉴频灵敏度，又称鉴频跨导，记为 S_d，它表示单位频偏所产生的解调电压，S_d 的单位是 V/Hz。

6.3.2　斜率鉴频器

1. 斜率鉴频原理

6.2.3 节中指出，如果角频率固定为 ω_c 的高频输入信号作用在线性网络上，那么高频输出信号的振幅 Y_m 与输入信号振幅 X_m 之比正是传输函数的模 $|H(\mathrm{j}\omega_c)|$。当高频输入信号为调频波时，如果满足一定的条件（在此不具体讨论），也有类似结论：将振幅为 X_m、瞬时角频率为 $\omega(t)$ 的调频波作用在线性网络上，输出信号将是振幅为 $|H(\mathrm{j}\omega(t))|X_m$ 的调频-调幅波。这种调频-调幅波的振幅 $|H(\mathrm{j}\omega(t))|X_m$ 与瞬时角频率 $\omega(t)$ 有关，或者说振幅的变化反映了瞬时角频率的变化。线性网络起到了从频率到振幅的变换作用。如果对此调频-调幅波进行振幅检波，就恢复了原调制信号。显然，线性网络传输函数幅频特性 $|H(\mathrm{j}\omega)|$ 的斜率越大，则调频-调幅波振幅的变化越剧烈，振幅检波输出就越大，所以这种方法称为斜率鉴频。斜率鉴频器的组成框图如图 6.20 所示。

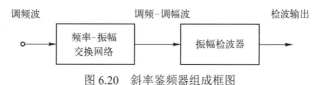

图 6.20　斜率鉴频器组成框图

2. 失谐回路斜率鉴频器

如图 6.21（a）所示，单失谐回路斜率鉴频器由单失谐回路和二极管包络检波器（检波效率为 η_d）组成。所谓失谐回路即是工作在失谐状态下（谐振频率与工作频率不同）的谐振回路。在输入调频波的情况下，所谓失谐是指谐振回路与调频波的载波失谐，即 $\omega_0 \neq \omega_c$。当输入信号为等幅调频电流时，回路输出电压 $u_o'(t)$ 的振幅与回路阻抗的模 $|Z(\mathrm{j}\omega(t))|$ 成正比，$u_o'(t)$ 检波后得到的鉴频器输出电压 $u_o(t)$ 与 $\eta_d|Z(\mathrm{j}\omega(t))|$ 成正比。根据图 6.21（b）所示阻抗的幅频特性 $|Z(\mathrm{j}\omega)|$，谐振时幅频特性的斜率为 0，这将导致调频波的角频率 $\omega(t)$ 变化时输出信号的振幅基本不变，因为此时回路工作在失谐状态。

为了获得近似线性的鉴频特性，应该使载波角频率 ω_c 正好位于幅频特性曲线中倾斜部分（下降或上升部分）接近直线段的中点，即图 6.21（b）中的 A 点或 A' 点。显然，如果 ω_c 位于 A 点，输入调频波的瞬时角频率 $\omega(t)$ 增加时，回路阻抗的模 $|Z(\mathrm{j}\omega(t))|$ 会减小，回路输出电压 $u_o'(t)$ 的振幅随之减小，导致包络检波后输出电压减小，因此鉴频灵敏度的符号为负；如果载波角频率位于 A' 点，瞬时角频率 $\omega(t)$ 增加时回路输出电压振幅也将增加，从而使包络检波输出电压增加，因此鉴频灵敏度的符号为正。

实际上，单失谐回路幅频特性线性段的范围是比较小的。为了扩展鉴频特性的线性范围，实用的斜率鉴频器常常采用两个单失谐回路构成的平衡电路，如图 6.22（a）所示，称为双失谐回路斜率鉴频器。如图 6.22（b）所示，上下两个失谐回路的幅频特性曲线形状相同，但谐振角频率不同，分别记为 ω_{01} 和 ω_{02}。ω_{01} 和 ω_{02} 都与载波角频率 ω_c 失谐，而且 ω_c 正

是 ω_{01} 和 ω_{02} 的中点。上下包络检波电路则是完全一致的，检波效率相同，即 $\eta_{d1}=\eta_{d2}=\eta_d$。

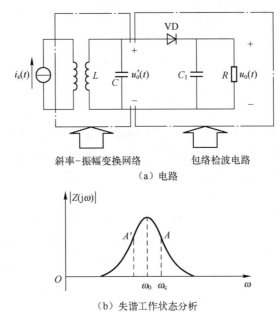

（a）电路

（b）失谐工作状态分析

图 6.21 单失谐回路斜率鉴频器的工作原理分析

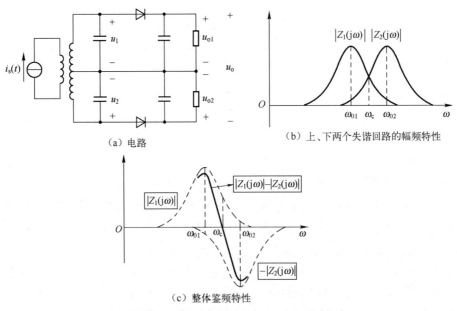

（a）电路

（b）上、下两个失谐回路的幅频特性

（c）整体鉴频特性

图 6.22 双失谐回路斜率鉴频器的工作原理分析

　　上下两个谐振回路在相同的调频信号作用下，产生两个调频－调幅波：u_1 的振幅与 $|Z_1(j\omega(t))|$ 成正比，u_2 的振幅与 $|Z_2(j\omega(t))|$ 成正比。u_1 检波后得到的 u_{o1} 与 $\eta_d|Z_1(j\omega(t))|$ 成正比，u_2 检波后得到的 u_{o2} 与 $\eta_d|Z_2(j\omega(t))|$ 成正比。最后，鉴频器总的输出电压 $u_o=u_{o1}-u_{o2}$ 与 $\eta_d(|Z_1(j\omega(t))|-|Z_2(j\omega(t))|)$ 成正比。也就是说，鉴频输出电压取决于上下两个谐振回路幅频特性曲线的差，如图 6.22（c）所示。可以看到，由于上下两个回路的幅频特性相互补偿，因而使双失谐回路斜率鉴频器的失真减小，线性范围与鉴频灵敏度提高。

6.3.3　相位鉴频器

1. 相位鉴频器原理

如图 6.23 所示，在相位鉴频器中，先将输入调频波 $u_1(t)$ 通过传输函数为 $H(\mathrm{j}\omega) = |H(\mathrm{j}\omega)|\mathrm{e}^{\mathrm{j}\phi_\mathrm{H}(\omega)}$ 的线性网络，产生与瞬时频率有关的附加相移（或称网络相移）$\Delta\phi = \phi_\mathrm{H}(\omega(t))$（因而此网络称为频率-相位变换网络），得到调频-调相波 $u_2(t)$；然后将 $u_2(t)$ 和 $u_1(t)$ 一起加到鉴相器，而鉴相器能够将 $u_2(t)$ 和 $u_1(t)$ 之间的相位差 $\Delta\phi = \phi_\mathrm{H}(\omega(t))$ 的变化转化为输出电压 u_o 的变化。所以，最后解调输出 u_o 的瞬时值取决于瞬时角频率 $\omega(t)$，也就实现了鉴频。

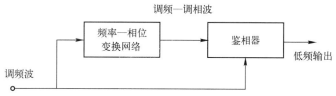

图 6.23　相位鉴频器结构框图

由于应用在相位鉴频器中的鉴相器有乘积型和叠加型之分，因而相应的相位鉴频器也有乘积型和叠加型之分，下面分别加以讨论。

2. 乘积型相位鉴频器

乘积型相位鉴频器由频率-相位变换网络和乘积型鉴相器构成。下面分别对这两部分进行分析。

1）乘积型鉴相器

乘积型鉴相器的结构模型如图 6.24 所示，由模拟乘法器和低通滤波器构成。其中乘法器用于检出 $u_2(t)$ 和 $u_1(t)$ 之间的相位差 $\Delta\phi = \phi_\mathrm{H}(\omega(t))$，将它转化为低频输出电压，而低通滤波器用来去除多余的高频成分。

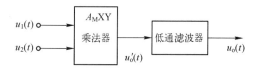

图 6.24　乘积型鉴相器的结构模型

设输入调频波为 $u_1(t) = U_{1\mathrm{m}}\cos\left[\displaystyle\int_0^t \omega(t)\mathrm{d}t\right]$，经过频率-相位变换网络后得到的调频-调相波为 $u_2(t) = U_{2\mathrm{m}}\cos\left[\displaystyle\int_0^t \omega(t)\mathrm{d}t + \phi_\mathrm{H}(\omega(t))\right]$，其中，$\phi_\mathrm{H}(\omega(t))$ 是通过频率-相位变换网络而产生的有用相差（网络相移）。乘法器的输出为

$$u_\mathrm{o}'(t) = A_\mathrm{M}U_{1\mathrm{m}}U_{2\mathrm{m}}\cos\left[\int_0^t \omega(t)\mathrm{d}t\right]\cos\left[\int_0^t \omega(t)\mathrm{d}t + \phi_\mathrm{H}(\omega(t))\right]$$

$$= \frac{1}{2}A_\mathrm{M}U_{1\mathrm{m}}U_{2\mathrm{m}}\cos\left[\phi_\mathrm{H}(\omega(t))\right] + \frac{1}{2}A_\mathrm{M}U_{1\mathrm{m}}U_{2\mathrm{m}}\cos\left[2\int_0^t \omega(t)\mathrm{d}t + \phi_\mathrm{H}(\omega(t))\right]$$

经过低通滤波器后，高频项（即第二项）被滤除，便得到仅与附加相移有关的低频信号 u_o。

$$u_\mathrm{o} = \frac{1}{2}A_\mathrm{M}U_{1\mathrm{m}}U_{2\mathrm{m}}\cos\left[\phi_\mathrm{H}(\omega(t))\right] \tag{6.47}$$

这就是乘积型鉴相器的输出。

2）单谐振回路频相变换网络

假定频相变换网络的相频特性 $\phi_H(\omega)$（或称网络相移）在某个特定角频率 ω_Q 附近可表示为

$$\phi_H(\omega) = \phi_H(\omega_Q + \Delta\omega) = \pm\frac{\pi}{2} + k\Delta\omega \qquad (6.48)$$

在具体电路中，第一项（即固定的相移）可能为 $+\frac{\pi}{2}$ 或 $-\frac{\pi}{2}$。将式（6.48）代入式（6.47），则整个乘积型相位鉴频器（即频率-相位变换网络连同乘积型鉴相器）的输出为

$$u_o = \frac{1}{2} A_M U_{1m} U_{2m} \cos\left[\pm\frac{\pi}{2} + k\Delta\omega\right] = \mp\frac{1}{2} A_M U_{1m} U_{2m} \sin(k\Delta\omega) \qquad (6.49)$$

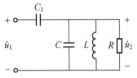

图 6.25 单谐振回路频相变换网络

此电路的电压传输函数为

式（6.49）所示为正弦鉴频特性。当 $\Delta\omega$ 较小时，正弦鉴频特性可以近似为线性鉴频。所以式（6.48）的网络相频特性是可取的，是频相变换网络的设计目标。

图 6.25 所示单谐振回路频相变换网络就具有式（6.48）形式的相频特性。具体分析如下：

$$A_u(j\omega) = \frac{\dot{u}_2}{\dot{u}_1} = \frac{\dfrac{1}{\left(\dfrac{1}{R} + j\omega C + \dfrac{1}{j\omega L}\right)}}{\dfrac{1}{j\omega C_1} + \dfrac{1}{\left(\dfrac{1}{R} + j\omega C + \dfrac{1}{j\omega L}\right)}} = \frac{j\omega C_1}{\dfrac{1}{R} + j\left(\omega C_1 + \omega C - \dfrac{1}{\omega L}\right)} \qquad (6.50)$$

令

$$\omega_0 = \frac{1}{\sqrt{L(C + C_1)}}, \quad Q_e = \frac{R}{\omega_0 L}$$

代入式（6.50），得到

$$A_u(j\omega) = \frac{j\omega C_1 R}{1 + jQ_e\left(\dfrac{\omega}{\omega_0} - \dfrac{\omega_0}{\omega}\right)} \qquad (6.51)$$

在 ω_0 附近，式（6.51）可简化为

$$A_u(j\omega) = \frac{j\omega_0 C_1 R}{1 + j2Q_e\dfrac{\omega - \omega_0}{\omega_0}} \qquad (6.52)$$

其幅频特性和相频特性分别为

$$|A_u(j\omega)| = \frac{\omega_0 C_1 R}{\sqrt{1 + \left[2Q_e\dfrac{(\omega - \omega_0)}{\omega_0}\right]^2}} \qquad (6.53)$$

$$\phi_H(\omega) = \frac{\pi}{2} - \arctan\left[2Q_e\frac{(\omega - \omega_0)}{\omega_0}\right] \approx \frac{\pi}{2} - 2Q_e\frac{(\omega - \omega_0)}{\omega_0} \qquad (6.54)$$

式（6.54）说明，在谐振角频率 ω_0 附近，图 6.26 所示单谐振回路频相变换网络确实具

有式（6.48）形式的相频特性。此频相变换网络对输入调频波 $u_1(t)$ 引入了这个相移后，就使输入调频波 $u_1(t)$ 转化为调频-调相波 $u_2(t)$。将 $u_2(t)$ 和 $u_1(t)$ 一起加到乘积型鉴相器，而鉴相器能够将 $u_2(t)$ 和 $u_1(t)$ 之间的相位差 $\Delta\phi = \phi_H(\omega(t))$ 的变化转化为输出电压 u_o 的变化。再根据式（6.47），可知乘积型鉴相器的输出（也就是整个乘积型相位鉴频器的输出）为

$$u_o = \frac{1}{2}A_M U_{1m}U_{2m}\cos[\phi_H(\omega(t))] = \frac{1}{2}A_M U_{1m}U_{2m}\sin\left[2Q_e\frac{(\omega-\omega_0)}{\omega_0}\right]$$

$$\approx A_M U_{1m}U_{2m}Q_e\frac{(\omega-\omega_0)}{\omega_0} \tag{6.55}$$

式（6.54）显示，如果采用单谐振回路频相变换网络+乘积型鉴相器构成乘积型相位鉴频器，则鉴频灵敏度的符号是正的。这是因为单谐振回路频相变换网络的相移表达式为式（6.53），代入（6.46）后近似地得到系数为正的比例式。

3. 叠加型相位鉴频器

叠加型相位鉴频器由频率-相位变换网络和叠加型鉴相器构成。下面分别对这两部分进行分析。

1）叠加型相位鉴频器

叠加型相位鉴频器是将两个存在相位差的高频输入信号叠加后，再进行包络检波。由于叠加后的高频信号的大小与相位差有关，因而包络检波后的低频电压值也与相位差有关，即相位差的变化转化为输出电压的变化，从而实现了鉴相。为了获得较大的线性鉴相范围，通常采用叠加型平衡鉴相器，如图 6.26 所示。图中，上下包络检波器的元件选取是一致的。

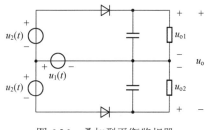

图 6.26　叠加型平衡鉴相器

设输入调频波为 $u_1(t) = U_{1m}\cos\left[\int_0^t \omega(t)dt\right]$，经过

频率-相位变换网络后得到的调频-调相波为 $u_2(t) = U_{2m}\cos\left[\int_0^t \omega(t)dt + \phi_H(\omega(t))\right]$，并假设频相变换网络的相频特性 $\phi_H(\omega)$ 在某个特定角频率 ω_Q 附近可表示为类似式（6.47）的形式

$$\phi_H(\omega) = \phi_H(\omega_Q + \Delta\omega) = \pm\frac{\pi}{2} + k\Delta\omega = \pm\frac{\pi}{2} + \theta \tag{6.56}$$

式中

$$\theta = k\Delta\omega$$

是网络相移 $\phi_H(\omega)$ 中与信号角频率有关的部分。

假设频相变换网络的固定相移为 $-\frac{\pi}{2}$，则有

$$\phi_H(\omega) = \phi_H(\omega_Q + \Delta\omega) = -\frac{\pi}{2} + k\Delta\omega = -\frac{\pi}{2} + \theta \tag{6.57}$$

下面以这种情况为例，讨论叠加型鉴相器的鉴相特性。

这时，加到上下两个包络检波电路的高频输入电压分别为

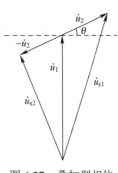

图 6.27　叠加型相位
鉴频器相图

$$u_{s1}(t)=u_1(t)+u_2(t)=U_{1m}\cos\left[\int_0^t\omega(t)\mathrm{d}t\right]+U_{2m}\cos\left[\int_0^t\omega(t)\mathrm{d}t-\frac{\pi}{2}+\theta\right]$$

$$u_{s2}(t)=u_1(t)-u_2(t)=U_{1m}\cos\left[\int_0^t\omega(t)\mathrm{d}t\right]-U_{2m}\cos\left[\int_0^t\omega(t)\mathrm{d}t-\frac{\pi}{2}+\theta\right]$$

$u_{s1}(t)$ 和 $u_{s2}(t)$ 是两个有一定相位差的同频高频信号 $u_1(t)$，$u_2(t)$（或 $-u_2(t)$）叠加的结果，可画出相应的相图，如图 6.27 所示。

由图 6.27 可知，$u_{s1}(t)$ 的振幅为

$$
\begin{aligned}
U_{s1m} &= \sqrt{(U_{1m}+U_{2m}\sin\theta)^2+(U_{2m}\cos\theta)^2}\\
&= \sqrt{U_{1m}^2+U_{2m}^2+2U_{1m}U_{2m}\sin\theta}\\
&= \sqrt{U_{1m}^2+U_{2m}^2}\sqrt{1+\frac{2U_{1m}U_{2m}}{U_{1m}^2+U_{2m}^2}\sin\theta}
\end{aligned}
$$

当 θ 较小时，有

$$U_{s1m}\approx\sqrt{U_{1m}^2+U_{2m}^2}\left(1+\frac{U_{1m}U_{2m}}{U_{1m}^2+U_{2m}^2}\sin\theta\right)\approx\sqrt{U_{1m}^2+U_{2m}^2}\left(1+\frac{U_{1m}U_{2m}}{U_{1m}^2+U_{2m}^2}\cdot\theta\right)$$

与此类似，当 θ 较小时，有

$$U_{s2m}\approx\sqrt{U_{1m}^2+U_{2m}^2}\left(1-\frac{U_{1m}U_{2m}}{U_{1m}^2+U_{2m}^2}\sin\theta\right)\approx\sqrt{U_{1m}^2+U_{2m}^2}\left(1-\frac{U_{1m}U_{2m}}{U_{1m}^2+U_{2m}^2}\cdot\theta\right)$$

上下两个包络检波电路的高频输入电压 $u_{s1}(t)$ 和 $u_{s2}(t)$ 分别经包络检波后，得到 $u_{o1}=\eta_d u_{s1m}$ 和 $u_{o2}=\eta_d u_{s2m}$，而最终的鉴相输出可近似表示为（当 θ 较小时）

$$u_o=u_{o1}-u_{o2}=\eta_d(u_{s1m}-u_{s2m})=\eta_d\frac{2U_{1m}U_{2m}}{\sqrt{U_{1m}^2+U_{2m}^2}}\theta \tag{6.58}$$

总的来讲，叠加型鉴相器将 θ 的变化转化为输出电压的变化，而叠加型相位鉴频器作为一个整体，可以将调频波角频率的变化 $\Delta\omega$ 转化为输出电压的变化。

以上讨论是在假设频相变换网络的固定相移为 $-\dfrac{\pi}{2}$ 时得到的。当固定相移为 $+\dfrac{\pi}{2}$ 时，讨论过程是类似的，最终的鉴相输出可近似表示为（当 θ 较小时）

$$u_o=u_{o1}-u_{o2}=\eta_d(u_{s1m}-u_{s2m})=-\eta_d\frac{2U_{1m}U_{2m}}{\sqrt{U_{1m}^2+U_{2m}^2}}\theta \tag{6.59}$$

2）叠加型相位鉴频器实例

常用的叠加型相位鉴频器如图 6.28 所示。其中的频相变换网络采用了互感耦合双调谐回路，因此这种叠加型相位鉴频器又被称为互感耦合相位鉴频器。

C_c 为隔直流电容，L_3 为高频扼流圈，再考虑到 C_4 为高频滤波电容，因而初级线圈电压 $u_1(t)$ 通过 C_c 可以有效地加到 L_3 上，或者说 L_3 上的电压约为 $u_1(t)$。另一方面，初级线圈电压 $u_1(t)$ 又会通过互感耦合双调谐回路产生次级线圈电压 $u_2(t)$。所以，两个二极管包络检波器获得的高频输入电压分别为

$$u_{s1}(t)=u_1(t)+\frac{1}{2}u_2(t)$$

$$u_{s1}(t) = u_1(t) - \frac{1}{2}u_2(t)$$

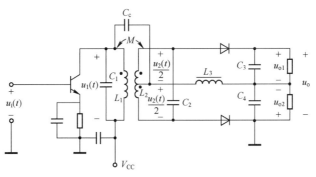

图 6.28 互感耦合叠加型相位鉴频器

这种电压施加方式符合叠加型平衡鉴相器的要求。而且上下包络检波器的元件选取是一致的。如果进一步能够判定 $u_2(t)$ 和 $u_1(t)$ 之间的相位差具有式（6.55）的形式，那么整个电路作为一个整体,可以将调频波角频率的变化 $\Delta\omega$ 转化为输出电压的变化。为此，需要讨论互感耦合双调谐回路（见图 6.29）的传输特性。

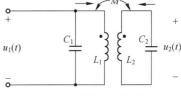

图 6.29 互感耦合双调谐回路

初级和次级的电压可表示为

$$\dot{u}_1 = j\omega L_1 \dot{i}_1 + j\omega M \dot{i}_2 + r_1 \dot{i}_1 \tag{6.60}$$

$$\dot{u}_2 = j\omega L_2 \dot{i}_2 + j\omega M \dot{i}_1 + r_2 \dot{i}_2 \tag{6.61}$$

$$\dot{u}_2 = \frac{1}{j\omega C_2}(-\dot{i}_2) \tag{6.62}$$

为简化分析，假设初级和次级之间为弱耦合，因而式（6.60）中第二项可以忽略。而这样一来，剩下的两项具有相同的电流 $\dot{i}_1$，两项的大小差别很大，所以最后一项也可以忽略了。于是式（6.60）可简化为

$$\dot{i}_1 = \frac{1}{j\omega L_1}\dot{u}_1 \tag{6.63}$$

式（6.61）和式（6.62）联立，消去 $\dot{u}_2$，可得

$$(-\dot{i}_2) = \frac{j\omega M}{r_2 + j(\omega L_2 - \dfrac{1}{\omega C_2})}\dot{i}_1 \tag{6.64}$$

式（6.63）代入式（6.64），后者再代入式（6.62），得到

$$A_u(j\omega) = \frac{\dot{u}_2}{\dot{u}_1} = \frac{-j\dfrac{M}{\omega C_2 L_1}}{\left[r_2 + j(\omega L_2 - \dfrac{1}{\omega C_2})\right]} \tag{6.65}$$

若 $\omega = \omega_0 = \dfrac{1}{\sqrt{L_2 C_2}}$ ，$\phi_A(\omega) = -\dfrac{\pi}{2}$；

若 $\omega > \omega_0 = \dfrac{1}{\sqrt{L_2 C_2}}$，$\phi_A(\omega) < -\dfrac{\pi}{2}$；

若 $\omega < \omega_0 = \dfrac{1}{\sqrt{L_2 C_2}}$，$\phi_A(\omega) > -\dfrac{\pi}{2}$。

当 $\Delta\omega = \omega - \omega_0$ 很小时，$\phi_A(\omega)$ 的变化与 $\Delta\omega$ 之间可以近似为线性关系，可写成

$$\phi_A(\omega) = \phi_A(\omega_0 + \Delta\omega) = -\frac{\pi}{2} + k\Delta\omega$$

根据式（6.65），式中比例系数 k 的符号应为负。由此可知，互感耦合双调谐回路次级电压 $u_2(t)$ 和初级电压 $u_1(t)$ 之间的相位差确实具有式（6.56）的形式，并且其中的固定相移为 $-\dfrac{\pi}{2}$。也就是说，$u_2(t)$ 和 $u_1(t)$ 之间的相位差的具体形式为式（6.56）。这个相位差经过叠加型鉴相器鉴相，最终得到的输出电压的瞬时值由输入调频波的瞬时角频率决定，因而整个电路实现了鉴频的功能。

现在考虑另一种极端的情况，即初级和次级之间为紧耦合，且两线圈的损耗都很小的情况。这时 $u_2(t)$ 与 $u_1(t)$ 之比近似地就是次级与初级的线圈匝数比，因此 $u_2(t)$ 与 $u_1(t)$ 大致是同相的，或者说两者的相位差基本上固定为零。这说明在紧耦合时，互感耦合双调谐回路不会产生有用相差，相应地，互感耦合相位鉴频器也将失去鉴频的效能。

一般来说，互感耦合相位鉴频器的鉴频特性与耦合线圈的耦合系数、品质因数等参数有关。

6.3.4　限幅器

无论是调幅波还是调频波，在产生、传输和接收等环节上，都会不可避免地受到各种干扰，有些干扰会对已调波的振幅起作用，产生寄生调幅。而各种解调电路的输出总是与已调波的振幅有关。对于调频波而言，携带低频信息的物理量并不是振幅，因而可以先用限幅电路将振幅的变化消除，得到等幅的调频波后，再进行解调。这样一来，解调输出的变化就只是单纯地与瞬时频率的变化有关。当然，这种先限幅再解调的想法是不能应用在调幅波解调上的，因为调幅波正是靠振幅的变化来反映低频信息，对调幅波限幅后，低频信息也就失去了载体。

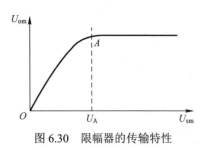

图 6.30　限幅器的传输特性

由于限幅器会将大的峰值削掉，因而限幅处理是一个非线性过程，从中产生了大量的高次谐波分量。不过这些高次成分远离有用成分，能够被后接的带通滤波器滤除。

限幅器的传输特性如图 6.30 所示，其横轴 U_{sm} 为输入电压振幅，纵轴 U_{om} 为输出基波电压振幅。当 $U_{sm} < U_A$ 时，U_{om} 与 U_{sm} 之间大致为线性关系；当 $U_{sm} > U_A$ 时，U_{om} 基本上保持不变。U_A 称为门限电压，它实际上就是产生限幅作用所需的最小输入电压幅值。

利用不同器件的非线性特性，就可以得到二极管限幅器、三极管限幅器、差分对限幅器等各种形式的限幅电路。下面对差分对限幅器做一个简单的说明。

差分对限幅器即是单端输入、单端输出的差分放大器，通过谐振回路取出基波电压作为输出，见图 6.31（a）。差分放大器的差模传输特性如图 6.31（b）所示。当 $|u_i|<26\text{mV}$ 时，传输特性的线性最好；而 $|u_i|>100\text{mV}$ 时，输出电流基本保持恒定，即输出电流被限幅，电流峰值附近被削平，电流基波分量的大小也就基本上被限定了，因而滤波后得到等幅的输出电压。

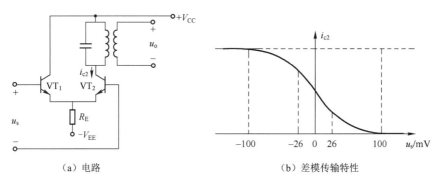

（a）电路　　　　　　　　（b）差模传输特性

图 6.31　差分对限幅器

目标 3　测评

单失谐回路斜率鉴频器已经处于 $\omega_c>\omega_0$ 的正常工作状态，如果将失谐回路的电感替换为另一个品质因数较小的电感（电感量相同），请问鉴频灵敏度会有怎样的变化？

6.4　技 术 实 践

以接收载频为 40 MHz 的调频信号为例，当下一级的输入阻抗 R 为 1kΩ 时，考虑单失谐回路斜率鉴频器的工程设计与计算。

将单失谐回路斜率鉴频器电路再次画出，如图 6.32 所示。

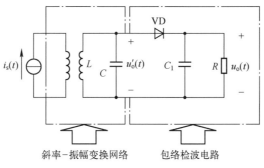

斜率–振幅变换网络　　　包络检波电路

图 6.32　单失谐回路斜率鉴频器

现在要选择二极管 VD，并选取适当的电容 C 和 C_1 的值，以及电感 L 的值，使这个电路成为能够正常工作的单失谐回路斜率鉴频器电路。

在包络检波电路中，一般高频检波电路选用锗点接触型检波二极管。它的结电容小，反向电流小，工作频率高。选用检波二极管时，选择工作频率满足要求、结电容小、反向电流小的二极管即可，但主要考虑的是工作频率。可以选用最高工作频率在 150 MHz 的 2AP1 型～2AP8 型检波二极管。

为提高包络检波电路的检波电压传输系数和高频滤波能力，工程上有以下要求：

$$RC_1 > \frac{5\sim 10}{\omega_0}$$

考虑到 $\omega_0 = 2\pi f_0$，以上要求也可变为

$$RC_1 > \frac{1}{f_0}$$

或写为

$$C_1 > \frac{1}{Rf_0}$$

需要注意的是，上面的不等式右边的 f_0 是谐振频率。但这个不等式只是为了大致确定一个 C_1 的下限，所以这个频率可以近似地取为输入信号的载频 f_c，即 40 MHz。不等式的右边大致为 25pF，据此可以将 C_1 选为 40pF。

在失谐回路中，为保证幅频特性曲线的线性范围，回路 Q_L 值不能取得过大，可以将回路 Q_L 值取为 2。

在线圈的磁损耗可以忽略时（绕线电阻更是很小），回路的损耗基本上来自包络检波电路的损耗。这种损耗体现为高频输入电阻 R_i，其数值为

$$R_i = \frac{R}{2} = 0.5\text{k}\Omega$$

而回路 Q_L 值就是回路损耗电阻与特性阻抗之比，即

$$Q_L = \frac{R_i}{\rho} = 2\pi f_0 CR_i$$

由此可以得出 $C = \dfrac{Q_L}{2\pi f_0 R_i}$。同样，这里用已知的 f_c 取代 f_0 进行计算，得到 $C = \dfrac{Q_L}{2\pi f_0 R_i} \approx \dfrac{Q_L}{2\pi f_c R_i}$，计算得出 $C = 16\text{pF}$。当然，这样得出的 C 值并不能严格地使回路 Q_L 值成为 2，但回路 Q_L 值的大小只是一个大致的要求。

在失谐回路中，为保证幅频特性曲线的线性范围，失谐量的大小 $f_c - f_0$ 大致应该满足以下关系

$$f_c - f_0 \approx \pm 0.2\frac{f_0}{Q_L}$$

如果取 $f_c < f_0$，则有 $f_0(1 - 0.2\dfrac{1}{Q_L}) \approx f_c$，由此算出 $f_0 \approx 44.44\text{MHz}$。

最后根据 $f_0 = \dfrac{1}{2\pi\sqrt{LC}}$，算出 $L = 1\mu\text{H}$。

由于单失谐回路斜率鉴频器对载频工作点的要求并非十分严格，因此这种近似的计算在工程设计上是有意义的。

6.5　计算机辅助分析与仿真

斜率鉴频器的仿真电路如图 6.33 所示。此电路中失谐回路的谐振频率为 1.591 MHz，如果不考虑二极管导通的影响，失谐回路的特性阻抗（谐振时 L_1 和 C_1 的阻抗）为 999 Ω，品质因数为 1。信号源为调频电流源，载频为 1 MHz，调制信号频率为 100 kHz，调频指数为 3，振幅为 1 mA。

斜率鉴频器的输入端电压信号(注意：不是输入信号)与输出电压信号的波形见图 6.34，输入端电压信号即 A 点信号，输出电压信号即 B 点信号，分别对应图中上下两个波形，如图 6.34 所示。可以看出，虽然输入电流信号是等幅调频信号，但输入端电压信号为调幅-调频信号，而输出电压信号是带有高频残留的低频信号。

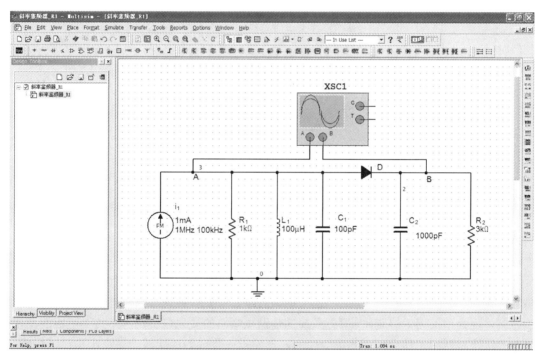

图 6.33　斜率鉴频器的仿真电路

若 C_1 取 200 pF 时，失谐回路的谐振频率减小，而输入信号的载频与谐振频率的关系为 $\omega_c > \omega_0$，这时失谐回路工作在幅频特性曲线位于谐振频率右侧的下降段。如果 C_1 取 10 pF，失谐回路的谐振频率增大，而输入信号的载频与谐振频率的关系为 $\omega_c < \omega_0$，这时失谐回路工作在幅频特性曲线位于谐振频率左侧的上升段。无论是上升段还是下降段，都可以完成频幅转换，从而实现解调，但是如果谐振频率正好等于载波频率，则不能实现正确解调。

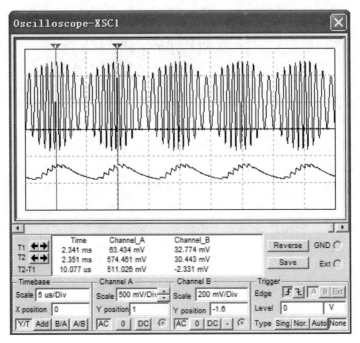

图 6.34 斜率鉴频器的信号波形

本 章 小 结

调角信号包括调频和调相两种，二者都属于非线性调制，但是它们有一定区别。调角信号的基本概念、表达式、波形、频偏、相偏和带宽等都很重要。

直接调频电路是振荡频率受调制信号控制的振荡器，其振荡频率就是谐振频率。对振荡器而言，无须考虑信号通过 LC 谐振回路的传输特性，只需考虑在调制信号的作用下元件参数的变化对谐振频率的影响。

间接调频电路由积分器和调相电路构成。对于变容二极管调相电路而言，它就是一个传输函数受到调制信号影响的网络（LC 谐振回路）。与直接调频电路相似，调制信号的影响直接体现为谐振频率的变化，但更重要的是谐振频率的变化将引起网络传输函数的变化，最终的结果是网络相移受到调制信号控制，使输出信号成为调相波。电路工作在谐振频率附近，实际情况是输入信号频率不变，谐振频率围绕着输入信号频率变化。

失谐回路斜率鉴频器由实现频幅变换的网络（LC 失谐回路）和包络检波器构成。其中的回路采用固定参数元件，但网络传输函数仍在变化，不过这种变化的原因是输入调频波的瞬时频率在变化。具体地说，当网络的幅频特性的斜率较大时，通过瞬时频率的变化可以使输出信号振幅有较大的变化，有利于通过包络检波获取较大的解调输出。为此，电路应工作在失谐状态。

乘积型相位检波器由频相变换网络和乘积型鉴相器构成；叠加型相位检波器由频相变换网络和叠加型鉴相器构成。频相变换网络的作用是使调频波得到一个与频率有关的附加相移，而出现在频相变换网络前后的两个高频信号一起进入鉴相器后，输出电压是由它们的相位差决定的。最终的结果是将调频波频率的变化转化为输出电压的变化，从而实现了鉴频。在这一过程中，相位差的变化必须有效地转化为输出电压的变化。对于鉴相器而言，这就要求它的两个输入量之间有 $+\dfrac{\pi}{2}$ 或 $-\dfrac{\pi}{2}$ 的固定相差。与此要求相对应，频相变换网络要能够产生这一固定相差。这就是用在乘积型鉴频检波器中的单谐振回路频相变换网络需要串联电容 C_1 的原因，也是叠加型相位鉴频器中互感耦合双调谐回路不能采用紧耦合线圈的原因。

习　题　6

6.1　已知调角信号 $u(t)=5\cos(2\pi\times30\times10^6 t+\cos2\pi\times2\times10^3 t)\mathrm{V}$，试求：

（1）如果 $u(t)$ 是调频波，试写出载波频率 f_c、调制信号频率 F、调频指数 m_f、最大频偏 Δf_m。

（2）如果 $u(t)$ 是调相波，试写出载波频率 f_c、调制信号频率 F、调相指数 m_p、最大频偏 Δf_m。

6.2　已知调频波为 $u_{FM}(t)=4\cos(2\pi\times10^7 t+5\sin2\pi\times6\times10^2 t)\mathrm{V}$，调频灵敏度 $k_f=1.5\times10^3\mathrm{Hz/V}$，试写出调制信号的表达式。

6.3　设载波为 $10\cos(2\pi\times20\times10^6 t)\mathrm{V}$；调制信号的变化形式为 $\sin(2\pi\times2\times10^3 t)\mathrm{V}$。如果调频后的最大频偏为 10 kHz，试写出调频波的表示式。

6.4　设载波为 $u_c(t)=U_{cm}\cos\omega_c t$，调制信号如题 6.4 图（a）和（b）所示。试分别针对这两种情况，画出以下波形示意图（坐标对齐）：（1）调频时的瞬时角频率偏移 $\Delta\omega(t)$，瞬时相位偏移 $\Delta\varphi(t)$，调频信号 $u_{FM}(t)$；（2）调相时的瞬时角频率偏移 $\Delta\omega(t)$，瞬时相位偏移 $\Delta\varphi(t)$，调相信号 $u_{PM}(t)$。

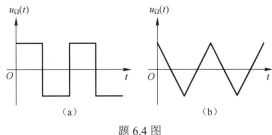

（a）　　　　　　　　（b）

题 6.4 图

6.5　已知调频波 $u_{FM}(t)=8\cos(2\pi\times10^8 t+10\cos2\pi\times50\times10^3 t)\mathrm{V}$，试问：

（1）最大频偏及调频波带宽分别是多少？

（2）若保持调制信号振幅不变，将调制信号频率提高 1 倍，最大频偏及调频波带宽将如何改变？

（3）若保持调制信号频率不变，将调制信号振幅提高 1 倍，最大频偏及调频波带宽将如何改变？

（4）若调制信号振幅和频率同时提高 1 倍，最大频偏及调频波带宽将如何改变？

6.6　如果一个调相波 $u_{PM}(t)$ 具有与上题同样的信号表达式，试问：

（1）最大频偏及调相波带宽分别是多少？

（2）若保持调制信号振幅不变，将调制信号频率提高 1 倍，最大频偏及调相波带宽将如何改变？

（3）若保持调制信号频率不变，将调制信号振幅提高 1 倍，最大频偏及调相波带宽将如何改变？

（4）若调制信号振幅和频率同时提高 1 倍，最大频偏及调相波带宽将如何改变？

6.7 如题 6.7 图所示，在反馈型振荡器中插入可控相移网络 $H_p(j\omega)$，构成直接调频电路。假设在某个角频率 ω_Q 附近，谐振放大器的传输函数为 $H_A(j\omega) = H_A\left[j(\omega_Q + \Delta\omega)\right] \approx H_{A0}e^{j\phi_A(\Delta\omega)}$，反馈网络的传输函数为 $H_F(j\omega) = F$，可控相移网络的传输函数为 $H_p(j\omega) = H_p\left[j(\omega_Q + \Delta\omega)\right] \approx H_{p0}e^{j\phi_p(\Delta\omega)}$，其中，$\phi_A(\Delta\omega) \approx -2Q_e\dfrac{\Delta\omega}{\omega_Q}$，$\phi_p(\Delta\omega) = Au_\Omega(t)$。问瞬时角频率 $\omega(t)$ 应如何表达？

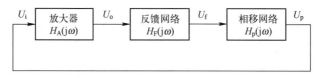

题 6.7 图

6.8 已知直接调频电路的谐振回路为 LC_j 回路。变容二极管的参数为：$U_B = 0.6V$，$\gamma = 2$，$C_{jQ} = 15pF$；$L = 20\mu H$；二极管上所加电压为 $-\left[6 + 0.6\cos(2\pi\times10^3 t)\right]V$。试求：调频波的载频 f_c 和最大频偏 Δf_m。

6.9 如题 6.9 图所示为变容二极管直接调频电路，试画出其高频通路。

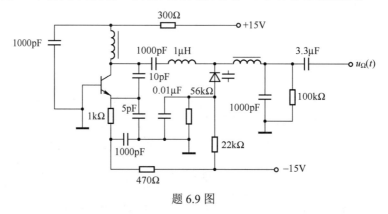

题 6.9 图

6.10 如题 6.10 图所示为某调频电路的组成框图，调频器输出调频波的中心频率为 10 MHz，调制频率为 5 kHz，最大频偏为 3 kHz。试求：（1）该设备输出信号 $u_o(t)$ 的中心频率、最大频偏和调制频率；（2）两个放大器的中心频率和通频带宽度。

6.11 已知鉴频器的输入信号为 $u_{FM}(t) = 6\cos(2\pi\times10^8 t + 5\sin 2\pi\times2\times10^3 t)V$，鉴频灵敏度为 $S_d = 30mV/kHz$。输入信号的最大频偏在线性鉴频范围内，试写出鉴频输出电压 $u_o(t)$ 的表达式。

6.12 用调制信号 $u_\Omega(t) = \cos\Omega t + \cos 2\Omega t + \cos 3\Omega t$ 进行调相，再对调制后得到的调相波进行鉴频，试写出：（1）鉴频输出信号 $u_o'(t)$ 的变化形式；（2）如果希望恢复原调制信号，鉴频电路的后面还应加上什么电路？

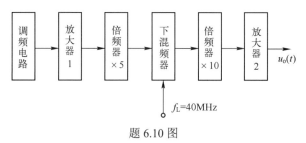

题 6.10 图

6.13　将调频波 $u_{FM}(t)=U_m\cos(\omega_c t+m_f\sin\Omega t)$ 加在如题 6.13 图所示的 RC 高通滤波器上。如果在 $u_{FM}(t)$ 的瞬时角频率 $\omega(t)$ 满足：$RC\ll\dfrac{1}{\omega(t)}$，试求：（1）输出电压 $u_o'(t)$ 的表达式，并判断它是哪一类信号；（2）如果要实现对 $u_{FM}(t)$ 的鉴频，还应该在高通滤波器的后面加上什么电路？

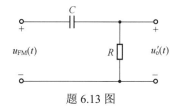

题 6.13 图

6.14　将调频波 $u_{FM}(t)=U_m\cos\left[\omega_c t+m_f\sin(\Omega t)\right]$ 加到某相位鉴频器上，相位鉴频器的组成框图如题 6.14 图所示。其中，单元电路 A 的传输函数在 ω_c 附近可以写为 $A(j\omega)=A_0e^{j\phi_A(\omega)}$，$\phi_A(\omega)=\dfrac{\pi}{2}+k_0(\omega-\omega_c)$。试问：（1）单元电路 B 是什么电路？（2）$u_1(t)$ 和 $u_o(t)$ 各自具有什么样的表达式？

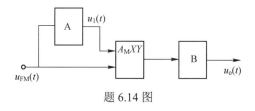

题 6.14 图

6.15　如题 6.15 图所示的两个电路中，哪个能实现包络检波，哪个能实现鉴频？相应的回路参数应如何配置？

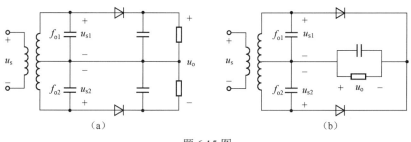

题 6.15 图

6.16　如题 6.16 图所示的斜率鉴频器中若发生以下变化，试分析电路还能不能实现鉴频，如果还能鉴频，进一步分析鉴频特性的变化。（1）一个管子极性接反；（2）两个管子的极性都接反；（3）一个管子断开。

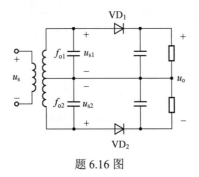

题 6.16 图

6.17　如题 6.17 图所示的叠加型相位鉴频器中若发生以下变化，试分析电路还能不能实现鉴频。（1）一个管子极性接反；（2）两个管子的极性都接反；（3）一个管子断开。

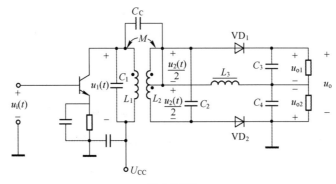

题 6.17 图

第7章 反馈控制电路

在电子电路中，为了改善系统的性能，广泛采用具有自动调节作用的控制电路。如控制输出信号电平，使其基本保持不变的自动增益控制（Automatic Gain Control，AGC）电路；控制信号频率，避免接收电路频率漂移的自动频率控制（Automatic Frequency Control，AFC）电路；对信号相位进行控制，能够用于多种用途的自动相位控制电路——锁相环路（Phase Locked Loop，PLL）。在具有自动调节作用的控制电路中，反馈控制电路是最经典，也是应用最广泛的电路。这种反馈控制系统具有以下特点。第一，反馈必须是负反馈，即反馈的作用必须是减小或消除误差；第二，反馈控制系统是以误差进行控制的，只要有误差产生，就会产生控制作用；第三，这种系统对外部干扰和内部参数变化的影响具有抑制作用；第四，这种系统对减小系统的非线性失真有好处。

反馈控制系统的调节作用通过其动态性能来衡量。动态性能主要包括：

（1）稳定性。随着时间的推移，通过系统作用，误差必须要减小到一定的程度，否则就失去了调节的意义。

（2）快速性。当出现误差后，应能在尽可能短的时间内使误差减小到一定的程度，这样系统才能对快速变化进行跟踪和调节。

（3）准确性。当时间达到一定值后剩余的误差尽量小，以满足工程上要求。

本章目标

知识：

- 了解自动增益控制电路的原理和组成。
- 了解自动频率控制电路的原理和组成。
- 了解自动相位控制电路的原理和组成。

能力：

- 掌握 AGC 和 PLL 电路的特性和相关应用。
- 会使用仿真软件对 AGC 和 PLL 电路进行仿真。

应用实例　PLL 芯片及 AGC 放大模块

PLL 技术及其芯片常用于振荡器、频率合成器及接收机中，实现高稳定度频率的产生和恢复，从而提高振荡器和接收机的性能。而 AGC 电路和模块主要用在接收机中的前端，实现自动增益控制及其放大功能，自动增益控制电路就是，当接收信号微弱时，就提高接收机的增益；当接收信号太强时，就降低接收机的增益，无论接收机接收的信号幅度如何变化，最终使接收机稳定地工作和输出信号。

PLL 芯片及 AGC 放大器（源自 Internet 网络）

7.1 自动增益控制电路

自动增益控制（Automatic Gain Control，AGC）电路是一种反馈控制电路，是接收机的重要辅助电路，它的基本功能是稳定电路的输出电平。在这个控制电路中，要比较和调节的量为电压或电流，受控对象为放大器。

一般而言，接收机接收到的信号强度变化可能非常剧烈，可以从微伏数量级到伏特级，即动态范围很大，而许多电路对输入信号动态范围的要求是有限制的，比如混频器、检波器、电压放大器等。如果输入信号动态范围过大，就有可能使晶体管、场效应管等器件过载，轻则使电路不能正常工作，重则损坏电路中的元器件。当外来信号场强比较大时，接收机输出信号电压应该也大；反之，接收机输出信号电压就应该小。因此，在接收机中，为了保证诸如混频器、中频放大器、检波器等电路的输入电压比较平稳，往往采用自动增益控制电路来实现这个目的。自动增益控制电路的作用是，就算输入信号电压波动很大，接收机输出信号电压几乎不变。

7.1.1 AGC 电路的组成

为了保证接收机输出电压相对稳定，当所接收的信号比较弱时，要求接收机的电压增益提高；相反，当接收机信号较强时，要求接收机的电压增益相应减小。为了实现这种要求，必须采用增益控制电路。

增益控制电路一般可分为手动及自动两种方式，手动增益控制电路，是根据需要，靠人工调节增益，如收音机中的"音量控制"等。手动增益控制电路一般只适用于输入信号电压基本上与时间无关的情况。当输入信号电压与时间有关时，由于信号电压变化是快速的，人工调节无法跟踪，则必须采用自动增益控制电路（AGC）进行调节。为了实现自动增益控制，在电路中必须有一个随输入信号的强弱而改变的电压，称为 AGC 电压。AGC电压可正可负，利用这个电压去控制接收机的某些级的增益，达到自动增益控制的目的。

因此，带有自动增益控制电路的一种接收机的组成框图如图 7.1 所示。检波器输出信号既是后继电路的输入信号，又是 AGC 检波电路的输入信号。AGC 检波电路的输出信号被称为 AGC 信号，是一个缓慢变化的低频信号，反映了接收机天线感应信号的强弱，然后被放大的 AGC 信号直接控制中频放大器的增益，经过一定的延迟后，如果还有没有达到输出电压的幅度要求，再去控制高频放大器的增益。实际上，这里有个控制策略的问题，也就是说，当控制中频放大器的增益能够满足系统要求时，就不用控制高频放大器增益了；当仅仅控制中频放大器的增益还不能够满足系统要求时，再去控制高频放大器增益，这样系统的增益控制的动态范围就很大。自动增益控制电路能够让检波器的输入信号电压比较平稳，从而让接收机的性能保持稳定的状态。

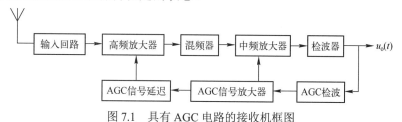

图 7.1　具有 AGC 电路的接收机框图

从以上分析可以看出，AGC 电路有两个作用：一是产生 AGC 电压；二是利用 AGC 电压去控制某些级的增益。下面介绍 AGC 电压的产生及实现 AGC 的方法。

接收机的 AGC 电压 U_{AGC} 大都是利用它的检波器输出信号产生的。按照 U_{AGC} 产生的方法不同而有不同的电路形式，基本电路形式有平均值式 AGC 电路和延迟式 AGC 电路。在某些场合采用峰值式 AGC 电路及键控式 AGC 电路等形式的 AGC 电路。下面仅介绍平均值式 AGC 电路和延迟式 AGC 电路的工作原理。

7.1.2　平均值式 AGC 电路

平均值式 AGC 电路是利用检波器输出电压信号中的平均值（直流分量）作为 AGC 电压的。图 7.2 所示为典型的平均值式 AGC 电路，常用于超外差式收音机中。在该图中，VD、C_1、R_1 组成包络检波器。检波器的输出电压中包含直流成分和音频信号。检波器的输出电压的一路信号送往低频放大器；另一路送往由 R_2、C_3 组成的

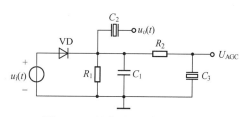

图 7.2　平均值式 AGC 电路原理

低通滤波器，经低通滤波器后输出直流电压 U_{AGC}，由于 U_{AGC} 为检波器输出电压中的平均值，所以称之为平均值式 AGC 电路。要正确选择低通滤波器的时间常数 $\tau = R_2 C_3$。若 τ 太大，则控制电压 U_{AGC} 跟不上外来信号电平的变化，接收机的电压增益得不到及时的调整，从而使 AGC 电路失去应有的控制作用；反之，如果时间常数 τ 选择过小，则 U_{AGC} 将随外来信号的包络变化，这样会使放大器产生额外的反馈作用，从而使调幅波受到反调制。一般选择 $\tau=(5\sim10)\Omega_{\min}$。

7.1.3　延迟式 AGC 电路

平均值式 AGC 电路的主要缺点是，一旦有外来信号，AGC 电路立刻起作用，接收机的增益就因受控制而减小，这对提高接收机的灵敏度是不利的，这一点对微弱信号的接收尤其是十分不利的。为了克服这个缺点，可采用延迟式 AGC 电路。

延迟式 AGC 电路原理如图 7.3 所示。在该图中，由二极管 VD_1、C_1、R_1 组成包络检波器；由二极管 VD_2、C_3、R_3 和直流电源 U_D 组成 AGC 检波器。在 AGC 检波器中加有固定偏压 U_D，U_D 被称为延迟电平。只有当检波器输出电压超过 U_D 时，二极管 VD_2 才导通，即 AGC 检波器才开始工作，所以称为延迟式 AGC 电路。当检波器输出电压没有超过 U_D 时，二极管 VD_2 截止，AGC 电压 U_{AGC} 等于零，即没有 AGC 作用。

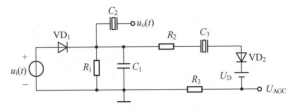

图 7.3 延迟式 AGC 电路原理

7.2 自动频率控制电路及工作原理

自动频率控制（Automatic Frequency Control，AFC）电路是一种能自动调节振荡器的频率，使振荡器频率稳定在某一预期的标准频率附近的反馈控制电路。

不同的振荡电路，振荡频率的稳定度也不同。在通信系统中，振荡电路的振荡频率稳定度越高越好，但是，也必须兼顾其他方面的要求，比如频率的调节范围、输出波形等。比如说，石英晶体振荡电路的振荡频率稳定度可以达到 $10^{-5} \sim 10^{-11}$ 量级，但是，频率的调节是困难的，它就不适合作为类似于收音机或电视机这样的通信设备。因此，在通信设备中，为了提高振荡电路的振荡频率稳定度，需要一种闭环控制电路，即自动频率控制电路。

图 7.4 所示为 AFC 的原理框图。其中，标准频率源的振荡频率为 f_s。压控振荡器（VCO）的振荡频率为 f_o。在频率比较器中，将标准频率源的振荡频率 f_s 与压控振荡器的振荡频率 f_o 进行比较，输出一个与 f_s-f_o 成正比的误差电压 $u_e(t)$。误差电压 $u_e(t)$ 作为 VCO 的控制电压，使 VCO 的输出振荡频率 f_o 趋向标准频率源的振荡频率 f_s。当 f_o=f_s 时，频率比较器无输出，即 $u_e(t) = 0$，压控振荡器不受影响，振荡频率 f_o 不变。当 $f_o \neq f_s$ 时，频率比较器有输出电压，即 $u_e(t) \neq 0$，压控振荡器在 $u_e(t)$ 作用下使其输出频率 f_o 趋向 f_s。经过多次循环，最后 f_o 与 f_s 的误差减小到某一最小值 Δf，Δf 称为剩余频差。这时压控振荡器的振荡频率将稳定在 $f_o \pm \Delta f$ 范围内。

图 7.4 AFC 的工作原理框图

由于误差电压 $u_e(t)$ 是由频率比较器产生的，自动频率控制过程正是利用误差电压 $u_e(t)$ 的反馈作用来控制 VCO，使 f_o 与 f_s 的剩余频差 Δf 最小，最终稳定在 $f_o \pm \Delta f$ 范围内。如果剩余频差 $\Delta f = 0$，即 $f_o = f_s$，则 $u_e(t) = 0$，自动频率控制过程的作用就不存在了。所以说，f_o 与 f_s 不能完全相等，必须有剩余频差存在，这是 AFC 电路的一个重要特点。

7.3 锁相环路（PLL）

锁相环路（Phase Locked Loop，PLL）的应用十分广泛。锁相环路广泛应用在频率合成器、数字通信系统的载波同步电路和位同步电路、窄带跟踪接收机、调频信号与调相信号的解调、模拟通信系统的载波恢复电路、卫星通信、微波通信、移动通信、光纤通信等领域。锁相环路还大量应用在其他领域，如自动控制、遥感遥测、无线电定位系统等。

7.3.1　锁相环路的基本工作原理

锁相环路是一种自动相位控制（Automatic Phase Control，APC）电路，它能使系统输出信号的相位随输入信号的相位变化而变化。图 7.5 是锁相环路的基本框图，它主要由电压控制振荡器（VCO）、鉴相器和环路滤波器所组成。

图 7.5　APC 电路的工作原理框图

在该图中，石英晶体振荡器输出电压信号 $u_R(t)$ 的频率为 f_R，压控振荡器的输出电压信号 $u_o(t)$ 的频率为 f_V，鉴频器的输出电压信号为 $u_D(t)$，环路滤波器的输出低频电压信号为 $u_C(t)$。

通常，锁相环路的输入电压信号 $u_R(t)$ 是晶体振荡器输出的稳定度较高的标准频率信号。当压控振荡器的频率 f_V 由于某种原因而发生变化时，必然相应地产生相位变化。变化的相位在鉴相器中与晶体振荡器输出信号的稳定参考相位（对应于频率 f_R）相比较，使鉴相器输出一个与两个输入信号的相位误差成某种函数关系的误差电压 $u_D(t)$，经过低通滤波器后，取出其中缓慢变化的低频电压分量 $u_C(t)$。用 $u_C(t)$ 来控制压控振荡器中的可控电抗元件(例如变容二极管)，结果可控电抗元件参数的变化将使 VCO 的输出信号 $u_o(t)$ 的相位朝着石英晶体振荡器输出电压信号 $u_R(t)$ 的相位变化，最后稳定到一定范围内。这样，VCO 的输出频率稳定度将由参考晶体振荡器所决定。这时称环路处于锁定状态。

根据电路分析的知识，信号的瞬时角频率 $\omega(t)$ 与瞬时相位 $\varphi(t)$ 的关系为

$$\omega(t) = \frac{\mathrm{d}\varphi(t)}{\mathrm{d}t} p \tag{7.1}$$

$$\varphi(t) = \int_0^t \omega(\tau)\mathrm{d}\tau + \varphi_0 \tag{7.2}$$

式中，φ_0 为初始相位。

由上面的讨论已知，加到鉴相器的两个信号 $u_R(t)$ 和 $u_o(t)$ 的角频率差 $\Delta\omega_D(t)$ 为

$$\Delta\omega_D(t) = \omega_R(t) - \omega_V(t) = \frac{\mathrm{d}\varphi_D(t)}{\mathrm{d}t} \tag{7.3}$$

式中，$\omega_R(t)$ 为石英晶体振荡器输出电压信号 $u_R(t)$ 的瞬时角频率；$\omega_V(t)$ 为压控振荡器的输出电压信号 $u_o(t)$ 的瞬时角频率；$\Delta\omega_D(t)$ 为信号 $u_R(t)$ 与信号 $u_o(t)$ 之间的角频率差；$\varphi_D(t)$ 为信号 $u_R(t)$ 与信号 $u_o(t)$ 之间的相位差。

由式（7.2）和式（7.3），可以得到加到鉴相器的两个信号 $u_R(t)$ 和 $u_o(t)$ 的瞬时相位差，即

$$\varphi_D(t) = \varphi_R(t) - \varphi_V(t) = \int_0^t \Delta\omega_D(\tau)\mathrm{d}\tau + \varphi_0 \tag{7.4}$$

从上面的式（7.3）和式（7.4）中，可得到关于锁相环路的重要概念。当两个振荡信号 $u_R(t)$ 和 $u_o(t)$ 的角频率相等时，即 $\Delta\omega_D(t) = 0$，由式(7.4)可以知道，它们之间的相位差 $\varphi_D(t) = \varphi_0$，保持不变；反之，当两个振荡信号 $u_R(t)$ 和 $u_o(t)$ 的相位差 $\varphi_D(t)$ 是个恒定值时，即 $\varphi_D(t) = C$（任何常数），由式（7.3）可以知道，它们之间的角频率差 $\Delta\omega_D(t) = 0$，即它们的角频率必然相等。

在闭环条件下，如果由于某种原因使 VCO 的角频率 ω_V 发生变化，设变动量为 $\Delta\omega$，那么，由式（7.4）可知，两个信号 $u_R(t)$ 和 $u_o(t)$ 之间的相位不再是恒定值，而是会发生变化的，鉴相器的输出电压 $u_D(t)$ 也跟着发生相应的变化，这个变化的电压使 VCO 的频率不断变化，直到信号 $u_R(t)$ 和 $u_o(t)$ 的瞬时相位差 $\varphi_D(t)$ 为一个很小的值为止，此时，$\omega_V=\omega_R$，这就是锁相环路的基本原理。

由以上的简略介绍可见，锁相环路与自动频率控制电路的工作过程十分相似。二者都是利用误差信号来控制被控振荡器的频率。但二者之间也有着根本的差别。在自动频率控制电路中，采用的是鉴频器，它所输出的误差电压与两个相比较的信号的频率差成比例，达到稳定状态时，两个频率不能完全相等，仍有剩余频差存在。在锁相环路中，采用的是鉴相器，它所输出的误差电压与两个相比较的信号的相位差成比例，当达到最后锁定状态时，被锁定的频率等于标准频率，只有剩余相差存在。这表明，锁相环路通过相位来控制频率，可以实现无误差的频率跟踪，这是它优于自动频率控制电路之处。

7.3.2 锁相环路的基本特性

锁相环路之所以获得广泛的应用，是因为它具有下述的基本特性。

1）锁定特性

在没有干扰的情况下，环路一经锁定，其输出信号（即 VCO 振荡信号）的频率等于输入信号频率，二者没有剩余频差，只有不大的剩余相差。因此，如果输入信号是一个频率稳定度很高的基准信号，则 VCO 输出的将是一个高频率稳定度且输出功率较大的信号。

2）跟踪特性

锁相环路在锁定时，其输出信号角频率 $\omega_V(t)$ 能在一定范围内跟踪输入信号角频率 $\omega_R(t)$ 的变化，最终使 $\omega_V(t)=\omega_R$。跟踪特性又可分为载波跟踪特性和调制跟踪特性。载波跟踪特性又称窄带跟踪特性，它指锁相环路可以实现对输入信号载波频率变化的跟踪，此时环路滤波器是窄带滤波器。调制跟踪特性又称宽带跟踪特性，它指锁相环路可以跟踪输入宽带调频信号的瞬时频率（或相位）的变化，此时环路滤波器是宽带滤波器。

3）窄带滤波特性

由于环路锁定时鉴相器输出的误差电压 $u_D(t)$ 是一个能顺利通过环路滤波器的直流信号，如果此时输入信号中混有干扰成分，则干扰信号在鉴相器输出端产生差拍电压，其差拍频率等于干扰频率与环路锁定时的 VCO 振荡频率之差，显然，差拍干扰电压中只有小部分差拍频率低的成分能够通过环路滤波器，而大部分将被滤除。于是，VCO 输出信号中的干扰成分大为减少，它可看作经过环路提纯了的输出信号。换句话说，环路只让输入信号频率附近的频率成分通过，而离信号频率稍远的频率成分则被滤除掉。因此，环路相当于一个高频窄带滤波器，这个滤波器的通带可以做得很窄，如在几百兆赫的中心频率上实现几赫的窄带滤波。这是其他的滤波器难以达到的。

7.3.3 集成锁相环路

随着半导体集成技术的发展，自 20 世纪 60 年代末第一个单片集成锁相环问世以来，集成锁相环的发展极为迅速，其产品种类繁多，工艺日新月异。集成锁相环由于性能优良，价格便宜，使用方便，因而获得广泛的应用。应该指出，集成锁相环往往不含环路滤波器，这是因为环路滤波器的构成简单，并且其特性在很大程度上决定锁相环路的性能。因此，通过外接不同 RC 元件构成的环路滤波器，可以使锁相环路具有不同的性能，以应用于不同的场合。

集成锁相环按其内部电路结构可分为模拟锁相环和数字锁相环两大类，按其用途又可分为通用型和专用型两种。通用型是一种具有各种用途的锁相环，其内部电路主要由 PD 和 VCO 两部分组成，有时还附加放大器和其他辅助电路，也有用单独的集成 PD 和集成 VCO 连接成满足某种需要的锁相环路。专用型是一种专为某种功能设计的锁相环，如用于调频接收机中的调频立体声解码电路、用于彩色电视接收机中的色差信号解调电路等。下面介绍几种常用的集成锁相环。

1. NE/SE564

NE/SE564 是一个多功能的锁相环集成电路，最高工作频率为 50 MHz，其中有 VCO、限幅器、相位比较器等，16 引脚 DIP 或 SO 封装。

NE/SE564 的主要特征是：①可以用 5 V 的单电源供电；②输入和输出都与 TTL 电平兼容；③能可靠工作在 50 MHz；④可以在外部进行环路增益控制；⑤能抑制载波反馈；⑥可以作为一个调制器（FM）。NE/SE564 主要应用于高速 MODEM、FSK 接收器和调制器、频率合成、信号发生器、卫星通信系统和 TV 系统等。

2. CC4046

CC4046 是一种数字锁相环，它是 CMOS、低功耗电路，最高上限频率约 1.2 MHz。CC4046 的电源电压为 5～15 V，功耗极低，其振荡输出电平可与 TTL 或 CMOS 数字电路的电平兼容。它主要由线性压控振荡器、源极跟随器、稳压器及两个相位比较器组成。

CC4046 的主要特征是：低功耗，VCO 的振荡频率为 10 kHz。V_{DD}=5 V 时，功耗仅 70 μW（典型值）；V_{DD}=10 V 时，工作频率可达 1.2 MHz；宽电源输入，电源电压可为 5～15 V；频率稳定度高等。

CC4046 主要应用于 FM 的调制与解调、频率合成、倍频、分频、数据同步、电压—频率转换、语音编码、FSK 调制与解调等。

7.4　技　术　实　践

用锁相环路也可以实现调频波的解调，图 7.6 为锁相鉴频电路的组成框图，其中环路滤波器的通频带足够宽（大于调制信号的最高频率），使鉴相器输出的调制信号电压能顺利地通过。前已指出，锁相环路具有调制跟踪特性。当输入为调频波

图 7.6　锁相环用于鉴频的原理框图

$u_{FM}(t)$ 时，只要环路的捕捉带大于 $u_{FM}(t)$ 的最大频偏，VCO 就能精确地跟踪输入信号 $u_{FM}(t)$ 的瞬时频率的变化。既然 VCO 振荡信号与输入信号 $u_{FM}(t)$ 的瞬时频率变化规律相同，则 VCO 的控制电压 $u_o(t)$ 就与发送端的调制信号成正比，或者说环路滤波器输出的控制电压 $u_o(t)$ 就是调频波的解调信号。

图 7.7 给出锁相环用于鉴频的应用电路原理图，其中的锁相环集成电路是 NE564。

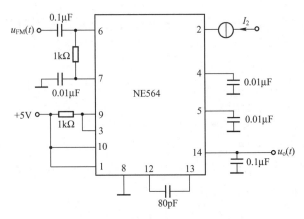

图 7.7　锁相环用于鉴频的应用电路原理

在图 7.7 中，调频信号 $u_{FM}(t)$ 从 6 脚耦合进去，由 NE564 内部的 VCO 产生的正弦波信号非常接近于输入调频信号的载波信号，解调信号从 14 脚输出。电流源 I_2 是调整锁相环捕捉带的，约为 100 μA，估算 12 引脚与 13 引脚之间的电容大约是 90 pF，考虑到有分布电容，实际电路中可以用 80 pF 的电容。7 脚外接的电容是为 NE564 内部的偏置电路滤波的，4 脚和 5 脚外接的电容是环路滤波电容。

7.5　计算机辅助分析与仿真

在此对 AGC 电路原理进行仿真，其仿真电路如图 7.8 所示，Q_1 及其周围元器件组成的电路是一个高频小信号放大器，电源电压 V_2 模拟 AGC 电压。U_2 取值分别为 3 V、2 V 和 1 V 时，仿真的结果分别如图 7.9（a）、7.9（b）和 7.9（c）所示，明显看到输出电压信号幅度不同。输入电压的峰峰值都是 2.8 mV，V_2 取值分别为 3 V、2 V 和 1 V 时，对应的输出电压峰峰值分别大约为 1111 mV，1365 mV，1607 mV。因此，V_2 取值分别为 3 V、2 V 和 1 V 时，该高频小信号放大电路的电压增益分别大约为 397、485 和 574。

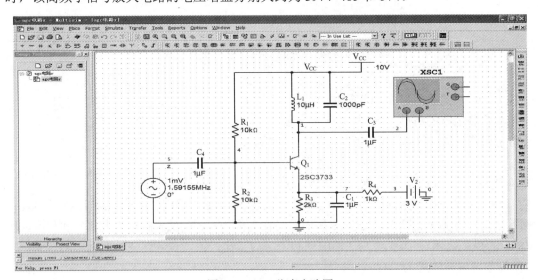

图 7.8　AGC 仿真电路图

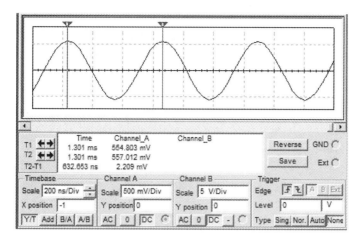

(a) $V_2=3$ V 时放大器输出信号的波形

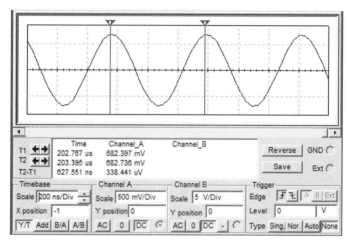

(b) $V_2=2$ V 时放大器输出信号的波形

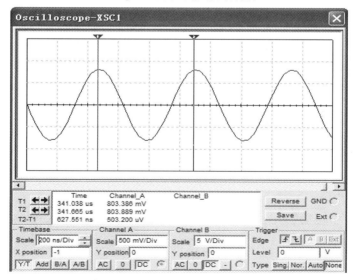

(c) $V_2 = 1$ V 时，放大器输出信号的波形

图 7.9　AGC 功能验证仿真结果

本 章 小 结

首先介绍了反馈控制电路的组成、自动增益控制电路的功能及工作原理、自动频率控制电路的功能及工作原理；然后重点讨论了锁相环电路的基本工作原理、组成和基本方程，并讨论了锁相环的特性；接着介绍两种集成锁相环应用电路及其技术实践；最后对 AGC 电路进行了计算机辅助分析和仿真验证。

习 题 7

7.1 锁相环路稳频与自动频率控制电路在工作原理上有何区别？为什么说锁相环路可以相当于一个窄带跟踪滤波器？

7.2 锁相接收机与普通接收机有哪些优点？

7.3 在题 7.13 图所示的锁相环路中，晶体振荡器的振荡频率为 80 kHz，固定分频器的分频比为 $N=8$，可变分频器的分频比 $M=660\sim980$，试求压控振荡器输出信号的频率范围及相邻两频率的间隔。

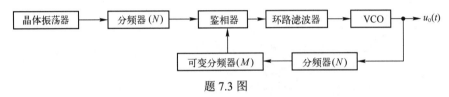

题 7.3 图

7.4 在题 7.4 图所示频率合成器框图中，信号 $u_1(t)$ 的频率 $f_1=10^6$Hz，信号 $u_2(t)$ 的频率 $f_2=10^7$Hz，$N=8$，求输出信号 $u_o(t)$ 的频率 $f_o(f_2>f_o)$。

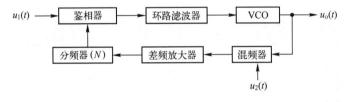

题 7.4 图

7.5 在题 7.5 图所示的频率合成器框图中，信号 $u_1(t)$ 的频率 $f_1=2$ MHz，分频系数 $N_1=200$，$N_2=20$，$N_3=200\sim400$，$N_4=60$。试求输出信号 $u_o(t)$ 的频率范围和频率最小间隔。

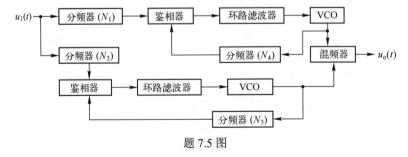

题 7.5 图

7.6 题 7.6 图所示为三环频率合成器，其中，信号 $u_1(t)$ 的频率 f_1=200 kHz，分频系数 N_1=200～300，N_2=500～600，N_3=20。试求输出信号 $u_o(t)$ 的频率范围和频率最小间隔。

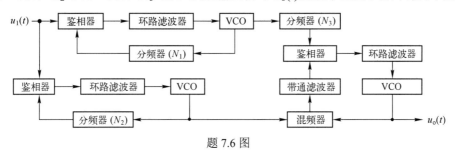

题 7.6 图

参 考 答 案

第 2 章

2.3 $Q_L \approx 58$；回路上应并接的负载值约为 475kΩ

2.4 有载品质因素约为 10

2.7 4.43μH；71；21.2kΩ

2.9 217kHz；306kHz

2.10 $47.75 \leqslant Q_L \leqslant 51$

2.11 （1）10.7μH；43.3；（2）18dB

2.12 （1）6.5nH；79.4；（2）88.33

第 3 章

3.3 （1）P_C=40 W，I_{C0}=8 A

    （2）P_C 减小了 25 W

3.4 θ=69°，I_{C0}=0.174 A，I_{C1m}=0.304 A，I_{C2m}=0.188 A

3.5 P_D=6.65 W，η_C=75%

3.6 （1）θ=120° 时，$\alpha_0(\theta) = 0.406$，$\alpha_1(\theta) = 0.536$，所以 I_{C0}=40.6mA，I_{C1}=53.6mA，

    η_C=62.7%

    （2）θ=70°时，$\alpha_0(\theta) = 0.253$，$\alpha_1(\theta) = 0.436$，所以 I_{C0}=25.3mA，I_{C1}=43.6mA，

    η_C=81.9%

3.7 P_D=6W，P_C=1W，η_C=83.3%，I_{C1m}=0.463A，i_{Cmax}=1.37 A，θ=50°

3.14 L=1.59μH，C=2987pF

3.15 采用低阻变高阻网络，L=1.986μH，C=110pF

3.16 L_1=133.8nH，C_1=339pF，C_2=520pF

第 4 章

4.1 （a）同名端标于二次侧线圈的上端；（b）同名端标于二次侧线的圈下端；
（c）同名端标于二次侧线圈的上端。

4.4 同名端标于二次侧线的圈下端，$f_0 \approx \dfrac{1}{2\pi\sqrt{LC}} \approx 8\text{kHz}$

4.5 （1）1、5 为同名端

    （3）影响反馈系数 F；影响 Q；L_{23} 增大；F 增大 Q 减小

    （4）C_1：旁路，基极交流接地；C_2：耦合，隔直；C_2：对振荡没有直接影响；

      C_1：去掉后，信号经电阻衰减可能无法满足幅度平衡条件，C_1 不应去掉。

（5）

$$C = C_3 \text{串}(C_4 // C_5), \quad C = \frac{(C_4 + C_5)C_3}{(C_4 + C_5) + C_3}, \quad f_0 \approx \frac{1}{2\pi\sqrt{L_{13}C}} = \frac{1}{2\pi\sqrt{L_{13}\dfrac{(C_4 + C_5)C_3}{(C_4 + C_5) + C_3}}}$$

4.6 （1）旁路、耦合

（2）$f = \dfrac{1}{2\pi\sqrt{L\dfrac{C_1 C_2}{C_1 + C_2}}}$，$L \approx 245\text{uH}$

（3）耦合，阻抗变换

4.7 （1）高频扼流

（3）$C_\Sigma = C + \dfrac{C_1 C_2}{C_1 + C_2}$

（4）振荡频率

4.8 （1）高频扼流

（3）$C_\Sigma \approx C_3$

（4）克拉泼振荡器

4.9 （2）$f_0 = \dfrac{1}{2\pi\sqrt{(L_1 + L_2)C}}$

（3）不能

（4）可以

4.10 （a）不能

（b）$f_0 > \dfrac{1}{2\pi\sqrt{L_1 C_1}}$ 则可能

（c）$\dfrac{1}{2\pi\sqrt{L_2 C_2}} < f_0 < \dfrac{1}{2\pi\sqrt{L_1 C_1}}$ 则可能

（d）$f_0 < \min(\dfrac{1}{2\pi\sqrt{L_1 C_1}}, \dfrac{1}{2\pi\sqrt{L_2 C_2}})$ 则可能

4.11 能；1MHz；不能

4.12 （1）4MHz；

（2）$f_s = \dfrac{1}{2\pi\sqrt{L_q C_q}}$；$f_p = \dfrac{1}{2\pi\sqrt{L_q\dfrac{C_q C_0}{C_q + C_0}}}$；

（3）并联型晶体振荡器，微调振荡频率

第 5 章

5.1 BW = 2kHz

5.2 $m_a = \dfrac{2}{9}$；BW = 4kHz

5.4　$U_{cm}=10V$；$F=500Hz$；$m_a=\dfrac{1}{2}$；$BW=1kHz$

5.5　$u(t)=4[1+\dfrac{1}{2}\cos(2\pi\times10^3 t)+\cos(2\pi\times2\times10^3 t)]\times\cos(2\pi\times50\times10^3 t)\,V$

5.6　$BW=6.8kHz$

5.7　$u_0=-\dfrac{8U_{\Omega m}}{\pi}\cos\Omega t\cos\omega_c t+\dfrac{8U_{\Omega m}}{3\pi}\cos\Omega t\cos3\omega_c t+\cdots$ 可见，含有关于 $c\cos\Omega t\cos\omega_c t$ 项，故能够实现调幅。

5.8　（a）$u_0=U_{cm}\cos\omega_c t+\dfrac{4U_{\Omega m}}{\pi}\cos\Omega t\cos\omega_c t-\dfrac{4U_{\Omega m}}{3\pi}\cos\Omega t\cos3\omega_c t+\cdots$ 可见，含有关于 $\cos\Omega t\cos\omega_c t$ 项，故能够实现调幅。

　　　（b）$u_0=0$，故不能够实现调幅。

5.9　因 $u_0=0.15\times[1+\dfrac{2}{3}\cos\Omega_1 t+\dfrac{1}{2}\cos\Omega_2 t]+0.15\cos2\omega_c t$，所以如果相乘器后面再接一低通滤波器，则将实现乘积型同步检波功能。

5.10　$22\,pF\leqslant C\leqslant4746\,pF$　$R_L\geqslant19.8\,k\Omega$

5.11

（1）$u_0(t)=\dfrac{1}{2}U_{\Omega m}U_{cm}[\cos(\omega_c+\Omega)t+\cos(\omega_c-\Omega)]t$；滤波器为中心角频率=$\omega_c$ 的带通滤波器，电路实现 DSB 调幅功能。

（2）$u'_0=\dfrac{1}{2}U_{sm}U_{rm}\cos\Omega t+\dfrac{1}{2}U_{sm}U_{rm}\cos\Omega t\cos2\omega_c t$；所以用一截止频率为 F 的低通滤波器滤除上式中的第 2 项，就可以解调输入的单音 DSB 信号。

（3）$u'_0=\dfrac{1}{2}U_{sm}U_{rm}\cos\Omega t\cos(\omega_L+\omega_c)t+\dfrac{1}{2}U_{sm}U_{rm}\cos\Omega t\cos(\omega_L-\omega_c)t$，如果滤波器为中心角频率=$\omega_i$（=$\omega_L+\omega_c$ 或=$\omega_L-\omega_c$），带宽=$2F$ 的带通滤波器，则电路实现混频功能。

5.12　$u_1(t)=\dfrac{1}{2}U_{sm}U_{Lm}[1+k_a u_\Omega(t)]\cos\omega_i t$

5.13

（1）L_1C_1 回路应调谐于输入 AM 信号 1MHz 的中心载频；

L_2C_2 回路应调谐于 465 kHz 中频；L_3C_3 回路应调谐于本振频率 $f_L=1MHz+465kHz$；

（2）A 点为中心频率为 1MHz 的单音 AM 信号；

B 点为等幅正弦波（本振信号）；C 点为中心频率为 465 kHz 的单音 AM 信号。

第 6 章

6.1　（1）$f_c=30MHz$，$F=2kHz$，$m_f=1rad$，$\Delta f_m=2kHz$；

　　　（2）同上

6.2　$u_\Omega(t)=\dfrac{\Delta f(t)}{k_f}=\dfrac{3\times10^3\cos2\pi\times6\times10^2 t}{1.5\times10^3}=2\cos(2\pi\times6\times10^2 t)V$

6.3　$u_{FM}(t)=10\cos(2\pi\times20\times10^6 t-5\cos2\pi\times2\times10^3 t)V$

6.5　（1）$\Delta f_m=m_f F=500kHz$，$BW=2(\Delta f_m+F)=1100kHz$；

（2） $\Delta f_{\mathrm{m}} = 500\text{kHz}$ ， $\text{BW} = 2(\Delta f_{\mathrm{m}} + F) = 1200\text{kHz}$ ；

（3） $\Delta f_{\mathrm{m}} = 1000\text{kHz}$ ， $\text{BW} = 2(\Delta f_{\mathrm{m}} + F) = 2100\text{kHz}$ ；

（4） $\Delta f_{\mathrm{m}} = 1000\text{kHz}$ ， $\text{BW} = 2200\text{kHz}$ 。

6.6　（1） $\Delta f_{\mathrm{m}} = m_{\mathrm{p}}F = 500\text{kHz}$ ， $\text{BW} = 2(m_{\mathrm{p}} + 1)F = 1100\text{kHz}$ ；

（2） $\Delta f_{\mathrm{m}} = 1000\text{kHz}$ ， $\text{BW} = 2(m_{\mathrm{p}} + 1)F = 2200\text{kHz}$ ；

（3） $\Delta f_{\mathrm{m}} = 1000\text{kHz}$ ， $\text{BW} = 2100\text{kHz}$ ；

（4） $\Delta f_{\mathrm{m}} = 2000\text{kHz}$ ， $\text{BW} = 2(\Delta f_{\mathrm{m}} + F) = 4200\text{kHz}$ 。

6.7　$\omega(t) = \omega_Q(1 + \dfrac{1}{2}\dfrac{Au_{\Omega}(t)}{Q_e})$

6.8　$f_{\mathrm{c}} = \dfrac{1}{2\pi\sqrt{LC_{jQ}}} = 9.19\text{MHz}$ ， $\Delta f_{\mathrm{m}} = f_{\mathrm{c}}\dfrac{\gamma}{2}\dfrac{U_{\Omega m}}{U_{\mathrm{B}} + U_{\mathrm{Q}}} = 0.836\text{MHz}$

6.10　（1）中心频率 100MHz，最大频偏 150kHz，调制频率 5kHz；

（2）放大器 1 的中心频率应为 10MHz，通频带宽度应大于 16kHz；

　　　放大器 2 的中心频率应为 100MHz，通频带宽度应大于 310kHz。

6.11　$u_{\mathrm{o}}(t) = s_{\mathrm{d}}\Delta f(t) = 0.3\cos(2\pi\times 2\times 10^3 t)\text{V}$

6.12　（1） $u_{\mathrm{o}}'(t) \propto -[\Omega\sin(\Omega t) + 2\Omega\sin(2\Omega t) + 3\Omega\sin(3\Omega t)]$ ；

（2）应采用积分电路。

6.13　（1） $u_{\mathrm{o}}'(t) = RC\dfrac{\mathrm{d}u_{\mathrm{FM}}(t)}{\mathrm{d}t} = -RCU_{\mathrm{m}}\big[\omega_{\mathrm{c}} + m_{\mathrm{f}}\Omega\cos(\Omega t)\big]\sin\big[\omega_{\mathrm{c}}t + m_{\mathrm{f}}\sin(\Omega t)\big]$

$u_{\mathrm{o}}'(t)$ 为调频-调幅波；

（2）如果要实现对 $u_{\mathrm{FM}}(t)$ 的鉴频，还应该在高通滤波器的后面加上包络检波器。

6.14　（1）低通滤波器；

（2） $u_1(t) = -A_0 U_{\mathrm{m}}\sin\big[\omega_{\mathrm{c}}t + m_{\mathrm{f}}\sin(\Omega t) + k_0 m_{\mathrm{f}}\Omega\cos(\Omega t)\big]$

$u_{\mathrm{o}}(t) = -\dfrac{1}{2}A_{\mathrm{M}}A_0 U_{\mathrm{m}}{}^2\sin\big[k_0 m_{\mathrm{f}}\Omega\cos(\Omega t)\big] \approx -\dfrac{1}{2}A_{\mathrm{M}}A_0 U_{\mathrm{m}}^2 k_0 m_{\mathrm{f}}\Omega\cos(\Omega t)$ ）

6.15　（a）斜率鉴频， $f_{\mathrm{c}} = \dfrac{f_{01} + f_{02}}{2}$ ；

（b）包络检波， $f_{\mathrm{c}} = f_{01} = f_{02}$ 。

6.16　（1）一个管子极性接反，不能鉴频；

（2）两个管子的极性都接反，能鉴频，输出反相；

（3）一个管子断开，能鉴频，输出减小。

6.17　（1）一个管子极性接反，不能鉴频；

（2）两个管子的极性都接反，能鉴频；

（3）一个管子断开，能鉴频。

第 7 章

7.3　$f_{\mathrm{o\ min}} = 52.8\text{ MHz}$ ，

$f_{\mathrm{o\ max}} = 78.4\text{ MHz}$ ， $\Delta f_{\mathrm{o}} = f_{\mathrm{r}} = 80\text{ kHz}$ 。

7.4　$f_{\mathrm{o}} = 2\times 10^6\text{ Hz}$ 。

7.5 （1）混频器输出信号为和中频信号。

$$f_{o\min} = 20.6\text{MHz} ,$$

$$f_{o\max} = 60.6\text{MHz}$$

$$\Delta f_o = \frac{f_1}{N_2} = \frac{2}{20} = 0.1\text{MHz} 。$$

（2）混频器输出信号为差中频信号。

$$f_{o\min} = 19.4\text{MHz} ,$$

$$f_{o\max} = 59.4\text{MHz} ,$$

$$\Delta f_o = \frac{f_1}{N_2} = \frac{2}{20} = 0.1\text{MHz} 。$$

7.6

混频器输出信号必定为差中频信号

当 $f_o > f_{o2}$ 时，

$$f_{o\min} = 38.4\text{MHz} ,$$

$$f_{o\max} = 76.8\text{MHz} ,$$

$$\Delta f_o = \frac{\Delta f_{o1\min}}{N_3} = \frac{120}{10} = 12\text{MHz} 。$$

当 $f_o < f_{o2}$ 时，

$$f_{o\min} = 31.2\text{MHz} ,$$

$$f_{o\max} = 69.6\text{MHz} ,$$

$$\Delta f_o = \frac{\Delta f_{o1\min}}{N_3} = \frac{120}{10} = 12\text{MHz} 。$$

参 考 文 献

[1] 高瑜翔，高频电子线路. 北京：国防工业出版社，2016.
[2] 高瑜翔，高频电子线路. 北京：科学出版社，2008.
[3] 严国萍，龙占超. 通信电子线路. 北京：科学出版社，2005.
[4] 胡晏如，耿秋燕. 高频电子线路. 北京：高等教育出版社，2004.
[5] 高吉详，高频电子线路. 北京：电子工业出版社，2003.
[6] 高如云，陆曼茹，等. 通信电子线路. 西安：西安电子科技大学出版社，2002.
[7] 曾兴雯，等. 高频电子线路学习指导. 西安：西安电子科技大学出版社，2004.
[8] 谐嘉奎. 电子线路. 北京：高等教育出版社，2000.
[9] 张玉兴. 射频模拟电路. 北京：电子工业出版社，2002.
[10] 顾宝良. 通信电子线路. 北京：电子工业出版社，2002.
[11] 【日】铃木宪次. 高频电路设计与制作. 北京：科学出版社，2005.
[12] 刘宝玲，胡春静. 通信电子线路. 北京：北京邮电大学出版社，2005.
[13] 袁杰. 实用无线电设计. 北京：电子工业版社，2006.
[14] 沈伟慈. 通信电路. 西安：西安电子科技大学出版社，2004.
[15] 黄亚平. 高频电子线路. 北京：机械工业出版社，2007.
[16] 于洪珍. 通信电子电路. 北京：清华大学出版社，2005.

反侵权盗版声明

　　电子工业出版社依法对本作品享有专有出版权。任何未经权利人书面许可，复制、销售或通过信息网络传播本作品的行为；歪曲、篡改、剽窃本作品的行为，均违反《中华人民共和国著作权法》，其行为人应承担相应的民事责任和行政责任，构成犯罪的，将被依法追究刑事责任。

　　为了维护市场秩序，保护权利人的合法权益，我社将依法查处和打击侵权盗版的单位和个人。欢迎社会各界人士积极举报侵权盗版行为，本社将奖励举报有功人员，并保证举报人的信息不被泄露。

举报电话：（010）88254396；（010）88258888

传　　真：（010）88254397

E-mail：　dbqq@phei.com.cn

通信地址：北京市万寿路 173 信箱

　　　　　电子工业出版社总编办公室

邮　　编：100036